前　　言

　　本书合理安排知识点，运用简练流畅的语言，结合丰富实用的练习和实例，由浅入深、循序渐进地讲解AutoCAD 2025的基本知识和使用方法。

　　本书共分14章，主要内容如下。

　　第1、2章主要讲解AutoCAD的基础知识和环境设置等。

　　第3～5章主要讲解运用AutoCAD绘制各类图形和精准绘图的相关知识，包括二维图形的绘制、正交绘图、捕捉与追踪、动态输入等。

　　第6、7章主要讲解修改和复制图形对象的相关知识，包括选择、删除、移动、旋转、缩放、拉伸、拉长、修剪、倒角、夹点编辑和参数化编辑图形，以及复制、镜像、偏移、阵列图形等。

　　第8、9章主要讲解图块、设计中心和图案填充等。

　　第10、11章主要讲解为图形添加文字注释和进行尺寸标注等。

　　第12、13章主要讲解三维绘图基础知识和三维高级建模的方法。

　　第14章详细讲解如何灵活运用所学知识于实际案例中。

本书内容丰富、结构清晰、图文并茂、通俗易懂，适合以下读者学习与使用：

(1) 从事初、中级AutoCAD制图的工作人员；

(2) 从事室内外装修、建筑、机械和三维模型等设计工作的人员；

(3) 在计算机培训班学习AutoCAD制图的学员；

(4) 高等院校相关专业的学生。

本书由赵月文、张娟和李朋合作编写完成。其中，赵月文编写了第3、4、6、9、14章，张娟编写了第1、2、5、7、12章，李朋编写了第8、10、11、13章。

我们真切希望读者在阅读本书之后，不仅能开阔视野，而且可以增长实践操作技能，并且从中学习和总结操作的经验与规律，达到灵活运用的水平。

由于作者水平有限，书中难免有不足之处，恳请专家和广大读者批评指正。在本书的编写过程中参考了相关文献，在此向这些文献的作者深表感谢。我们的电话是010-62796045，邮箱是992116@qq.com。

本书配套的电子课件、教学大纲、教案、实例源文件和习题答案可以到http://www.tupwk.com.cn/downpage网站下载，也可以扫描下方的"配套资源"二维码获取。扫描下方的"看视频"二维码可以直接观看教学视频。

扫描下载

扫一扫

配套资源

看视频

编　者

2025年5月

目　录

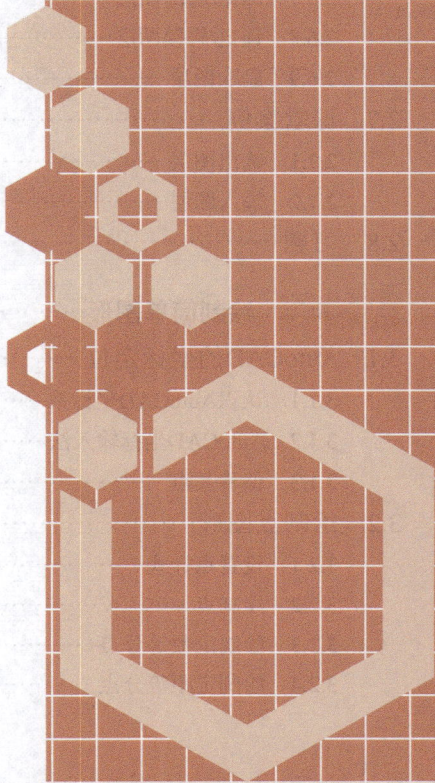

第**1**章

AutoCAD 基础知识

　　AutoCAD作为一款功能强大的计算机辅助设计软件，以其精准的绘图工具和灵活的操作界面，为设计人员提供了一个高效的创作平台。无论是建筑平面图、机械零件图，还是电子电路图，AutoCAD都能以数字化方式清晰呈现。与传统手工绘图相比，AutoCAD不仅提高了绘图的精度和效率，还支持修改和保存，极大地降低了设计成本。本章将引导读者学习并掌握AutoCAD 2025的基础知识和操作技能，为后续的深入学习奠定坚实的基础。

1.1 初识AutoCAD

AutoCAD是由美国Autodesk公司开发的一款专业绘图软件，广泛应用于建筑、机械设计、电子、军事、医学、交通等多个领域。

1.1.1 启动与退出AutoCAD

在使用AutoCAD进行绘图之前，首先需要掌握AutoCAD的启动与退出操作。

1. 启动 AutoCAD

安装好AutoCAD 2025以后，可以通过以下3种常用方法启动AutoCAD 2025应用程序。

○ 单击【开始】菜单，然后在【程序】列表中选择相应的命令，如图1-1所示。

○ 双击桌面上的AutoCAD 2025快捷图标，如图1-2所示。

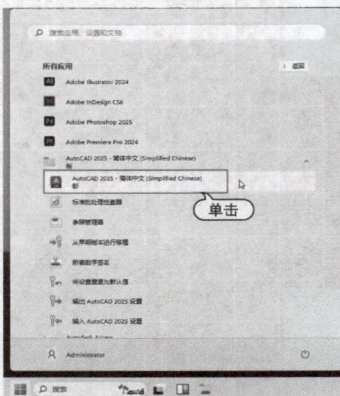

图1-1 选择命令

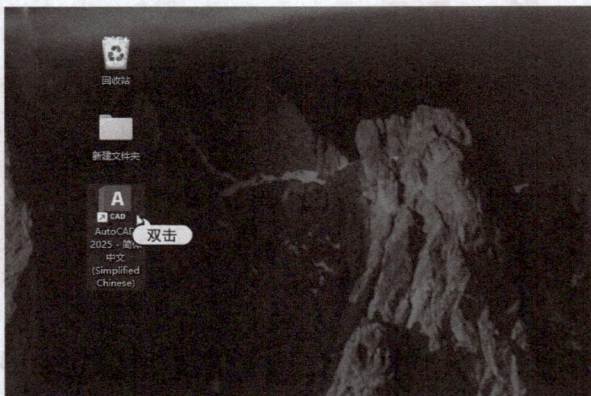

图1-2 双击快捷图标

○ 双击AutoCAD文件，如图1-3所示。

使用前面介绍的方法第一次启动AutoCAD 2025程序后，将出现图1-4所示的工作界面，用户可以在此工作界面中新建或打开图形文件。

图1-3 双击文件

图1-4 第一次启动时的工作界面

2. 退出 AutoCAD

在完成AutoCAD 2025应用程序的使用后，用户可以使用以下两种常用方法退出AutoCAD 2025应用程序。

○ 单击程序图标A，然后在弹出的菜单中选择【退出Autodesk AutoCAD 2025】命令，如图1-5所示。
○ 单击AutoCAD应用程序窗口右上角的【关闭】按钮⊠，如图1-6所示。

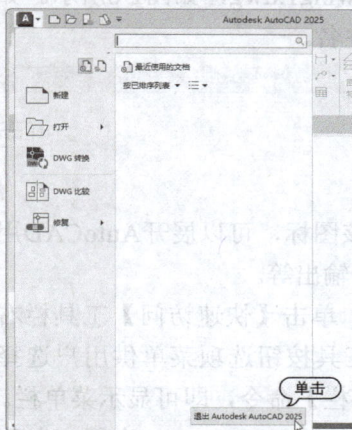

图1-5 选择退出命令

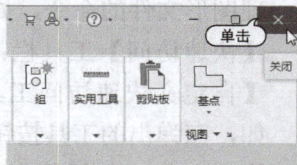

图1-6 单击【关闭】按钮

提示

按Alt+F4组合键，或者在命令行输入EXIT命令并按Enter键确定，也可以退出AutoCAD应用程序。

1.1.2 AutoCAD工作界面

初次启动AutoCAD 2025，并新建一个空白图形文件时，将进入【草图与注释】空间的工作界面，在【草图与注释】工作空间中可以进行各种绘图操作。下面以【草图与注释】工作空间为例，介绍AutoCAD 2025的工作界面，如图1-7所示。

图1-7 AutoCAD 2025工作界面

1. 标题栏

标题栏位于AutoCAD程序窗口的顶端，用于显示当前正在执行的程序名称以及文件名等信息。默认情况下，显示的是Autodesk AutoCAD 2025 Drawing1.dwg，如图1-8所示。如果打开的是一个保存过的图形文件，显示的则是打开文件的文件名。

图1-8 标题栏

- 程序图标：程序图标位于标题栏的最左侧。单击该图标，可以展开AutoCAD用于管理图形文件的命令，如新建、打开、保存、打印和输出等。
- 【快速访问】工具栏：用于存储经常访问的命令。单击【快速访问】工具栏右侧的【自定义快速访问工具栏】下拉按钮▼，将弹出工具按钮选项菜单供用户选择。例如，在弹出的工具按钮选项菜单中选择【显示菜单栏】命令，即可显示菜单栏。
- 程序名称：包括程序的名称及版本号。其中，Autodesk AutoCAD为程序名称，而2025为程序版本号。
- 文件名称：图形文件名称用于表示当前图形文件的名称。例如，Drawing1为当前图形文件的名称，.dwg表示文件的扩展名。
- 窗口控制按钮：标题栏右侧为窗口控制按钮，单击【最小化】按钮，可以将程序窗口最小化显示；单击【最大化/还原】按钮，可以将程序窗口充满整个屏幕或以窗口方式显示；单击【关闭】按钮，可以关闭AutoCAD程序。

2. 菜单栏

默认状态下，在AutoCAD 2025的工作界面中并没有显示菜单栏，需要单击【快速访问】工具栏右侧的【自定义快速访问工具栏】下拉按钮▼，在弹出的选项菜单中选择【显示菜单栏】命令(如图1-9所示)，将菜单栏显示出来，效果如图1-10所示。

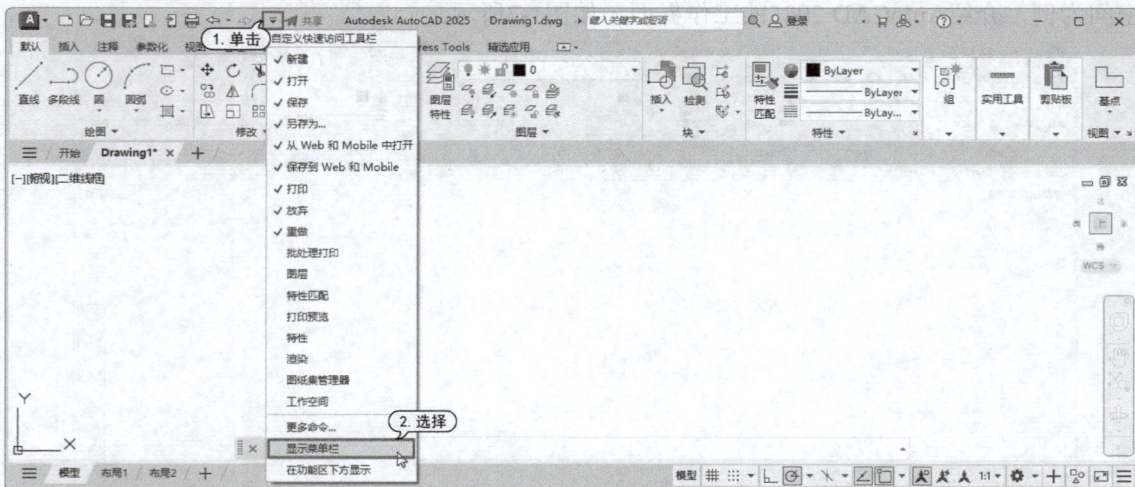

图1-9 选择【显示菜单栏】命令

图1-10　显示菜单栏

3. 功能区

AutoCAD的功能区位于菜单栏的下方，在功能面板上的每个图标都形象地代表一个命令，用户只需单击图标按钮，即可执行该命令。功能区主要包括【默认】【插入】【注释】【参数化】【视图】【管理】和【输出】等部分，如图1-11所示。

图1-11　功能区

4. 绘图区

AutoCAD的绘图区也被称为绘图窗口，位于工作界面下方的绘图区域，是绘制和编辑图形以及创建文字和表格的地方。绘图区包括控制视图按钮、坐标系图标、十字光标等元素。图1-12所示是显示了栅格的绘图区。

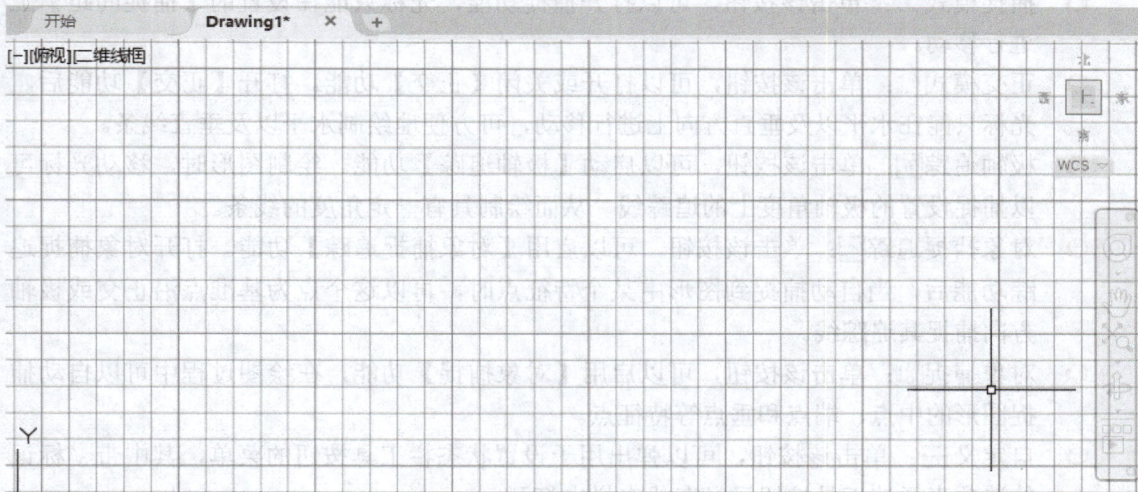

图1-12　绘图区

> **提示**
>
> 默认状态下，绘图区呈深灰色，本书为了便于观察图形，将绘图区设置成了白色。

5. 命令行

AutoCAD的命令行是执行命令的地方，默认情况下位于绘图区的下方，拖动命令行的标题，可以将其紧贴在绘图区下方，如图1-13所示。在命令行中输入各种操作的英文命令或它们的简化命令，然后按下Enter键或空格键即可执行该命令。

```
命令: *取消*
命令: *取消*
```

图1-13　命令行

6. 状态栏

状态栏位于整个窗口的最底端，在状态栏的左边显示了【模型】和【布局】选项卡，右边显示了对象捕捉、正交模式、栅格等辅助绘图功能的工具按钮，如图1-14所示。这些按钮均属于开/关型按钮，即单击该按钮一次，则启用该功能，再次单击则关闭该功能。

图1-14　状态栏

状态栏中主要工具按钮的作用如下。

- 模型：单击该按钮，可以控制绘图空间的转换。当前图形处于模型空间时单击该按钮就切换至图纸空间。
- 栅格显示▦：单击该按钮，可以打开或关闭栅格显示功能，打开栅格显示功能后，将在屏幕上显示均匀的栅格点。
- 捕捉模式⠿：单击该按钮，可以打开捕捉功能，光标只能在设置的【捕捉间距】上进行移动。
- 正交模式L：单击该按钮，可以打开或关闭【正交】功能。打开【正交】功能后，光标只能在水平以及垂直方向上进行移动，可方便地绘制水平以及垂直线条。
- 极轴追踪⌖：单击该按钮，可以启动【极轴追踪】功能。绘制图形时，移动光标可以捕捉设置的极轴角度上的追踪线，从而绘制具有一定角度的线条。
- 对象捕捉追踪∠：单击该按钮，可以启用【对象捕捉追踪】功能。打开对象捕捉追踪功能后，当自动捕捉到图形中某个特征点时，再以这个点为基准点沿正交或极轴方向捕捉其追踪线。
- 对象捕捉▭：单击该按钮，可以启用【对象捕捉】功能，在绘图过程中可以自动捕捉图形的中点、端点和垂点等特征点。
- 自定义☰：单击该按钮，可以弹出用于设置状态栏工具按钮的菜单，其中带√标记的选项表示该工具按钮已经在状态栏中打开。

1.1.3　AutoCAD 2025的工作空间

AutoCAD 2025提供了【草图与注释】【三维基础】和【三维建模】这3种工作空间模式，以便不同的用户根据需要进行选择。

通过单击状态栏中的【切换工作空间】按钮可以进行工作空间的切换。例如，在状态栏右侧单击【切换工作空间】按钮，在弹出的【工作空间】下拉列表中选择【三维建模】选项，如图1-15所示，即可切换到【三维建模】工作空间，如图1-16所示。

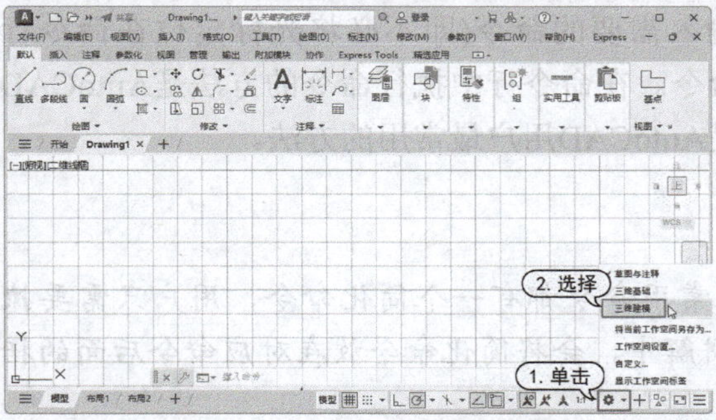

图1-15 选择【三维建模】选项

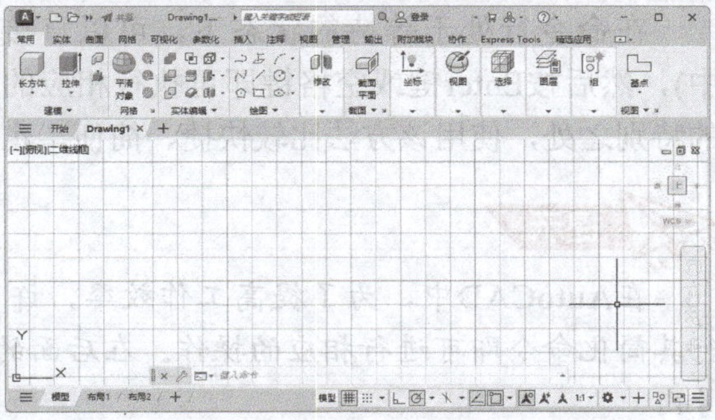

图1-16 进入【三维建模】工作空间

1. 草图与注释空间

在【草图与注释】空间中可以方便地使用【绘图】【修改】【图层】和【注释】等面板进行图形的绘制和标注。

2. 三维基础空间

在【三维基础】空间中可以更加方便地绘制基础的三维图形，并且可以通过其中的【编辑】面板对图形进行快速修改。

3. 三维建模空间

在【三维建模】空间中可以方便地绘制出更多、更复杂的三维图形，在该工作空间中同样可以对三维图形进行修改、编辑等操作。

1.2 AutoCAD的命令执行方式

执行命令是进行AutoCAD各种操作的重要环节。本节将讲解在AutoCAD中执行命令的方法，以及取消已执行的命令或重复执行上一次命令的技巧。

1.2.1 执行AutoCAD命令

在AutoCAD中，执行命令有多种方法，其中主要包括以菜单方式执行命令、单击工具按钮执行命令，以及在命令行中执行命令等。

- 以菜单方式执行命令：通过选择菜单命令的方式来执行命令。例如，执行【直线】命令，其操作方法是选择【绘图】|【直线】命令。
- 单击工具按钮执行命令：通过单击相应工具按钮来执行命令。例如，执行【矩形】命令，其操作方法是在【绘图】面板中单击【矩形】按钮□。
- 在命令行中执行命令：通过在命令行中输入命令的方式执行命令，其操作方法是在命令行中输入命令语句或简化命令语句，然后按Enter键或空格键确定。例如，执行【圆】命令，只需在命令行中输入Circle(或简化命令C)，然后按Enter键。

在命令行处于等待的状态下，可以直接输入需要的命令(即不必将光标定位在命令行中)，然后按Enter键或空格键即可执行相应的命令。在命令行中执行命令的方法是AutoCAD的特别之处，使用该方法比较快捷、简便，也是AutoCAD用户最常用的方法。

提示

在AutoCAD中，为了提高工作效率，许多常用命令都有一个简化命令，用户只需要执行其简化命令即可进行相应的操作。在后面的讲解中，会将简化命令放在对应命令后面的括号内。

1.2.2 重复执行前一个命令

在完成一个命令的操作后，要再次执行该命令，可以通过以下方法快速实现。

- 按Enter键：在一个命令执行完成后，紧接着按Enter键。
- 按方向键↑：按下键盘上的↑方向键，可依次向上翻阅前面在命令行中所输入的数值或命令，当出现用户所需执行的命令后，按Enter键。

1.2.3 退出正在执行的命令

在AutoCAD绘制图形的过程中，可以随时退出正在执行的命令。在执行某个命令时，按Esc键或Enter键可以随时退出正在执行的命令。当按Esc键时，可取消并结束命令；当按Enter键或空格键时，则确定执行当前命令并结束命令。

提示

在AutoCAD中，除创建文字内容外，为了方便操作，可以使用空格键替换Enter键表示确认当前操作。

1.2.4 放弃上一次执行的操作

使用AutoCAD进行图形的绘制及编辑时难免会出现错误。在出现错误时，用户不必重新对图形进行绘制或编辑，只需要取消错误的操作即可。取消已执行的操作主要有以下几种操作方法。

- 单击【放弃】按钮：单击【快速访问】工具栏中的【放弃】按钮，可以取消前一次执行的命令。连续单击该按钮，可以取消多次执行的操作。
- 选择【编辑】|【放弃】命令。
- 执行U或Undo命令：输入U(或Undo)命令并按Enter键或空格键可以取消前一次或前几次执行的命令。
- 按Ctrl+Z组合键。

在命令行中执行U命令，只能一次性取消一次操作；而执行Undo命令，可以一次性取消多次操作。

1.2.5　重做上一次放弃的操作

取消了已执行的操作之后，如果又想恢复上一个已撤销的操作，可以通过以下方法来完成。

- 单击【重做】按钮：单击【快速访问】工具栏中的【重做】按钮 ⇨·。
- 选择【编辑】|【重做】命令。
- 执行Redo命令：输入Redo命令并按Enter键或空格键。
- 按Ctrl+Y组合键。

1.3　AutoCAD文件操作

掌握AutoCAD的文件操作是学习该软件的基础。本节将讲解使用AutoCAD新建文件、打开文件、保存文件和输出图形文件等基本操作。

1.3.1　新建图形文件

在AutoCAD中新建图形文件时，可以在【选择样板】对话框中选择一个样板文件，作为新图形文件的基础。执行新建文件命令有以下5种常用方法。

- 单击【快速访问】工具栏中的【新建】按钮 □，如图1-17所示。
- 在图形窗口的图形名称选项卡右侧单击【新图形】按钮 ＋，如图1-18所示。
- 显示菜单栏，然后选择【文件】|【新建】命令。
- 输入NEW命令并按Enter键或空格键进行确定。
- 按Ctrl+N组合键。

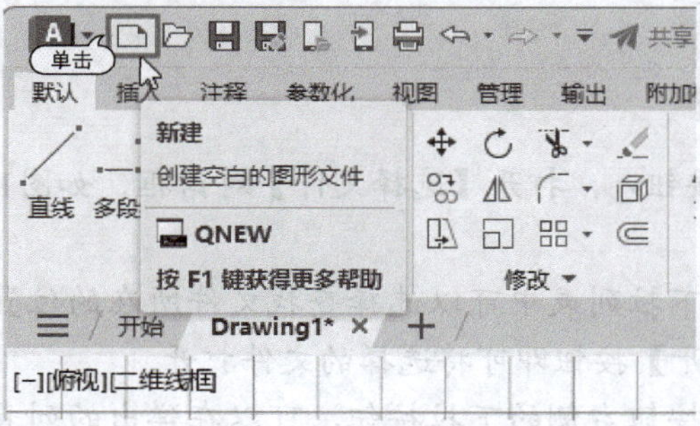

图1-17　单击【新建】按钮

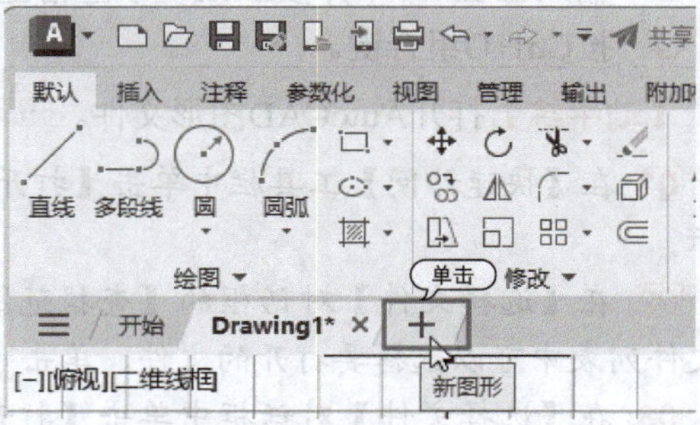

图1-18　单击【新图形】按钮

✈ **提示**

在AutoCAD中，输入命令语句时，不用区分字母的大小写。

【动手练】新建AutoCAD图形文件。 🎬视频

01 选择【文件】|【新建】命令，打开【选择样板】对话框，如图1-19所示。

02 在【选择样板】对话框中选择acad.dwt或acadiso.dwt文件，然后单击【打开】按钮，可以新建一个空白图形文件。

03 如果在【选择样板】对话框中选择其他样板文件(如Tutorial-iMfg)，可以新建相应的样板图形文件，如图1-20所示。

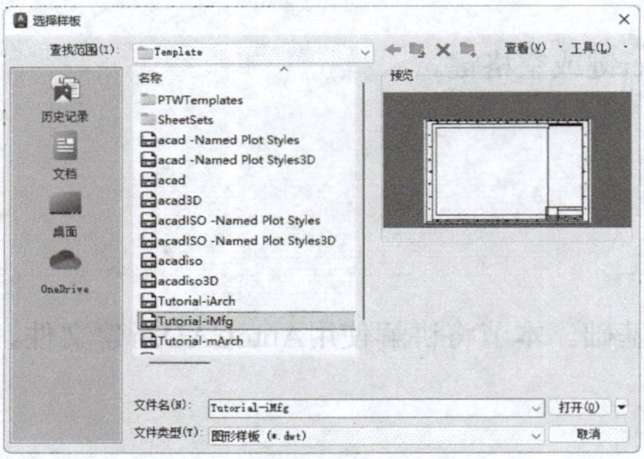

图1-19 【选择样板】对话框

图1-20 新建Tutorial-iMfg样板文件

1.3.2 打开文件

若要查看或编辑AutoCAD文件，首先要使用【打开】命令将指定文件打开。执行打开文件命令有以下4种常用方法。

○ 单击【快速访问】工具栏中的【打开】按钮📂。

○ 选择【文件】|【打开】命令。

○ 输入OPEN命令并按Enter键或空格键确定。

○ 按Ctrl+O组合键。

【动手练】打开AutoCAD图形文件。 🎬视频

01 在【快速访问】工具栏中单击【打开】按钮📂，打开【选择文件】对话框，如图1-21所示。

02 在【选择文件】对话框的【查找范围】下拉列表中可以选择查找文件所在的位置，在文件列表中可以选择要打开的文件，单击【打开】按钮即可将选择的文件打开。

03 在【选择文件】对话框中单击【打开】按钮右侧的下拉按钮，可以在弹出的列表中选择打开文件的方式，如图1-22所示。

【选择文件】对话框中4种文件打开方式的含义如下。

○ 打开：直接打开所选的图形文件。

○ 以只读方式打开：所选的AutoCAD文件将以只读方式打开，打开后的AutoCAD文件不能直接以原文件名存盘。

○ 局部打开：选择该选项后，系统打开【局部打开】对话框，如果AutoCAD 图形中含有不同的内容，并分别属于不同的图层，可以选择其中某些图层打开文件。

○ 以只读方式局部打开：以只读方式打开AutoCAD文件的部分图层中的图形。

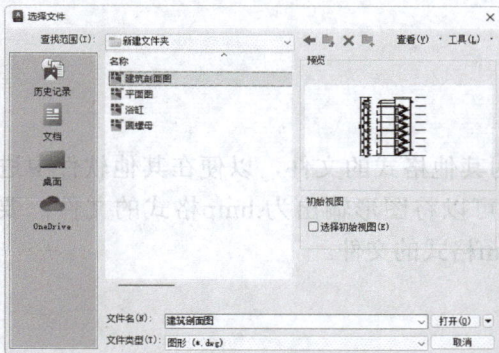

图1-21 【选择文件】对话框

图1-22 选择打开方式

1.3.3 保存文件

在绘图工作中，及时对文件进行保存，可以避免因死机或停电等意外状况而造成的数据丢失。执行保存文件的命令有如下4种常用方法。

○ 单击【快速访问】工具栏中的【保存】按钮🖫。

○ 选择【文件】|【保存】命令。

○ 输入SAVE命令并按Enter键或空格键确定。

○ 按Ctrl+S组合键。

【动手练】保存AutoCAD图形文件。 📽️视频

01 在【快速访问】工具栏中单击【保存】按钮🖫，如图1-23所示。

02 打开【图形另存为】对话框，在该对话框的【文件名】文本框中输入文件的名称，在【保存于】下拉列表中设置文件的保存路径，如图1-24所示。

03 单击【保存】按钮即可对当前文件进行保存。

图1-23 单击【保存】按钮

图1-24 设置文件保存选项

✈ 提示

使用【保存】命令保存已经保存过的文档时，会直接以原路径和原文件名对已有文档进行保存。如果需要对修改后的文档进行重命名，或修改文档的保存位置，则需要选择【文件】|【另存为】命令，或按Ctrl+Shift+S组合键，在打开的【图形另存为】对话框中重新设置文件的保存位置、文件名或保存类型，再单击【保存】按钮。

1.3.4 输出图形文件

在AutoCAD中，用户可以将图形文件输出为其他格式的文件，以便在其他软件中进行编辑处理。例如，要在Photoshop中进行编辑，可以将图形输出为.bmp格式的文件；要在CorelDRAW中进行编辑，则可以将图形输出为.wmf格式的文件。

执行【输出】命令有以下两种常用方法。

○ 选择【文件】|【输出】命令。

○ 输入EXPORT命令并按空格键确定。

执行【输出】命令，将打开图1-25所示的【输出数据】对话框。在该对话框的【保存于】下拉列表中选择保存路径，在【文件名】文本框中输入文件名，在【文件类型】下拉列表中选择要输出的文件格式，如图1-26所示。

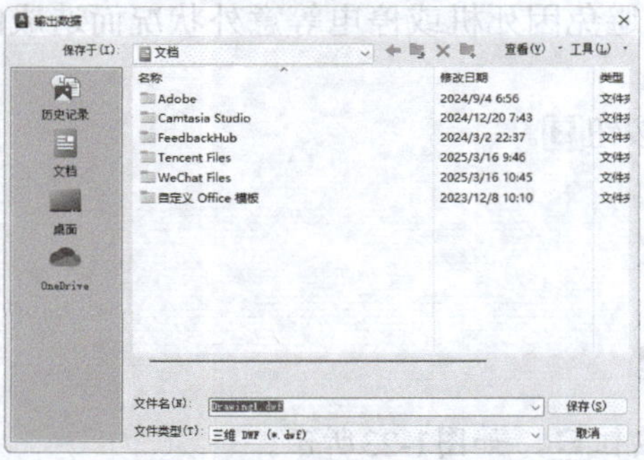

图1-25 【输出数据】对话框 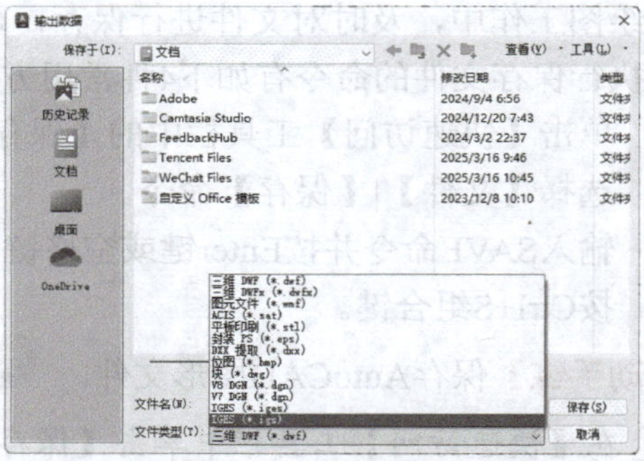   图1-26 选择要输出的文件格式

单击【保存】按钮，返回绘图区中选择需要输出的图形并按Enter键进行确定，即可将选择的图形以指定的格式输出。

在AutoCAD中，将图形输出的文件格式主要有以下几种。

○ .dwf：输出为Autodesk Web图形格式，便于在网上发布。

○ .wmf：输出为Windows图元文件格式。

○ .sat：输出为ACIS文件。

○ .stl：输出为实体对象立体画文件。

○ .eps：输出为封装的PostScript文件。

○ .dxx：输出为DXX属性的抽取文件。

○ .bmp：输出为位图文件，几乎可供所有的图像处理软件使用。

○ .dwg：输出为可供其他AutoCAD版本使用的图块文件。

○ .dgn：可以将图形输出为MicroStation V8 DGN格式的文件。

1.4　打印图形

打印图形可以方便相关人员进行查看和分析。在打印图形时，用户可以直接在打印对话框中进行打印设置，也可以先进行页面设置，然后在打印对话框中选择已配置好的页面设置。这样可以确保图形以最佳的方式输出，满足不同的需求。

1.4.1　页面设置

正确地设置页面参数，对确保最后打印出来的图形结果的正确性和规范性有着非常重要的作用。在页面设置管理器中，可以进行布局的控制，而在创建打印布局时，需要指定绘图仪并设置图纸尺寸和打印方向。

选择【文件】|【页面设置管理器】命令，打开【页面设置管理器】对话框，单击【新建】按钮，如图1-27所示，在打开的【新建页面设置】对话框中输入新页面设置名，如图1-28所示，然后单击【确定】按钮，即可新建一个页面设置，在其中可以进行页面参数的设置，如图1-29所示。

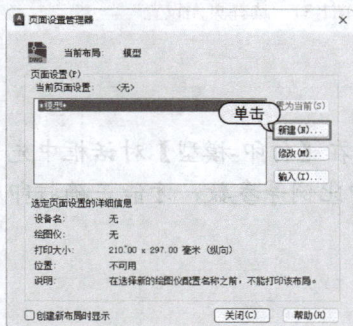

图1-27　【页面设置管理器】对话框　　图1-28　新建页面设置　　图1-29　页面设置

✈ **提示**

页面设置中的参数与打印设置中的参数相同，各个选项的具体作用请参考打印设置内容。

1.4.2　打印设置

在打印图形的过程中，首先需执行【打印】命令，这将打开【打印-模型】对话框。随后，用户应根据实际需求进行打印设置，以确保图形以期望的格式和布局输出。完成设置后，即可对图形进行打印，如图1-30所示。

执行【打印】命令主要有以下3种方式。

- ○　选择【文件】|【打印】命令。
- ○　在【快速访问】工具栏中单击【打印】按钮 🖨。
- ○　执行PRINT或PLOT命令。

1. 选择页面设置

如果在打印图形前，已经进行了正确的页面设置，则可以在打开的【打印-模型】对话框的【页面设置】选项组的【名称】下拉列表中选择已经设置好的页面设置(如图1-31所示)，然后单击【确定】按钮直接对图形进行打印即可。

图1-30　【打印-模型】对话框

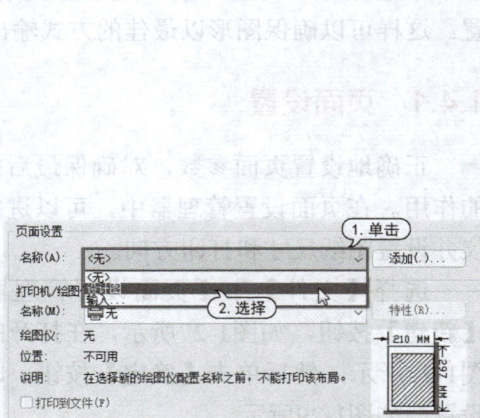

图1-31　选择页面设置

提示

如果在进行图形打印之前没有进行正确的页面设置，则需要在【打印-模型】对话框中先选择相应的打印机或绘图仪等打印设备，再设置打印尺寸、打印比例等参数，才能正确打印图形。

2. 选择打印设备

在【打印机／绘图仪】选项组的【名称】下拉列表中，AutoCAD系统列出了已安装的打印机或AutoCAD内部打印机的设备名称。用户可以在该下拉列表中选择需要的打印输出设备，如图1-32所示。

3. 设置打印尺寸

在【图纸尺寸】的下拉列表中可以选择不同的打印图纸类型，用户可以根据个人的需要设置图纸的打印尺寸，如图1-33所示。

图1-32　选择打印设备

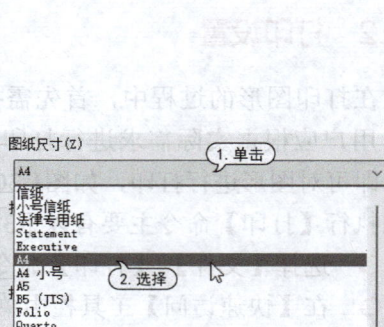

图1-33　设置打印尺寸

4. 设置打印比例

通常情况下，最终的工程图不可能按照1:1的比例绘出，图形输出到图纸上通常遵循一定的打印比例。所以，正确地设置图形打印比例，能使图形更加美观；设置合适的打印比例，可在出图时使图形更完整地显示出来。因此，用户在打印图形文件时，需要在【打印-模型】对话框的【打印比例】选项组中设置打印出图的比例，如图1-34所示。

5. 设置打印范围

设置好打印参数后，在【打印范围】下拉列表中设置以何种方式选择打印图形的范围，如图1-35所示。如果选择【窗口】选项，单击列表框右侧的【窗口】按钮，即可在绘图区指定打印的窗口范围，确定打印范围后将回到【打印-模型】对话框，单击【确定】按钮即可开始打印图形。

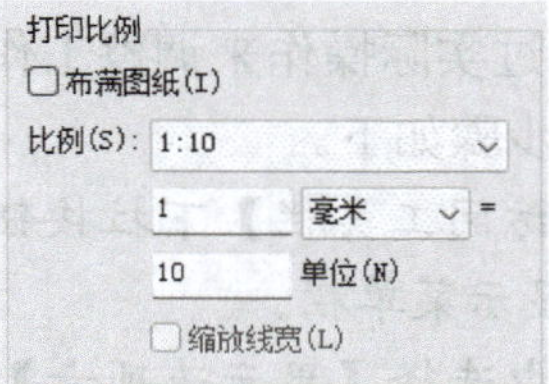

图1-34　设置打印比例 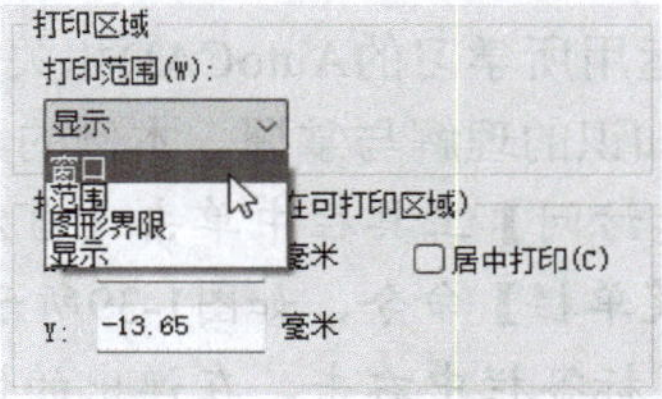　　　　图1-35　选择打印范围的方式

提示

如果在【打印比例】选项组中选中【布满图纸】复选框，打印图形时将在适合图纸的情况下最大化打印图形。

---

6. 设置打印份数

默认情况下，打印图纸的份数为1份，如果需要打印多份图纸，可以在【打印份数】选项组中设置打印的份数，如图1-36所示。

7. 设置打印方向

默认情况下，图形打印的方向为纵向，用户可以在【打印-模型】对话框右下方的【图形方向】选项组中修改图形的打印方向，AutoCAD提供的图形打印方向包括【纵向】和【横向】两种，如图1-37所示。

8. 居中打印图形

默认情况下，在打印图形时，系统并非将图形放在图纸的中央位置进行打印，而是根据图形的大小，将图形放在图纸的上方位置。如果要将图形放在图纸的中央位置进行打印，则需要在【打印偏移】选项组中选中【居中打印】复选框，如图1-38所示。

9. 打印预览

设置好打印参数后，用户可以单击【打印-模型】对话框左下角的【预览】按钮，对打印的效果进行预览，以确定打印的效果是否满意。如果预览效果满意，即可将图形打印出来；如果不满意，可及时进行修改，以免浪费纸张。

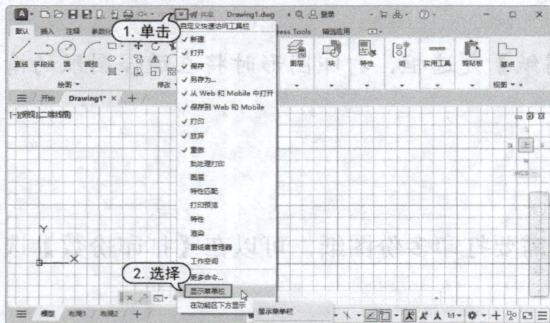

图1-36　设置打印份数　　　　图1-37　设置打印方向　　　图1-38　设置居中打印

1.5　课堂案例

　　本例将综合运用所学习的AutoCAD相关知识，通过实际操作来调整工作界面，从而加深对AutoCAD基础知识的理解与掌握。本例的具体操作步骤如下。

　　01 在【快速访问】工具栏中单击【自定义快速访问工具栏】下拉按钮 ，在弹出的菜单中选择【显示菜单栏】命令，如图1-39所示，即可显示菜单栏。

　　02 在功能区标签栏中右击，在弹出的快捷菜单中选择【显示选项卡】命令，在子菜单中取消选中【附加模块】【协作】【精选应用】等不常用的命令选项，即可将对应的功能区隐藏，如图1-40所示。

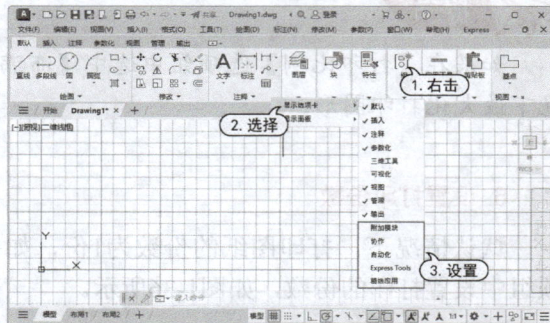

图1-39　选择【显示菜单栏】命令　　　　　　图1-40　取消选中要隐藏的功能区选项

提示

　　在子命令的前方，如果有√的符号标记，则表示相对应的功能选项卡处于打开状态，单击该命令选项，则将对应的功能选项卡隐藏；如果没有√的符号标记，则表示相对应的功能选项卡处于关闭状态，单击该命令选项，则打开对应的功能选项卡。

　　03 在【默认】功能区中右击，在弹出的快捷菜单中选择【显示面板】命令，在子菜单中取消选中【组】【实用工具】【剪贴板】和【视图】命令选项，即可隐藏对应的功能面板，如图1-41所示。

04 单击功能区标签右侧的最小化按钮 ⬜ ，可以将功能区分别最小化为选项卡、面板按钮、面板标题等，从而增加绘图区的区域，如图1-42所示。

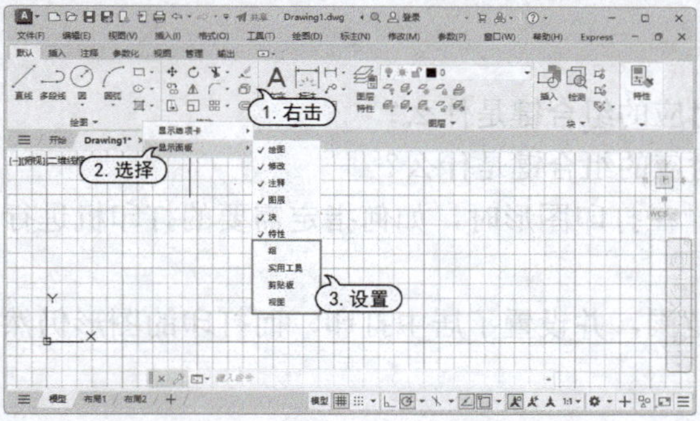

图1-41　取消选中要隐藏的功能面板选项 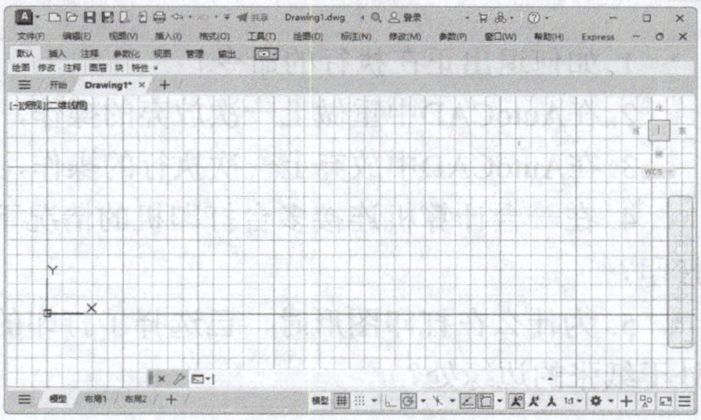　　　　　　图1-42　最小化功能区

> **提示**
>
> 在任意打开的功能面板上右击，在打开的快捷菜单中可以打开或关闭功能面板。在快捷菜单中带✓的为已经打开的功能面板，再次选择该选项，则可以将该功能面板关闭。

05 拖动命令行左端的标题按钮 ⁝⁝ ，可以调整命令行的位置，如图1-43所示。

06 单击状态栏中的【自定义】按钮 ☰ ，在弹出的菜单列表中选择其他未开启选项(如【线宽】)，对应的工具按钮 ☰ 将在状态栏中出现，如图1-44所示。

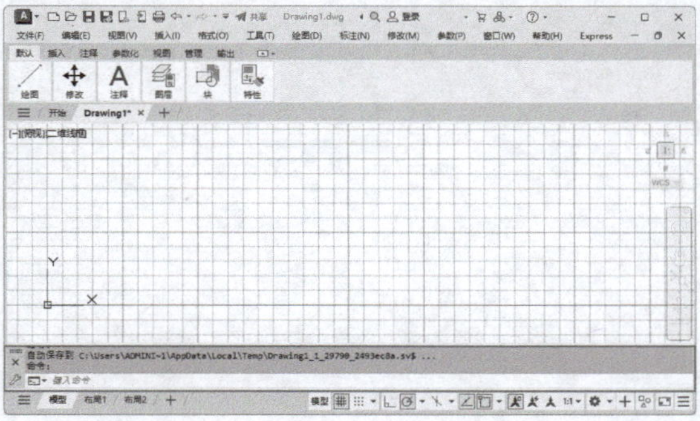

图1-43　设置命令行 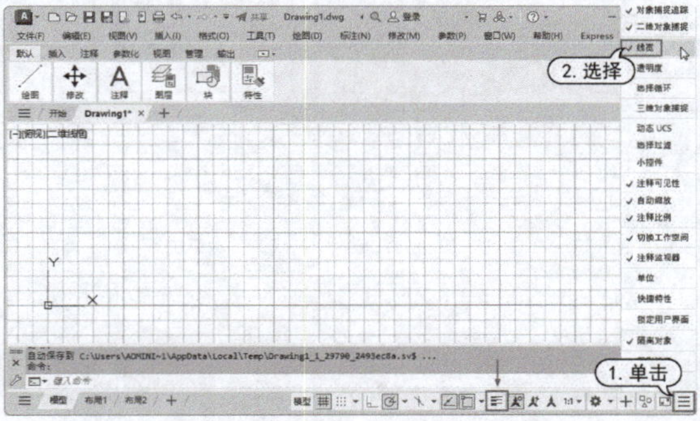　　　　　　　　　　图1-44　在状态栏中显示其他按钮

> **提示**
>
> 本书虽然以AutoCAD 2025进行讲解，但是其中的知识点和操作同样适用于AutoCAD 2024、AutoCAD 2023、AutoCAD 2022等多个早期版本的软件。

1.6　习题

1. 如何退出正在执行的命令？

2. 在AutoCAD中重做上一次放弃的操作，对应的组合键是什么？

3. 在AutoCAD中放弃上一次执行的操作，对应的组合键是什么？

4. 在一台计算机连接多台打印机的情况下，在打印图形时，如何指定需要的打印机进行打印？

5. 为什么在打印图形时，已选择了打印的范围，并设置了居中打印，而打印的图形仍然处于纸张的边缘处？

第2章

绘图设置

在AutoCAD中，绘图辅助设置是确保绘图效率和准确性的关键步骤。本章将详细介绍如何进行绘图前的各项辅助设置，包括设置图形单位、图形界限、系统环境、光标样式、图形特性和图层等。

2.1　设置图形单位

AutoCAD使用的图形单位包括毫米、厘米、英尺、英寸等十几种，可满足不同行业的绘图需要。用户可以根据具体的工作需求设置单位类型和数据精度。

执行设置图形单位命令的常用方法有以下两种。

○ 选择【格式】|【单位】命令。

○ 执行UNITS(UN)命令。

【动手练】设置图形单位和精度。　🔘视频

01 执行【单位(UN)】命令，在打开的【图形单位】对话框中单击【用于缩放插入内容的单位】选项的下拉按钮，在弹出的下拉列表中选择【毫米】选项，如图2-1所示。

02 单击【精度】选项的下拉按钮，在弹出的下拉列表中选择0.0选项，如图2-2所示。

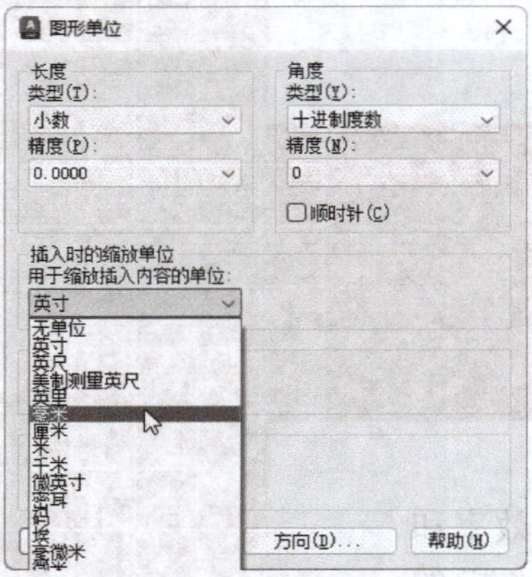

图2-1　选择【毫米】选项 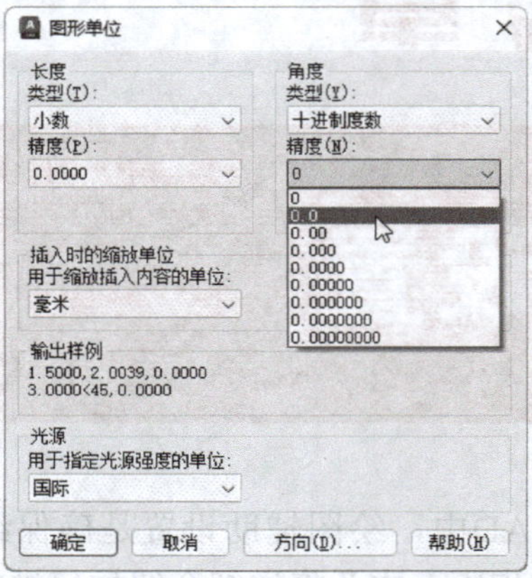　　　　　　　图2-2　选择0.0选项

【图形单位】对话框中主要选项的含义如下。

○ 长度：用于设置长度单位的类型和精度。在【类型】下拉列表中，可以选择当前长度单位的格式类型；在【精度】下拉列表中，可以选择当前长度单位的精度。

○ 角度：用于设置角度单位的类型和精度。在【类型】下拉列表中，可以选择当前角度单位的格式类型；在【精度】下拉列表中，可以选择当前角度单位的精度；【顺时针】复选框用于控制角度增量角的正负方向。

○ 光源：用于指定光源强度的单位。

○ 【方向】按钮：单击该按钮，将打开【方向控制】对话框，用于确定角度及方向。

✈ 提示

在平时的绘图中，【图形单位】的设置与否，看似没有什么作用，但在需要插入图形时，就显得十分有用，系统能够识别【图形单位】的定义，并按两个单位之间的比例关系，自动缩放插入文件的图形，使之与当前文件的单位相匹配；当【图形单位】定义为【无单位】时，系统通常将其单位默认为【毫米】。

2.2 设置图形界限

用来绘制工程图的图纸通常有A0~A5这6种规格，一般称为0~5号图纸。在AutoCAD中与图纸大小相关的设置就是绘图界限，设置绘图界限的大小应与选定的图纸相等。

执行绘图界限设置的常用方法有以下两种。

- ○ 选择【格式】|【图形界限】命令。
- ○ 执行LIMITS命令。

【动手练】设置图形界限。 🔘视频

01 选择【格式】|【图形界限】命令，当系统提示【指定左下角点或[开(ON)/关(OFF)]: 】时，输入绘图区域左下角的坐标为(0,0)并按Enter键或空格键确定，如图2-3所示。

02 当系统提示【指定右上角点: 】时，设置绘图区域右上角的坐标为(297,210)并按Enter键或空格键确定，即可将图形界限的大小设置为297×210，如图2-4所示。

图2-3 设置左下角坐标

图2-4 设置右上角坐标

03 按下空格键重复执行【图形界限(LIMITS)】命令，然后输入命令参数on并按空格键确定，打开图形界限，如图2-5所示。

04 执行绘图命令，可以在图形界限内绘制图形，如果在图形界限以外的区域绘制图形，系统将给出【超出图形界限】的提示，如图2-6所示。

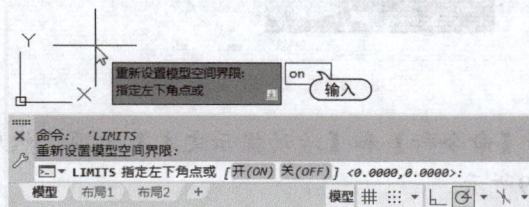

图2-5 打开图形界限

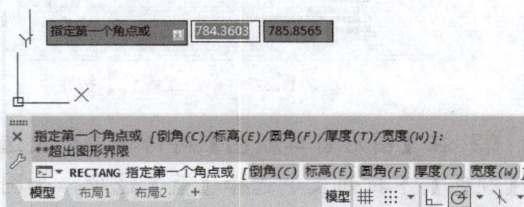

图2-6 超出图形界限提示

✈ 提示

如果将图形界限检查功能设置为【关闭(OFF)】状态，绘制图形时则不受图形界限的限制；如果将图形界限检查功能设置为【开启(ON)】状态，绘制图形时在图形界限之外将受到限制。

2.3 设置系统环境

AutoCAD的系统环境(如图形窗口颜色、文件自动保存的时间和右键功能模式等)可以通过【选项】对话框进行设置。打开【选项】对话框的常用方法有如下两种。

- 选择【工具】|【选项】命令。
- 执行OPTIONS(OP)命令。

2.3.1 设置图形窗口颜色

在AutoCAD的【图形窗口颜色】对话框中，用户可以根据个人习惯设置图形窗口的颜色，如命令行颜色、绘图区颜色、栅格线颜色等。下面以设置绘图区和命令行的颜色为例，讲解设置图形窗口颜色的操作。

【动手练】设置绘图区和命令行的颜色。 视频

01 选择【工具】|【选项】命令，或执行【选项(OP)】命令，打开【选项】对话框，在【显示】选项卡中单击【窗口元素】选项组中的【颜色】按钮，如图2-7所示。

02 在打开的【图形窗口颜色】对话框中依次选择【二维模型空间】和【统一背景】选项，然后单击【颜色】下拉按钮，在弹出的下拉列表中选择【白】选项，如图2-8所示。

图2-7 单击【颜色】按钮　　　　　　　图2-8 设置背景颜色

03 在【图形窗口颜色】对话框中依次选择【命令行】和【活动提示文本】选项，然后在【颜色】下拉列表中选择【蓝】选项，如图2-9所示。

04 在【图形窗口颜色】对话框中依次选择【命令行】和【活动提示背景】选项，然后在【颜色】下拉列表中选择【洋红】选项，如图2-10所示。

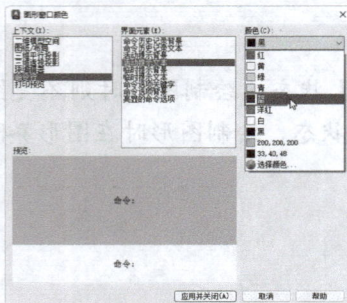

图2-9 设置活动提示文本颜色　　　　图2-10 设置活动提示背景颜色

05 单击【应用并关闭】按钮，返回【选项】对话框，单击【确定】按钮，即可修改绘图区和命令行的颜色。

2.3.2 设置自动保存

在AutoCAD中，用户可以设置文件保存的默认版本和自动保存间隔时间。在绘制图形的过程中，通过开启自动保存文件的功能，可以避免在绘图时因意外造成文件丢失的问题，将损失降到最低。

【动手练】设置文件自动保存时间和版本。 📹 视频

01 执行【选项(OP)】命令，打开【选项】对话框，在该对话框中选择【打开和保存】选项卡，选中【文件安全措施】选项组中的【自动保存】复选框，在【保存间隔分钟数】文本框中设置自动保存的时间间隔为15分钟，如图2-11所示。

02 在【文件保存】选项组中单击【另存为】下拉按钮，在弹出的下拉列表中选择【AutoCAD 2000/LT2000图形(*.dwg)】选项，如图2-12所示，然后单击【确定】按钮。

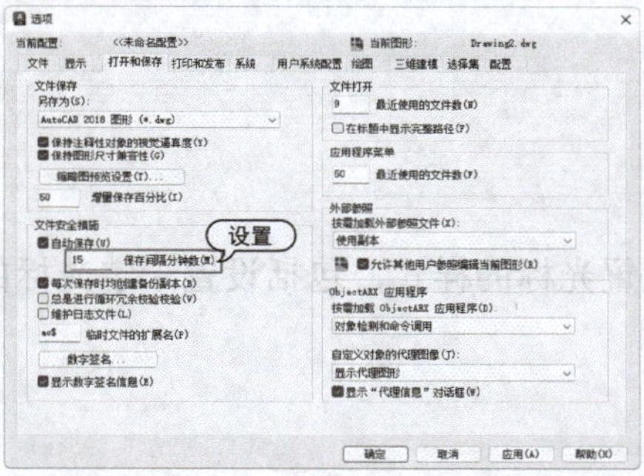

图2-11 设置自动保存的时间间隔 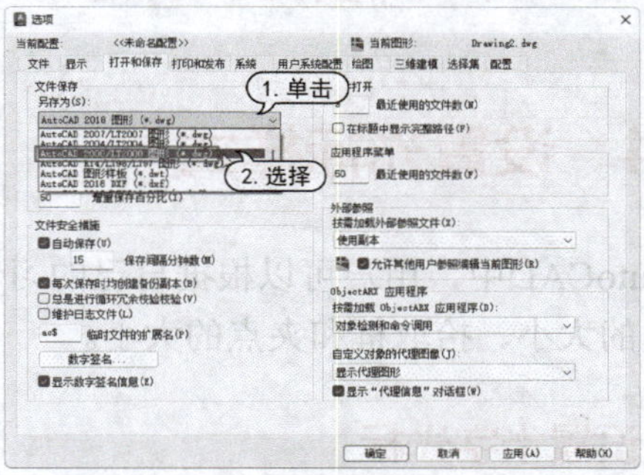　　　　图2-12 设置文件保存的默认版本

> **提示**
>
> 默认情况下，AutoCAD低版本软件不能打开高版本软件创建的图形，如果将高版本软件创建的图形以低版本格式保存，即可在低版本软件中打开。

2.3.3 设置右键功能模式

AutoCAD的右键功能模式包括默认模式、编辑模式和命令模式，用户可以根据个人的习惯设置右键的功能模式。

【动手练】设置右键命令模式。 📹 视频

01 执行【选项(OP)】命令，打开【选项】对话框，在该对话框中选择【用户系统配置】选项卡，在【Windows标准操作】选项组中单击【自定义右键单击】按钮，如图2-13所示。

02 在弹出的【自定义右键单击】对话框下方的【命令模式】选项组中选中【确认】单选按钮，如图2-14所示，单击【应用并关闭】按钮。

提示

设置右键命令模式的功能为【确认】后，在输入某个命令时，右击将执行输入的命令，在执行命令的过程中，右击将确认当前的选择。

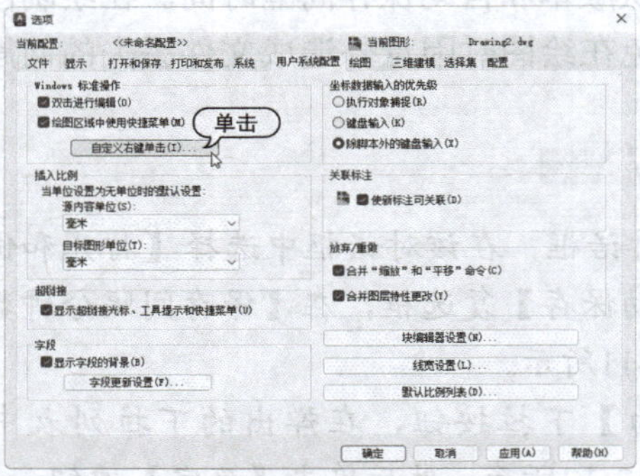

图2-13　单击【自定义右键单击】按钮

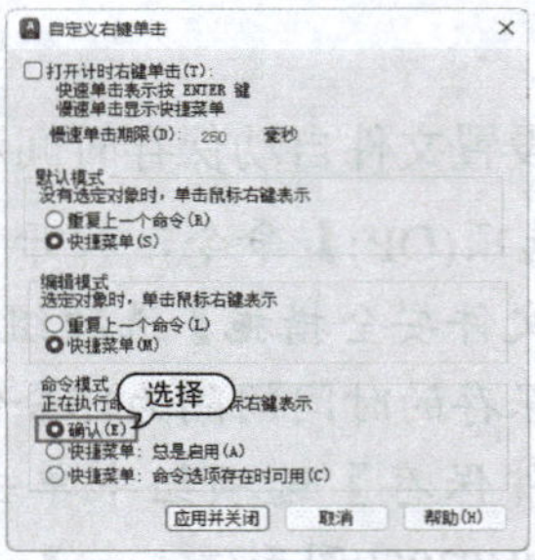

图2-14　选中【确认】单选按钮

2.4 设置光标样式

在AutoCAD中，用户可以根据自己的习惯设置光标的样式，包括设置十字光标的大小、捕捉标记的大小、拾取框和夹点的大小。

2.4.1 设置十字光标

十字光标是鼠标指针在绘图区中常见的显示效果。默认情况下，十字光标的大小为5，其大小的取值范围为1~100，数值越大，十字光标越大，100表示全屏幕显示。在【选项】对话框的【显示】选项卡中可以设置十字光标的大小。

【动手练】设置十字光标的大小。　🎬视频

01 执行【选项(OP)】命令，打开【选项】对话框。

02 在该对话框中选择【显示】选项卡，在【十字光标大小】选项组中拖动滑块▯，或在文本框中直接输入数值，如图2-15所示。

03 单击【确定】按钮，即可调整光标的大小，效果如图2-16所示。

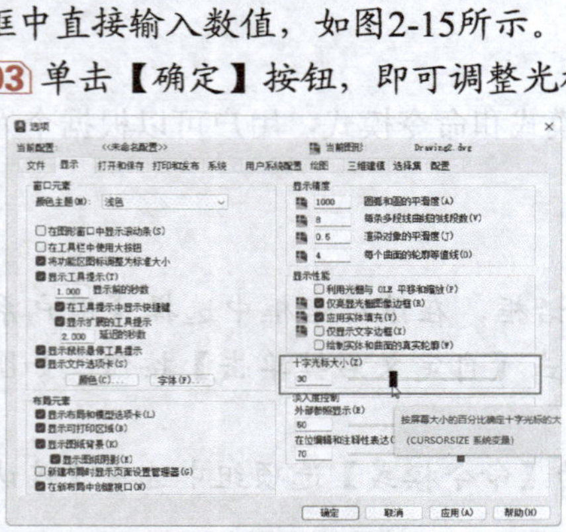

图2-15　设置十字光标大小

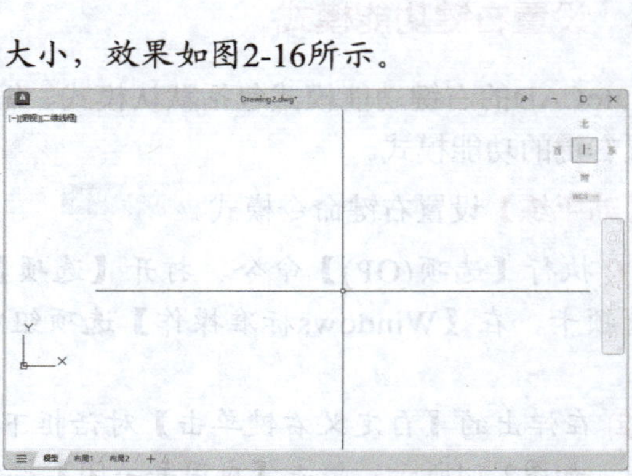

图2-16　较大的十字光标

2.4.2　设置自动捕捉标记

自动捕捉标记是捕捉图形特殊点时的图标，合理设置自动捕捉标记的大小，有利于对特殊点进行自动捕捉。在【选项】对话框的【绘图】选项卡中可以设置自动捕捉标记的大小。

【动手练】设置自动捕捉标记的大小。🎥视频

01 执行【选项(OP)】命令，打开【选项】对话框。

02 在该对话框中选择【绘图】选项卡，拖动【自动捕捉标记大小】选项组中的滑块，如图2-17所示。

03 单击【确定】按钮，即可调整捕捉标记的大小，图2-18所示为使用较大的中点捕捉标记的效果。

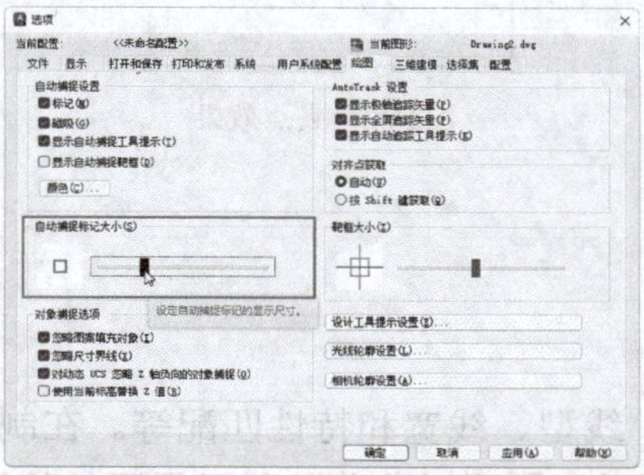

图2-17　拖动滑块 　　　　　　　　　图2-18　较大的中点捕捉标记

2.4.3　设置拾取框和夹点

在AutoCAD中，拾取框是指在执行编辑命令时，光标所变成的一个小正方形框，合理地设置拾取框的大小，对于快速、高效地选取图形非常重要；夹点是选择图形后在图形的节点上所显示的图标，用户可以通过拖动夹点改变图形的形状和大小。在【选项】对话框的【选择集】选项卡中可以设置拾取框的大小和夹点的尺寸。

【动手练】设置拾取框的大小。🎥视频

01 执行【选项(OP)】命令，打开【选项】对话框。

02 在该对话框中选择【选择集】选项卡，然后在【拾取框大小】选项组中拖动滑块，如图2-19所示。

03 单击【确定】按钮，即可调整拾取框的大小，效果如图2-20所示。

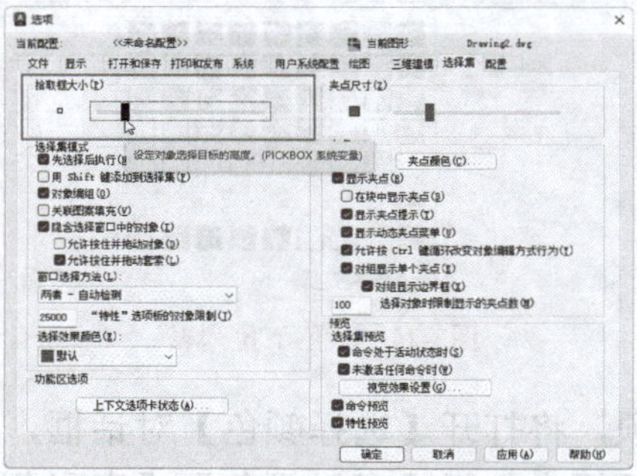

图2-19　拖动滑块 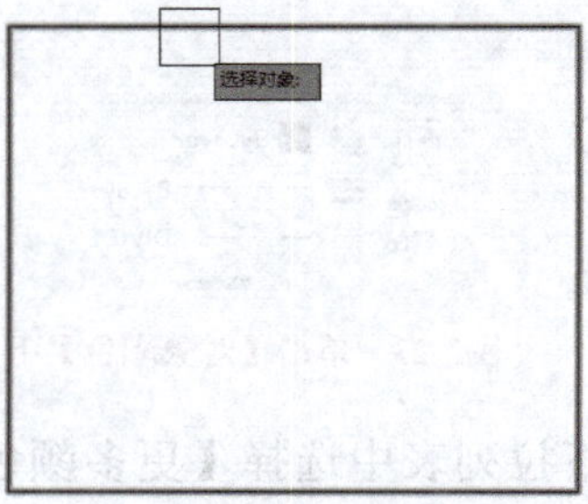　　　　　　　　　图2-20　较大的拾取框

25

【动手练】设置夹点的尺寸。 📹视频

01 执行【选项(OP)】命令，打开【选项】对话框。

02 在该对话框中选择【选择集】选项卡，在【夹点尺寸】选项组中拖动滑块┃，如图2-21所示。

03 单击【确定】按钮，即可调整夹点的尺寸，效果如图2-22所示。

图2-21 拖动滑块   图2-22 夹点效果

2.5 设置图形特性

每个对象都具有一定的特性，如图形颜色、线型、线宽和特性匹配等。在制图过程中，图形的基本特性可以通过图层指定给对象，也可以为图形对象单独赋予需要的特性。

✈ 提示

在未选择任何对象时，设置的图形特性将应用于后面绘制的图形上；如果在选择对象的情况下，进行图形特性设置，只会修改选择对象的特性，而不会影响后面绘制的图形。

2.5.1 设置图形颜色

在AutoCAD中，图形颜色主要是在【特性】面板中进行设置的。在【默认】选项卡中单击【特性】功能面板中的【对象颜色】下拉按钮，如图2-23所示。在弹出的颜色下拉列表中可以设置图形所需的颜色，如图2-24所示。

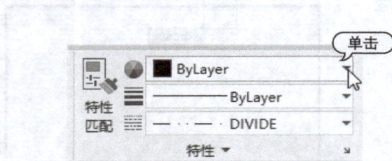

图2-23 单击【对象颜色】下拉按钮   图2-24 颜色下拉列表

在颜色下拉列表中选择【更多颜色】选项，将打开【选择颜色】对话框，在该对话框中可以设置绘图的颜色。在【选择颜色】对话框中包括【索引颜色】【真彩色】和【配色系统】这3个选项卡，分别用于以不同的方式设置绘图的颜色，如图2-25、图2-26和图2-27所示。在【索引颜色】选项卡中可以将绘图颜色设置为ByLayer(L)、ByBlock(K)或某一具体颜色。其中，ByLayer(L)指所绘制对象的颜色总是与对象所在图层设置的图层颜色一致，这也是常用到的设置。

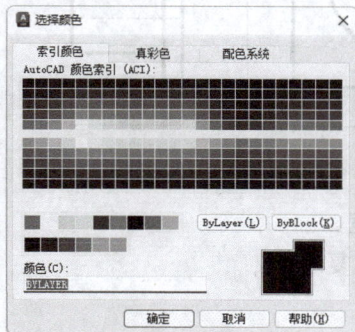

图2-25　使用索引颜色	图2-26　使用真彩色	图2-27　使用配色系统

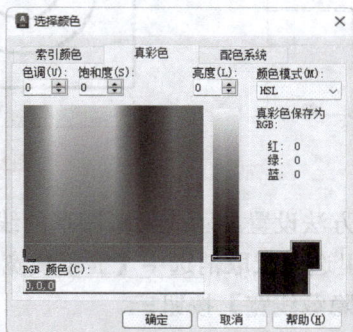

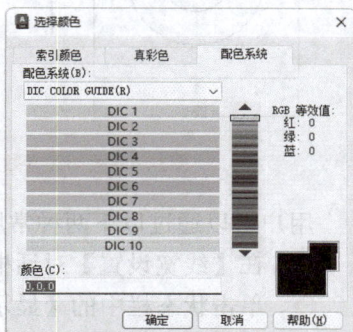

2.5.2　设置绘图线宽

在绘图中，对于不同的对象需要设置不同的线宽。例如，墙体、机械零件图轮廓等对象通常设置为粗线，辅助线、标注、填充图形等对象通常设置为细线。

1. 设置线宽

在AutoCAD中，用户可以通过以下两种方法设置图形线宽。

- 在【特性】功能面板中单击【线宽】下拉按钮，在弹出的下拉列表中选择需要的线宽，如图2-28所示。如果选择【线宽设置】选项，将打开【线宽设置】对话框。
- 选择【格式】|【线宽】命令，打开【线宽设置】对话框。在该对话框中选择需要的线宽，然后单击【确定】按钮，如图2-29所示。

图2-28　线宽下拉列表	图2-29　【线宽设置】对话框

2. 显示或关闭线宽

在AutoCAD中，用户可以在图形中打开或关闭线宽。图2-30所示为关闭线宽的效果，图2-31所示为打开线宽的效果。关闭线宽显示可以优化程序的性能，而不会影响线宽的打印效果。

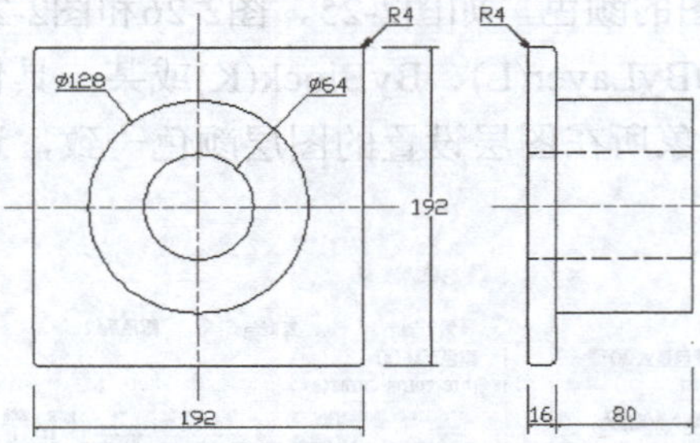

图2-30　关闭线宽效果

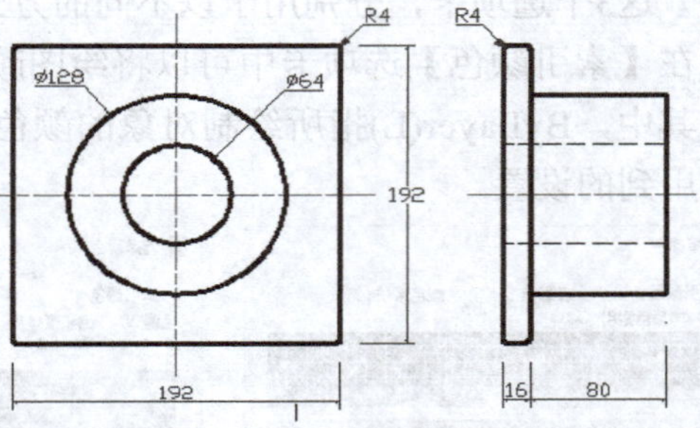

图2-31　打开线宽效果

用户可以通过以下两种常用方法设置显示或隐藏图形的线宽。

- 在【线宽设置】对话框里选中或取消选中【显示线宽】复选框。
- 单击状态栏中的【显示/隐藏线宽】按钮 ≣。

2.5.3　设置绘图线型

线型是由虚线、点和空格组成的重复图案，显示为直线或曲线。用户可以通过图层将线型指定给对象，也可以不依赖图层而明确指定线型。除了选择线型，用户还可以通过设置线型比例来控制虚线的空格大小，也可以创建自定义线型。

1. 认识图线

在设计图纸中，不同的图线表示着不同的含义，常见图线的具体含义如表2-1所示。

表2-1　图线说明

名称	线型	线宽	用途
细实线	——————	$0.25b$	表示小于$0.5b$的图形线、尺寸线、尺寸界线、图例线索引符号、标高符号、详图材料的引出线等
中实线	——————	$0.5b$	1. 表示平面、剖面图中被剖切的次要建筑构配件的轮廓线 2. 表示建筑平面、立面、剖面图中的建筑构配件的轮廓线 3. 表示建筑构造详图及建筑构配件详图中的一般轮廓线
粗实线	——————	b	1. 表示平面、剖面图中被切割的主要建筑构配件的轮廓线 2. 表示建筑立面图或室内立面图的外轮廓线 3. 建筑构造详图中被剖切的主要部分的轮廓线 4. 表示建筑构配件详图的外轮廓线 5. 表示平面、立面、剖面图的剖切符号
细虚线	- - - - - - - -	$0.25b$	图例线小于$0.5b$的不可见轮廓线
中虚线	▬ ▬ ▬ ▬ ▬	$0.5b$	1. 表示建筑构造详图及建筑构配件不可见的轮廓线 2. 表示平面图中的起重机、吊车的轮廓线
细单点长画线	— · — · — · —	$0.25b$	表示中心线、对称线、定位轴线
粗单点长画线	▬ · ▬ · ▬	b	表示起重机、吊车的轨道线
波浪线	～～～～	$0.25b$	1. 表示不需要画全的断开界线 2. 表示构造层次的断开界线

2. 设置线型

用户可以通过以下两种方法设置图形线型。

○ 在【特性】功能面板中单击【线型】下拉按钮，在弹出的下拉列表中选择需要的线型，如图2-32所示。如果选择【其他】选项，将打开【线型管理器】对话框。

○ 选择【格式】|【线型】命令，打开【线型管理器】对话框，如图2-33所示，在该对话框中选择需要的线型，然后单击【当前】按钮。

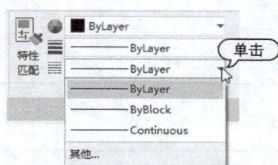

图2-32 线型下拉列表 图2-33 【线型管理器】对话框

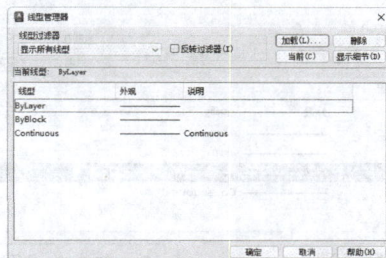

3. 加载线型

默认情况下，【线型管理器】对话框、功能面板或工具栏的线型列表中只显示了ByLayer、ByBlock和Continuous这3种常用的线型。如果要使用其他的线型，需要对线型进行加载。

单击【线型管理器】对话框中的【加载】按钮，打开【加载或重载线型】对话框，在此选择要使用的线型。例如，选中图2-34所示的ACAD_ISO08W100线型，单击【确定】按钮后，即可将选择的线型加载到【线型管理器】对话框中，如图2-35所示。加载的线型也将显示在功能面板或工具栏的线型列表中。

图2-34 选择要加载的线型 图2-35 加载后的线型列表

4. 设置线型比例

对于某些特殊的线型，更改线型的比例，将产生不同的线型效果。例如，在绘制中轴线时，通常使用虚线样式表示轴线，但在图形显示时，往往会将虚线显示为实线。这时就可以通过更改线型的比例来达到修改线型效果的目的。

在【线型管理器】对话框中单击【显示细节】按钮，将显示【详细信息】选项组，在此可以通过设置【全局比例因子】和【当前对象缩放比例】选项来改变线型的比例，如图2-36所示。图2-37所示是同一线型使用不同【全局比例因子】得到的效果。

提示

单击【线型管理器】对话框中的【显示细节】按钮，将显示【详细信息】选项组中的内容。此时，【显示细节】按钮变成【隐藏细节】按钮。单击【隐藏细节】按钮，即可隐藏【详细信息】选项组中的内容。

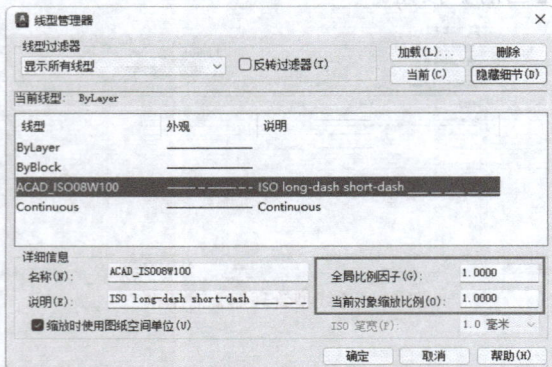

图2-36　显示【详细信息】选项组

图2-37　3种不同比例的线型效果

2.5.4　特性匹配

在AutoCAD中，使用【特性匹配】功能可复制对象的特性，如颜色、线宽、线型和所在图层等。执行【特性匹配】命令有如下几种常用方法。

- 选择【修改】|【特性匹配】命令。
- 单击【特性】面板中的【特性匹配】按钮 。
- 执行Matchprop(MA)命令。

执行【特性匹配(MA)】命令，在图2-38所示的图形中选择多边形作为特性匹配的源对象，然后选择圆作为需特性匹配的目标对象，得到的效果如图2-39所示。

提示

命令行中提示【选择目标对象或[设置(S)]:】时，选择【设置】选项，打开【特性设置】对话框，在该对话框中可以选择在特性匹配过程中可以被复制的特性，如图2-40所示。

图2-38　原图形

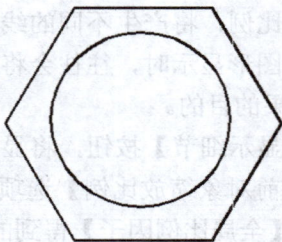

图2-39　对圆复制多边形特性

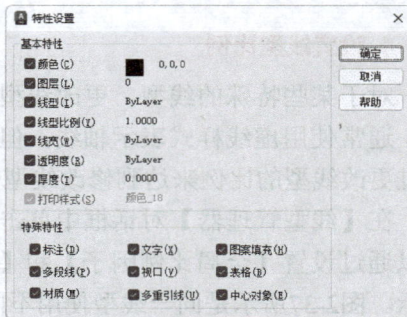

图2-40　【特性设置】对话框

2.6　设置图层

在绘制图形的过程中，利用图层功能对图形进行有效的管理，可以使图形的绘制和编辑操作更加方便，特别是在绘制复杂的图形时，图层功能尤为重要。

2.6.1　认识图层

图层就像透明的覆盖层，用户可以在图层上对图形中的对象进行组织和编组。在AutoCAD中，图层的作用是用于按功能在图形中组织信息以及执行线型、颜色等其他标准。

1. 图层的特性

在AutoCAD中，用户不但可以使用图层控制对象的可见性，还可以使用图层将特性指定给对象，也可以锁定图层防止对象被修改。图层有以下特性。

- 用户可以在一个图形文件中指定任意数量的图层。
- 每一个图层都有一个名称，其名称可以是汉字、字母或个别的符号($、_、-)。用户在给图层命名时，最好根据绘图的实际内容以容易识别的名称命名，从而方便在再次编辑时快速、准确地了解图形文件中的内容。
- 通常情况下，同一个图层上的对象只能为同一种颜色、同一种线型，在绘图过程中，用户可以根据需要，随时改变各图层的颜色、线型。
- 每一个图层都可以设置为当前层，新绘制的图形只能生成在当前层上。
- 用户可以对一个图层进行打开、关闭、冻结、解冻、锁定和解锁等操作。
- 如果删除或清理某个图层，则无法恢复该图层。
- 如果将新图层添加到图形中，则无法删除该图层。

在绘图的过程中，将不同属性的实体建立在不同的图层上，以便管理图形对象，并可以通过修改所在图层的属性，快速、准确地完成实体属性的修改。

2. 图层特性管理器

在AutoCAD的【图层特性管理器】选项板中可以创建图层，设置图层的颜色、线型和线宽，以及进行其他设置与管理操作。

打开【图层特性管理器】选项板有以下3种常用方法。

- 选择【格式】|【图层】命令。
- 单击【图层】面板中的【图层特性】按钮，如图2-41所示。
- 执行LAYER(LA)命令。

执行以上任意一种命令后，即可打开【图层特性管理器】选项板，该选项板的左侧为图层过滤器区域，右侧为图层列表区域，如图2-42所示。

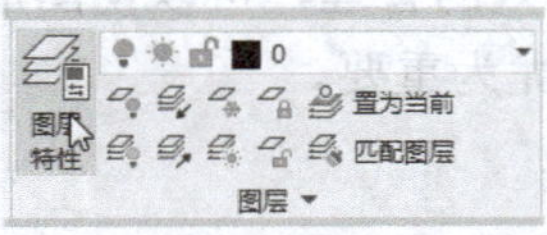

图2-41　单击【图层特性】按钮 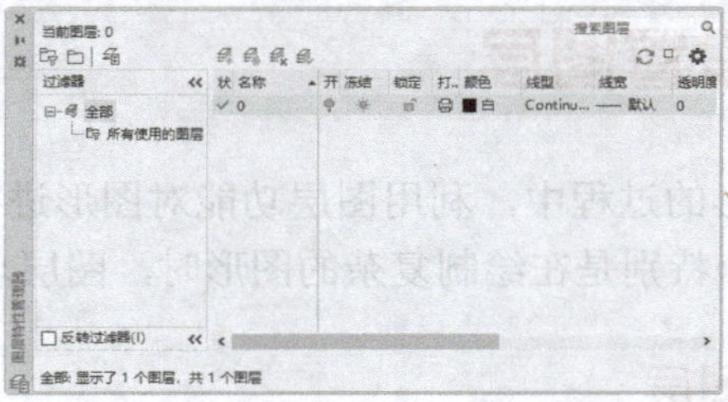　　　　图2-42　【图层特性管理器】选项板

【图层特性管理器】选项板中主要工具按钮和选项的作用如下。

- 【图层状态管理器】按钮　：单击该按钮，可以打开图层状态管理器。
- 【新建图层】按钮　：用于创建新图层，列表中将自动显示一个名为【图层1】的图层。
- 【在所有视口中都被冻结的新图层视口】按钮　：用于创建新图层，然后在所有现有布局视口中将其冻结。
- 【删除图层】按钮　：将选定的图层删除。
- 【置为当前】按钮　：将选定图层设置为当前图层，用户绘制的图形将存放在当前图层上。
- 状态：指示项目的类型，包括图层过滤器、正在使用的图层、空图层或当前图层。
- 名称：显示图层或过滤器的名称，按F2键可以快速输入新名称。
- 开/关：用于显示或隐藏图层上的AutoCAD图形。
- 冻结/解冻：用于冻结图层上的图形，使其不可见，并且使该图层的图形对象不能进行打印，再次单击对应的按钮，可以进行解冻。
- 锁定：为了防止图层上的对象被误编辑，可以将绘制好图形内容的图层锁定，再次单击对应的按钮，可以进行解锁。
- 颜色：为了区分不同图层上的图形对象，可以为图层设置不同颜色。默认状态下，新绘制的图形将沿用该图层的颜色属性。
- 线型：可以在此根据需要为每个图层分配不同的线型。
- 线宽：可以在此为线条设置不同的宽度，宽度范围是0~2.11mm。
- 打印样式：可以为不同的图层设置不同的打印样式。

2.6.2　创建图层

执行【图层】命令，在打开的【图层特性管理器】选项板中可以进行图层的创建。默认状态下，新建的图层将沿用当前选中图层的特性。

【动手练】创建新图层。　　视频

01 执行【图层特性(LA)】命令，打开【图层特性管理器】选项板，在该选项板中单击【新建图层】按钮　，创建一个新图层，如图2-43所示。

02 在图层名称处于激活的状态下(图层1　)，直接输入图层名称(如"墙体")并按Enter键，如图2-44所示。

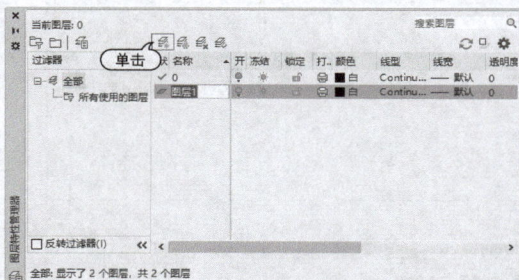

图2-43　创建新图层

图2-44　输入新的图层名

提示

如果图层名称已经确定，即未处于激活状态，此时要修改图层名称，可以单击图层的名称，使图层名称处于激活状态，然后输入新的名称并按空格键确定。

2.6.3　设置图层特性

由于图形中的所有对象都与图层相关联，因此在修改和创建图形的过程中，需要对图层特性进行调整。在【图层特性管理器】选项板中，通过单击图层的各个属性对象，可以对图层的名称、颜色、线型和线宽等属性进行设置。

【动手练】 设置图层特性。🔴视频

01 执行【图层特性(LA)】命令，打开【图层特性管理器】选项板，创建一个新图层，将该图层命名为【轴线】，如图2-45所示。

02 单击【轴线】图层对应的【颜色】图标，如图2-46所示。

图2-45　创建图层

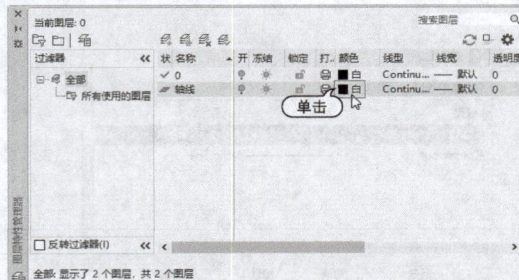

图2-46　单击图层的【颜色】图标

03 在打开的【选择颜色】对话框中选择需要设置的图层颜色(如【红】)，如图2-47所示。

04 单击【确定】按钮，即可为指定图层设置所选择的颜色，如图2-48所示。

图2-47　选择颜色

图2-48　修改图层颜色

05 单击【轴线】图层对应的【线型】图标，打开【选择线型】对话框，然后单击【加载】按钮，如图2-49所示。

06 在打开的【加载或重载线型】对话框中选择需要加载的线型(如ACAD_ISO08W100)，然后单击【确定】按钮，如图2-50所示。

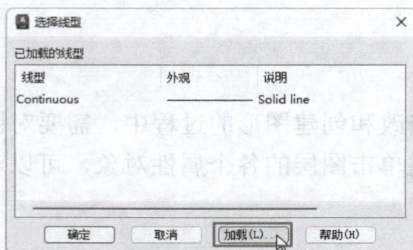

图2-49　单击【加载】按钮

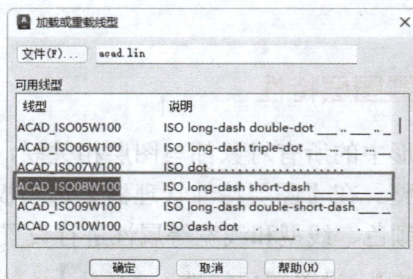

图2-50　选择要加载的线型

07 返回【选择线型】对话框，选择需要的线型，如图2-51所示，然后单击【确定】按钮，即可完成线型的设置，如图2-52所示。

图2-51　选择线型

图2-52　更改线型

08 单击【轴线】图层对应的【线宽】图标，打开【线宽】对话框，在该对话框中选择需要的线宽，如图2-53所示，然后单击【确定】按钮，即可完成线宽的设置，如图2-54所示。

图2-53 选择线宽

图2-54 更改线宽

2.6.4 设置当前图层

在AutoCAD中，当前层是指正在使用的图层。当用户绘制图形时，绘制的对象将存在于当前层上，同时拥有当前图层的特性。默认情况下，在【特性】面板中显示了当前层的状态信息。

设置当前层有如下两种常用方法。

○ 在【图层特性管理器】选项板中选择需设置为当前层的图层，再单击【置为当前】按钮 ，被设为当前层的图层前面有 标记，如图2-55所示的【图层3】图层。

○ 在【图层】面板中单击【图层控制】下拉按钮，在弹出的下拉列表中选择一个图层，即可将其设置为当前层，如图2-56所示。

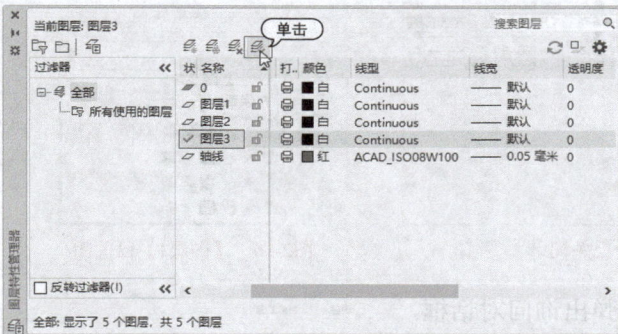

图2-55 设置当前层

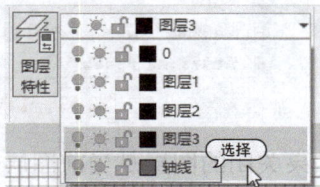

图2-56 指定当前图层

2.6.5 转换图层

这里所讲的转换图层是指将一个图层中的图形转换到另一个图层中。例如，将图层1中的图形转换到图层2中去，被转换后的图形颜色、线型、线宽将拥有图层2的属性。

转换图层时，先在绘图区中选择需要转换图层的图形，然后单击【图层】面板中的【图层控制】下拉按钮，在弹出的下拉列表中选择要将对象转换到的图层。例如，在图2-57所示的图形中，所选的两个圆的原图层为0图层，这里将它们放入【轮廓线】图层中，转换图层后，所选的两个圆将拥有【轮廓线】图层的属性，如图2-58所示。

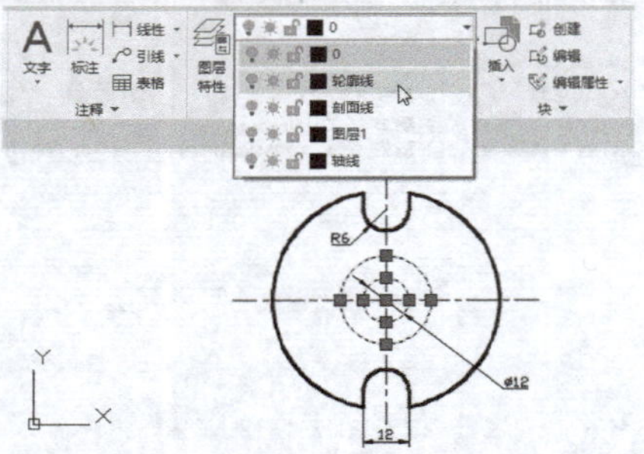

图2-57　选择要转换到的图层 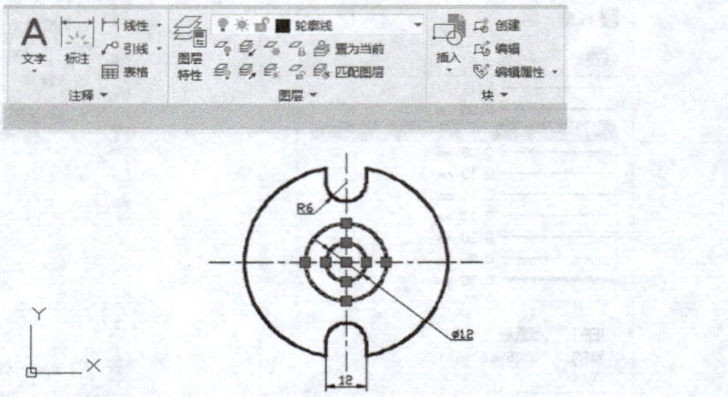　　　　　　　图2-58　转换图层后的效果

2.6.6　打开/关闭图层

在绘图操作中，用户可以将图层中的对象暂时隐藏起来，或将隐藏的对象显示出来。隐藏的图层中的图形将不能被选择、编辑、修改和打印。默认情况下，0图层和创建的图层都处于打开状态，通过以下两种方法可以关闭图层。

- ○ 在【图层特性管理器】选项板中单击要关闭的图层前面的💡图标，图层前面的💡图标将转变为💡图标，表示该图层已关闭，如图2-59所示的【图层1】。
- ○ 在【图层】面板中单击【图层控制】下拉列表中的【开/关图层】图标💡，图层前面的💡图标将转变为💡图标，表示该图层已关闭，如图2-60所示的【图层1】。

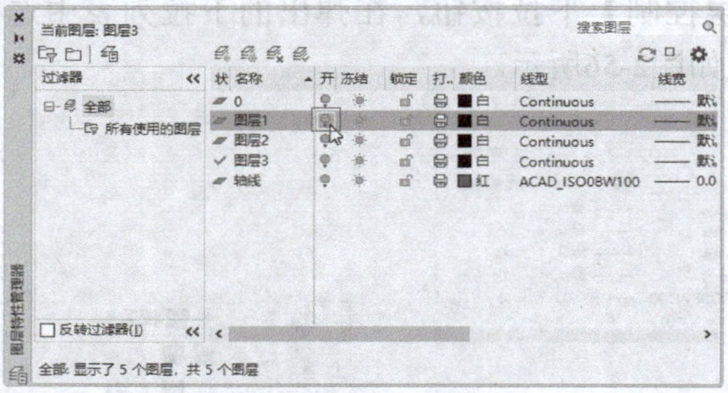

图2-59　【图层1】已关闭 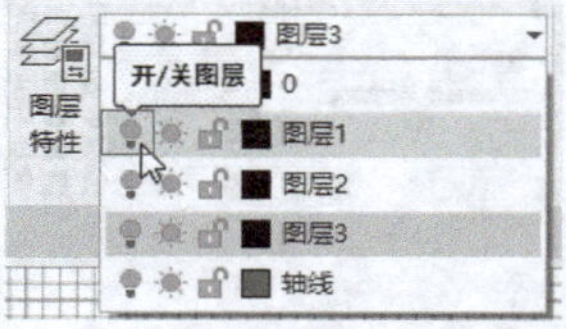　　　　　　　　图2-60　【图层1】已关闭

如果关闭的图层是当前图层，将弹出询问对话框，如图2-61所示，在该对话框中选择【关闭当前图层】选项即可。如果不需要对当前层执行关闭操作，可以选择【使当前图层保持打开状态】选项取消操作。

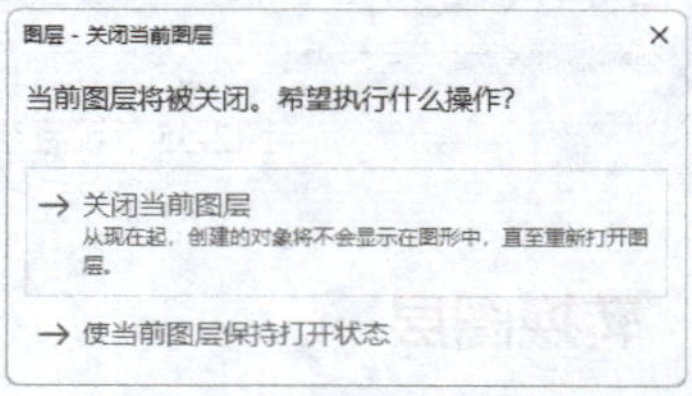

图2-61　询问对话框

提示

当图层被关闭后，在【图层特性管理器】选项板中单击图层前面的【开】图标💡，或在【图层】面板中单击【图层控制】下拉列表中的【开/关图层】图标💡，可以打开被关闭的图层，此时在图层前面的图标💡将转变为图标💡。

2.6.7 冻结/解冻图层

将图层中不需要进行修改的对象进行冻结处理，可以避免这些图形受到错误操作的影响。另外，冻结图层可以在绘图过程中减少系统生成图形的时间，从而提高计算机的速度，因此在绘制复杂的图形时冻结图层非常重要。被冻结后的图层对象将不能被选择、编辑、修改和打印。

在默认情况下，0图层和创建的图层都处于解冻状态。用户可以通过以下两种方法将指定的图层冻结。

- 在【图层特性管理器】选项板中单击要冻结的图层前面的【冻结】图标☀，图标☀将转变为图标❄，表示该图层已经被冻结，如图2-62所示的【图层2】。
- 在【图层】面板中单击【图层控制】下拉列表中的【在所有视口中冻结或解冻】图标☀，图层前面的图标☀将转变为图标❄，表示该图层已经被冻结，如图2-63所示的【图层2】。

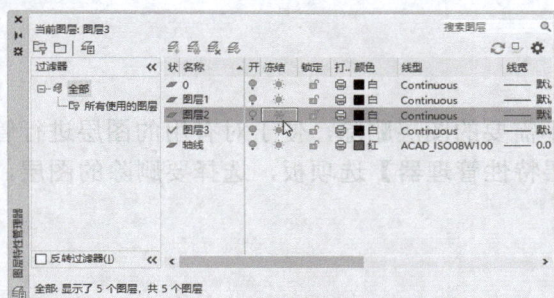

图2-62　【图层2】已冻结　　　　图2-63　【图层2】已冻结

当图层被冻结后，在【图层特性管理器】选项板中单击图层前面的【解冻】图标❄，或在【图层】面板中单击【图层控制】下拉列表中的【在所有视口中冻结或解冻】图标❄，可以解冻被冻结的图层，此时在图层前面的图标❄将转变为图标☀。

提示

由于绘制图形操作是在当前图层上进行的，因此，不能对当前的图层进行冻结操作。如果用户对当前图层进行了冻结操作，系统将给予无法冻结的提示。

2.6.8 锁定/解锁图层

锁定图层可以将该图层中的对象锁定。锁定图层后，图层上的对象仍然处于显示状态，但是用户无法对其进行选择、编辑、修改等操作。在默认情况下，0图层和新建的图层都处于解锁状态，可以通过以下两种方法将图层锁定。

- 在【图层特性管理器】选项板中单击要锁定的图层前面的【锁定】图标🔓，图标🔓将转变为图标🔒，表示该图层已经被锁定，如图2-64所示的【图层3】。
- 在【图层】面板中单击【图层控制】下拉列表中的【锁定或解锁图层】图标🔓，图标🔓将转变为图标🔒，表示该图层已被锁定，如图2-65所示的【图层3】。

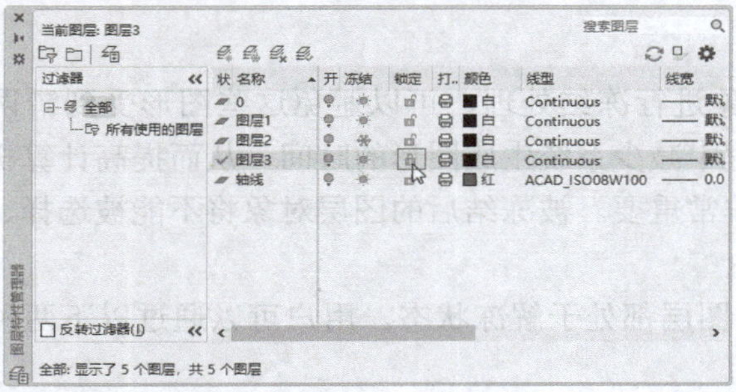

图2-64　【图层3】已锁定 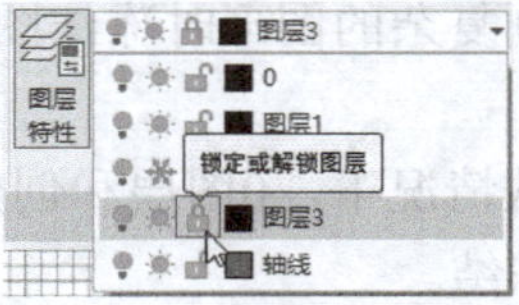　　　　　图2-65　【图层3】已锁定

解锁图层的操作与锁定图层的操作相似。当图层被锁定后，在【图层特性管理器】选项板中单击图层前面的【解锁】图标🔒，或在【图层】面板中单击【图层控制】下拉列表中的【锁定或解锁图层】图标🔒，可以解锁被锁定的图层，此时在图层前面的图标🔒将转变为图标🔓。

2.6.9　删除图层

在AutoCAD中绘制图形时，将不需要的图层删除，便于对有用的图层进行管理。执行【图层特性(LA)】命令，打开【图层特性管理器】选项板，选择要删除的图层，然后单击【删除】按钮，即可将其删除。

✈ 提示

在删除图层的操作中，默认层、当前层、含有图形实体的层和外部引用依赖层均不能被删除。若对这些图层执行了删除操作，则AutoCAD会弹出提示不能删除的警告对话框。

2.7　课堂案例

如果用户需要经常进行同类型图形的绘制，可以对图层状态进行保存、输出和输入等操作，从而提高绘图效率。本节通过练习图层的输出与输入操作，巩固本章所学的图层知识。

2.7.1　输出图层

在绘制图形的过程中，在创建好图层并设置好图层参数后，可以将图层的设置保存下来，然后进行输出，以便创建相同或相似的图层时直接进行调用，从而提高绘图效率。本例将讲解输出图层的方法，具体的操作步骤如下。

01 选择【格式】|【图层】命令，打开【图层特性管理器】选项板，依次创建【轴线】【墙体】【门窗】【标注】图层，如图2-66所示。

02 在【图层特性管理器】选项板右侧的图层列表中右击，然后在弹出的快捷菜单中选择【保存图层状态】命令，如图2-67所示。

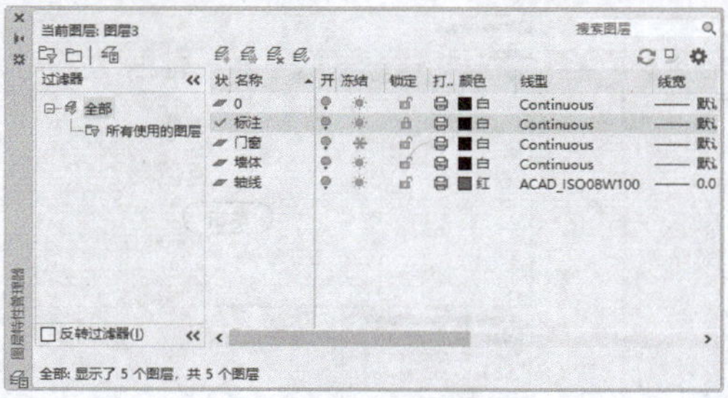

图2-66　创建图层

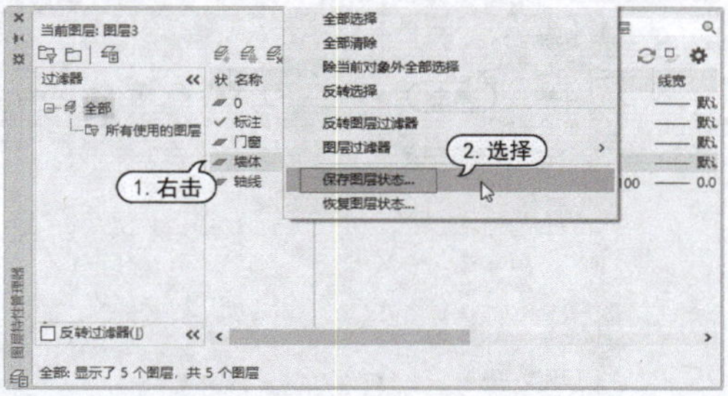

图2-67　选择【保存图层状态】命令

03 在打开的【要保存的新图层状态】对话框中输入新图层状态名为"建筑"，如图2-68所示，单击【确定】按钮，即可将图层状态进行保存，并返回【图层特性管理器】选项板。

04 在【图层特性管理器】选项板中单击【图层状态管理器】按钮，如图2-69所示。

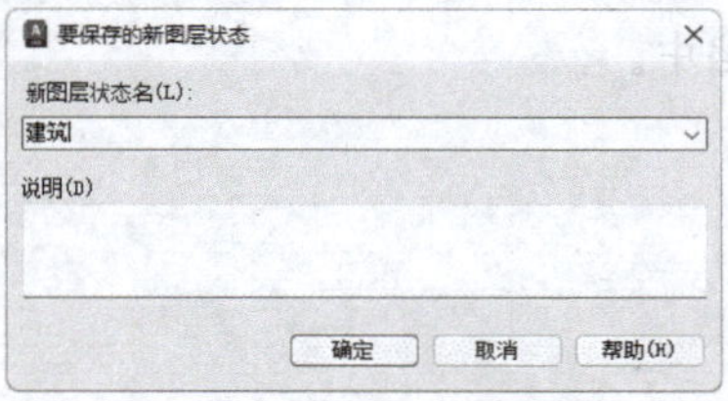

图2-68　输入新图层状态名

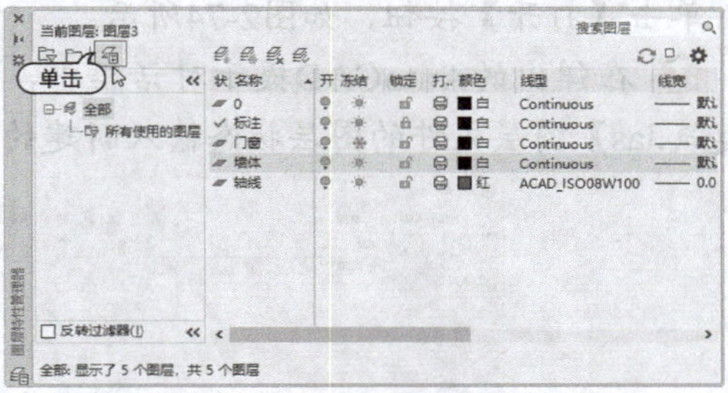

图2-69　单击【图层状态管理器】按钮

05 在打开的【图层状态管理器】对话框中单击【输出】按钮(如图2-70所示)，打开【输出图层状态】对话框，然后选择图层的保存位置，并输入图层状态的名称(如图2-71所示)，单击【保存】按钮，即可保存并输出图层状态。

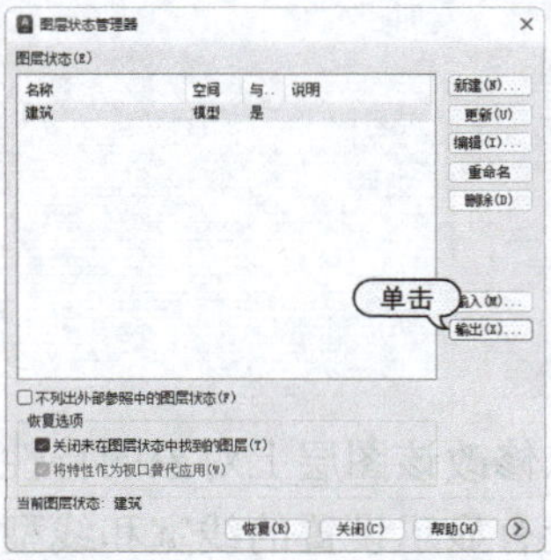

图2-70　单击【输出】按钮

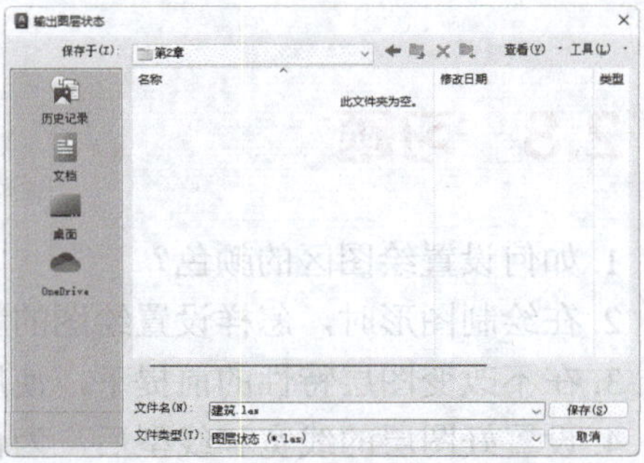

图2-71　单击【保存】按钮

2.7.2　输入图层

在绘制图形时，如果要设置相同或相似图层，可以将保存后的图层状态进行调用，从而提高绘图效率。本例将讲解输入图层的方法，具体的操作步骤如下。

01 新建一个图形文档，然后选择【格式】|【图层】命令，打开【图层特性管理器】选项板，在该选项板中单击【图层状态管理器】按钮，如图2-72所示。

02 在打开的【图层状态管理器】对话框中单击【输入】按钮，如图2-73所示。

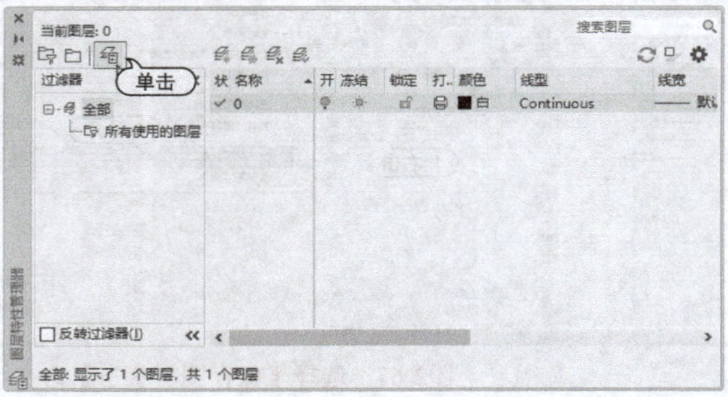

图2-72　单击【图层状态管理器】按钮 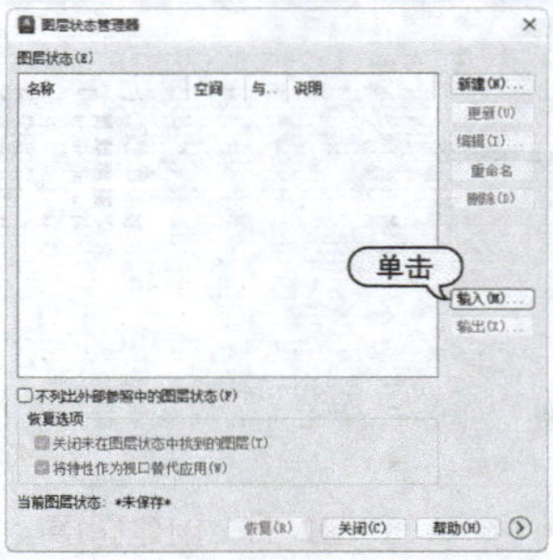　　　　图2-73　【图层状态管理器】对话框

03 在打开的【输入图层状态】对话框中单击【文件类型】选项右侧的下拉按钮，在弹出的下拉列表中选择【图层状态(*.las)】选项，然后选择前面输出的【建筑.las】图层状态文件，单击【打开】按钮，如图2-74所示。

04 在弹出的AutoCAD提示对话框中，单击【恢复状态】按钮(如图2-75所示)，即可将【建筑.las】图层文件的图层状态输入新建的图形文档中。

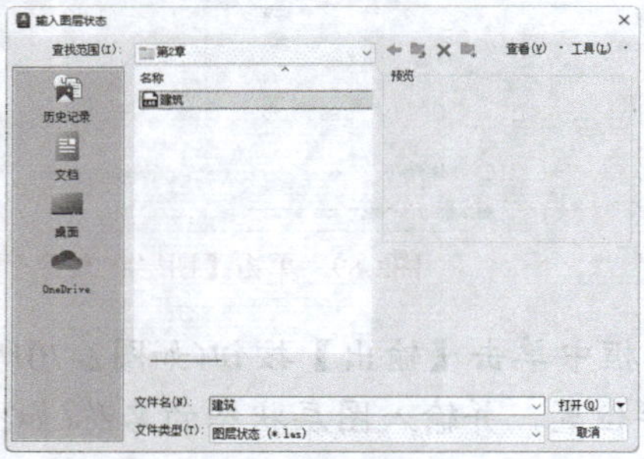

图2-74　【输入图层状态】对话框 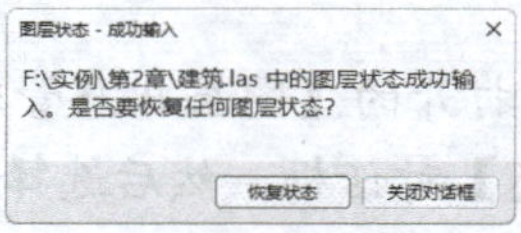　　　　图2-75　提示对话框

2.8　习题

1. 如何设置绘图区的颜色？

2. 在绘制图形时，怎样设置绘图的颜色？

3. 在不改变图层特性的前提下，使用什么方法可以修改该图层上对象的特性？

4. 设置好图层的线宽和线型后，为什么图形还是没有显示设置的线宽和线型效果？

5. 应用所学的图层知识，参照图2-76所示的图层效果，创建其中的图层并设置相应的图层属性。

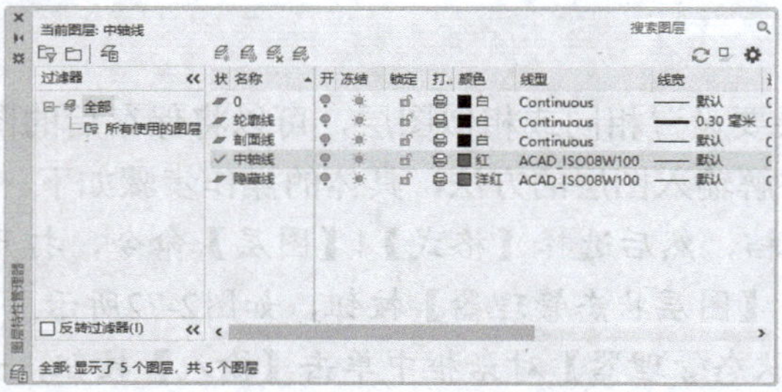

图2-76　创建与设置图层

第3章

绘制简单图形

AutoCAD提供了大量绘制二维图形和三维模型的绘图命令。在学习绘图的操作时，我们首先学习一些简单图形的绘制方法，其中包括点、直线、构造线、圆和矩形等图形。

3.1 AutoCAD的坐标定位

AutoCAD的对象定位主要由坐标系进行确定。要进行准确绘图，首先要了解AutoCAD坐标系的概念和坐标的输入方法。

3.1.1 认识AutoCAD坐标系

在AutoCAD中，坐标系由X轴、Y轴、Z轴和原点构成。其中包括笛卡儿坐标系、世界坐标系和用户坐标系。

○ 笛卡儿坐标系：AutoCAD采用笛卡儿坐标系来确定位置，该坐标系也称绝对坐标系。在进入AutoCAD绘图区时，系统自动进入笛卡儿坐标系第一象限，其原点在绘图区内的左下角，如图3-1所示。

○ 世界坐标系：世界坐标系(World Coordinate System，WCS)是AutoCAD的基础坐标系，它由3个相互垂直相交的坐标轴X、Y和Z组成。在绘制和编辑图形的过程中，WCS是预设的坐标系，其坐标原点和坐标轴都不会改变。在默认情况下，X轴以水平向右为正方向，Y轴以垂直向上为正方向，Z轴以垂直屏幕向外为正方向，坐标原点在绘图区内的左下角，如图3-2所示。

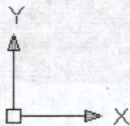

图3-1　笛卡儿坐标系　　　　图3-2　世界坐标系

○ 用户坐标系：为了方便用户绘制图形，AutoCAD提供了可变的用户坐标系(User Coordinate System，UCS)。在通常情况下，用户坐标系与世界坐标系相重合，而在绘制一些复杂的实体造型时，用户可根据具体需要，通过UCS命令设置适合当前图形应用的坐标系。

✎ 提示

在二维平面中绘制和编辑图形时，只需输入X轴和Y轴的坐标值，而Z轴的坐标值可以不输入，由AutoCAD自动赋值为0。

3.1.2 AutoCAD坐标输入法

在AutoCAD中使用各种命令时，通常需要提供该命令相应的指示与参数，以便指引该命令所要完成的工作或动作执行的方式、位置等。虽然直接使用鼠标制图很方便，但不能进行精确的定位，进行精确的定位则需要采用键盘输入坐标值的方式来实现。常用的坐标输入方式包括：绝对坐标、相对坐标、绝对极坐标和相对极坐标。其中，相对坐标与相对极坐标的原理相同，只是格式不同。

1. 绝对坐标

绝对坐标分为绝对直角坐标和绝对极轴坐标两种。其中，绝对直角坐标以笛卡儿坐标系的原点(0,0,0)为基点定位，用户可以通过输入(X,Y,Z)坐标的方式来定义一个点的位置。

例如，在图3-3所示的图形中，O点的绝对坐标为(0,0,0)，A点的绝对坐标为(10,10,0)，B点的绝对坐标为(30,10,0)，C点的绝对坐标为(30,30,0)，D点的绝对坐标为(10,30,0)。

2. 相对坐标

相对坐标是以上一点为坐标原点确定下一点的位置。输入相对于上一点坐标(X,Y,Z)增量为(△X,△Y,△Z)的坐标时，格式为((@△X,△Y,△Z)。其中@字符是指定与上一点的偏移量(即相对偏移量)。

例如，在图3-3所示的图形中，对于O点而言，A点的相对坐标为(@10,10)，如果以A点为基点，那么B点的相对坐标为(@20,0)，C点的相对坐标为(@20,20)，D点的相对坐标为(@0,20)。

3. 绝对极坐标

绝对极坐标是以坐标原点(0,0,0)为基点定位所有的点，通过输入距离和角度的方式来定义一个点的位置，绝对极坐标的输入格式为(距离<角度)。如图3-4所示，C点距离O点的长度为25mm，角度为30°，则输入C点的绝对极坐标为(25<30)。

4. 相对极坐标

相对极坐标是以上一点为参考基点，通过输入极距增量和角度值，来定义下一点的位置。其输入格式为(@距离<角度)。例如，输入如图3-4所示B点相对于C点的极坐标为(@50<0)。

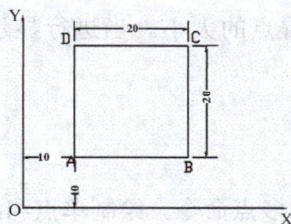

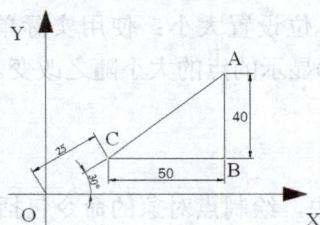

图3-3 坐标示意图　　　　图3-4 极坐标示意图

提示

在AutoCAD 2025的默认状态下，绘制图形的过程中，输入图形的第一点为绝对坐标，再输入的其他点为相对坐标。在坐标前加#可以创建绝对坐标；在坐标前加@可以创建相对坐标。

3.1.3 偏移基点

From(捕捉自)是用于偏移基点的命令，在执行绘图和编辑命令时，可以通过该命令偏移绘图和编辑图形的基点位置。

✈ 提示

在执行From(捕捉自)命令之前，首先需要执行绘图或编辑命令。执行From(捕捉自)命令后，可以根据系统提示依次捕捉偏移的基点和偏移的坐标，然后进行图形绘制或编辑操作。

3.2 绘制点图形

在AutoCAD中，绘制点的命令包括【点(POINT)】【定数等分(DIVIDE)】和【定距等分(MEASUREH)】命令。在学习绘制点的操作之前，用户通常需要设置点的样式。

3.2.1 设置点样式

选择【格式】|【点样式】命令，或执行DDPTYPE命令，打开【点样式】对话框，在该对话框中可以设置多种不同的点样式，包括点的大小和形状，如图3-5所示。点样式进行更改后，在绘图区中的点对象也将发生相应的变化。

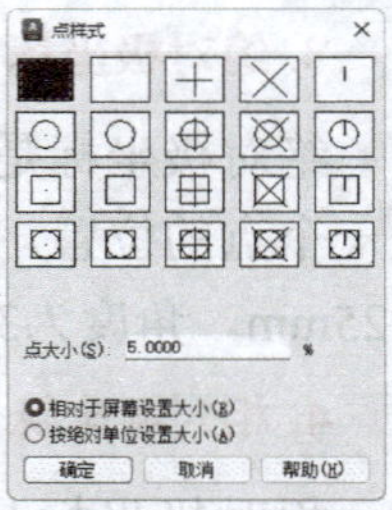

图3-5 【点样式】对话框

【点样式】对话框中主要选项的含义如下。

○ 点大小：用于设置点的显示大小，可以相对于屏幕设置点的大小，也可以设置点的绝对大小。

○ 相对于屏幕设置大小：用于按屏幕尺寸的百分比设置点的显示大小。当进行显示比例的缩放时，点的显示大小并不改变。

○ 按绝对单位设置大小：使用实际单位设置点的大小。当进行显示比例的缩放时，AutoCAD显示的点的大小随之改变。

3.2.2 绘制点

在AutoCAD中，绘制点对象的命令包括单点和多点命令。绘制单点和绘制多点的操作方法如下。

1. 绘制单点

在AutoCAD中，执行【单点】命令通常有以下两种方法。

○ 选择【绘图】|【点】|【单点】命令。

○ 执行POINT(PO)命令。

执行【单点】命令后，系统将出现【指定点:】的提示，当在绘图区内单击时，即可创建一个点。

2. 绘制多点

在AutoCAD 中，执行【多点】命令通常有以下两种方法。

○ 选择【绘图】|【点】|【多点】命令。

○ 在【绘图】面板中单击【绘图】下拉按钮，如图3-6所示，在展开的面板中单击【多点】按钮∴，如图3-7所示。

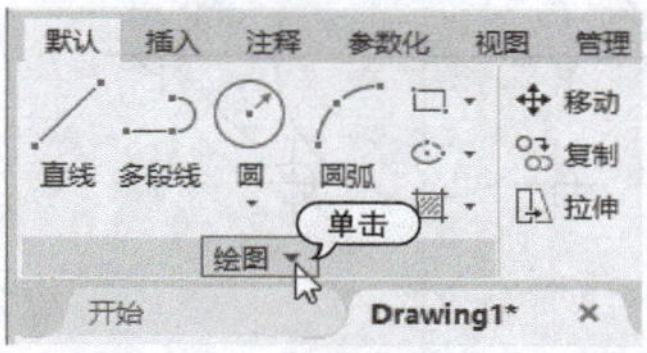

图3-6 单击【绘图】下拉按钮

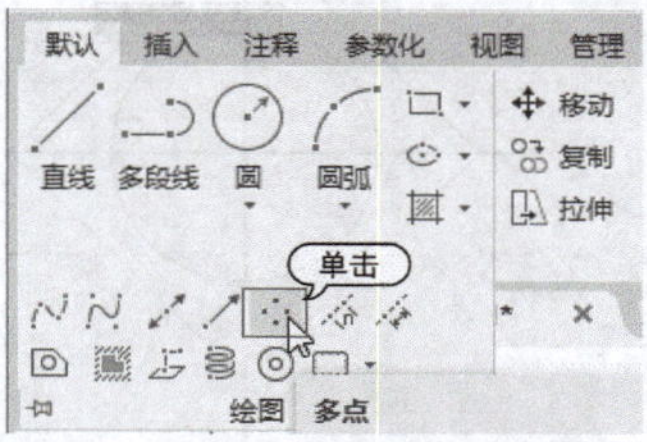

图3-7 单击【多点】按钮

执行【多点】命令后，系统将出现【指定点:】的提示，多次单击即可在绘图区连续绘制多个点，按Esc键可终止操作。

3.2.3 绘制定数等分点

使用【定数等分】命令能够在某一图形上以等分数目创建点或插入图块，被等分的对象可以是直线、圆、圆弧、多段线等。在定数等分点的过程中，用户可以指定等分数目。执行【定数等分】命令通常有以下两种方法。

○ 选择【绘图】|【点】|【定数等分】命令。
○ 执行DIVIDE命令。

执行【定数等分(DIV)】命令创建定数等分点时，当系统提示【选择要定数等分的对象:】时，用户需要选择要等分的对象，选择后，系统将继续提示【输入线段数目或[块(B)]:】，此时输入等分的数目，然后按空格键结束操作。

【例3-1】绘制吊灯。 📹视频

01 打开【图形1.dwg】素材图形，如图3-8所示。

02 执行【点样式(DDPTYPE)】命令，打开【点样式】对话框，在该对话框中选择⊕点样式，在【点大小】文本框中输入35，并选中【按绝对单位设置大小】单选按钮，然后单击【确定】按钮，如图3-9所示。

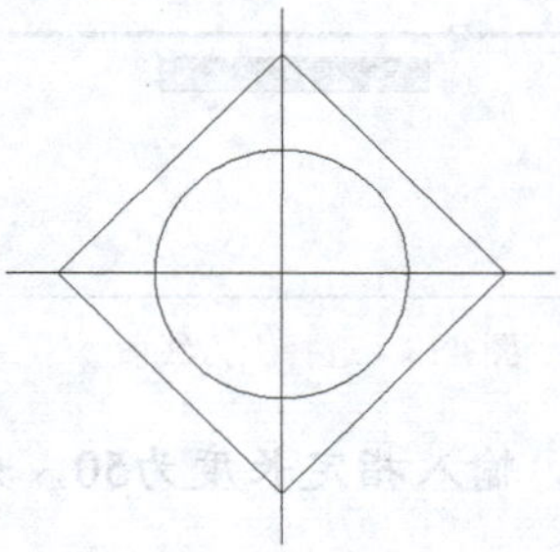

图3-8 打开素材图形

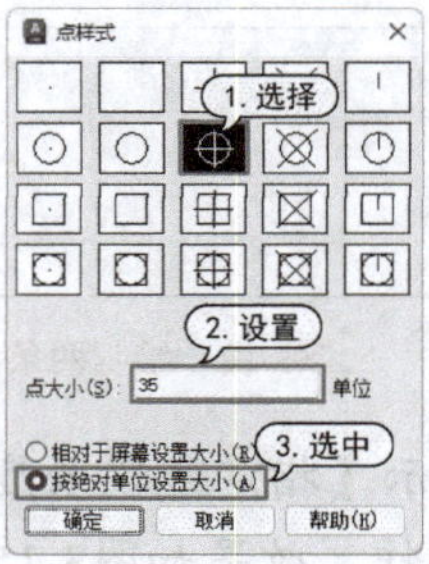

图3-9 设置点样式

03 执行【定数等分(DIV)】命令，当系统提示【选择要定数等分的对象:】时，在素材图形中选择菱形对象，如图3-10所示。

04 当系统提示【输入线段数目或[块(B)]:】时，输入等分的数目为8，然后按Enter键确定，完成定数等分点的创建，效果如图3-11所示。

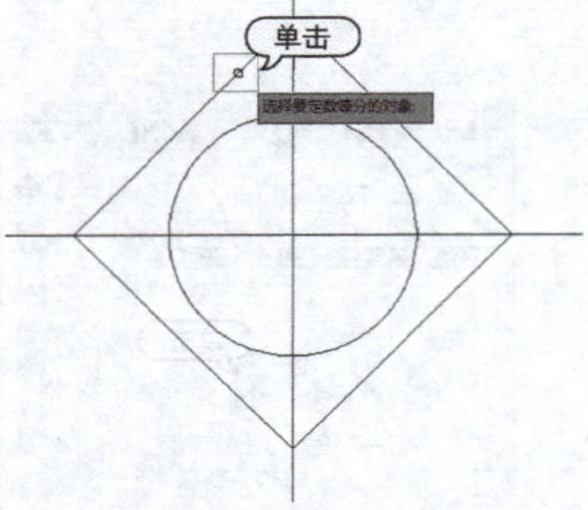

图3-10　选择定数等分对象 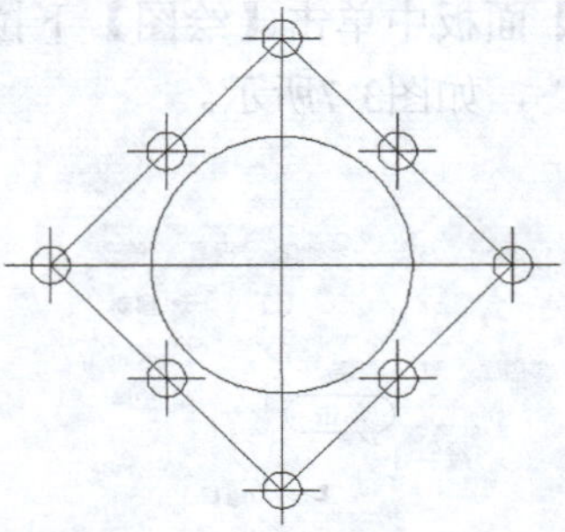　　　　图3-11　定数等分效果

提示

使用DIVIDE命令创建的点对象，主要用于作为其他图形的捕捉点，生成的点标记只是起到等分测量的作用，而非将图形断开。

3.2.4　绘制定距等分点

除可以在图形上绘制定数等分点外，用户还可以绘制定距等分点，即将一个对象以一定的距离进行划分。使用【定距等分】命令可以在选择的对象上创建指定距离的点或图块，将图形以指定的长度分段。

执行【定距等分】命令有以下两种方法。

- 选择【绘图】|【点】|【定距等分】命令。
- 在命令行中输入MEASURE(ME)命令并按空格键确定。

【动手练】绘制定距等分点。📹视频

01 执行【直线(L)】命令，绘制两条长度为150的线段，如图3-12所示。

02 执行【定距等分(ME)】命令，当系统提示【选择要定距等分的对象:】时，单击选择上方线段作为要定距等分的对象，如图3-13所示。

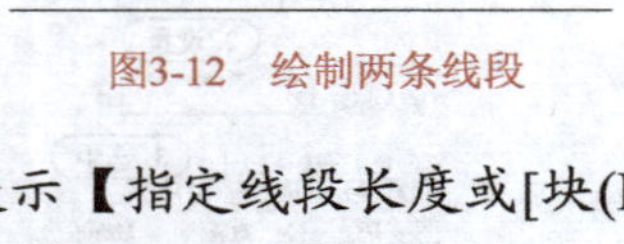

图3-12　绘制两条线段 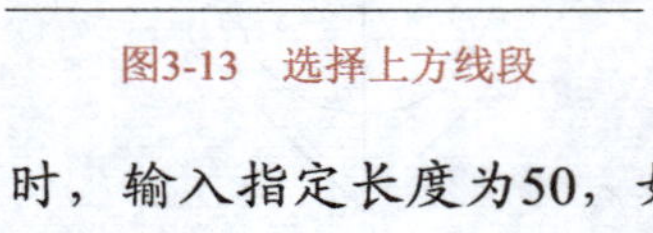　　　　图3-13　选择上方线段

03 当系统提示【指定线段长度或[块(B)]:】时，输入指定长度为50，如图3-14所示，然后按空格键结束操作，效果如图3-15所示。

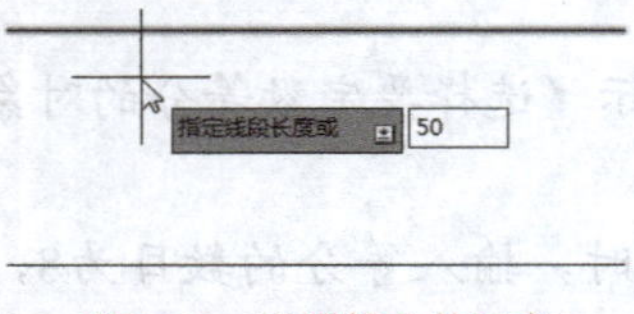

图3-14　设置等分的距离 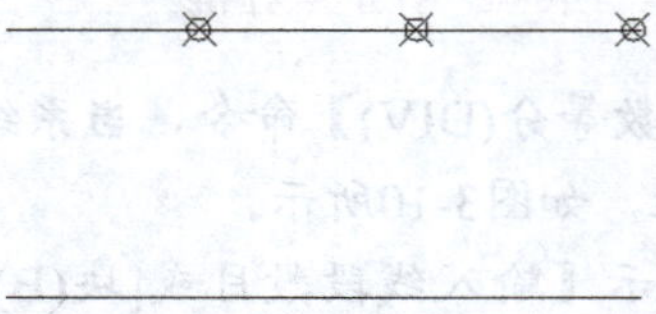　　　　图3-15　定距等分线段

在输入命令的过程中，系统将给出包含当前命令字母的一系列命令供用户进行选择，如果第一个命令是用户所需要的命令，直接按空格键进行确定即可执行该命令。

3.3 绘制简单线条

在AutoCAD制图操作中，可以绘制直线、构造线、射线等简单线条图形。下面介绍这些对象的具体绘制方法。

3.3.1 绘制直线

使用【直线】命令可以在两点之间进行线段的绘制。用户可以通过鼠标或者键盘两种方式来指定线段的起点和终点。当使用LINE命令绘制连续线段时，上一个线段的终点将直接作为下一个线段的起点，如此循环直到按空格键进行确定，或者按Esc键撤销命令为止。

执行【直线】命令的常用方法有以下3种。

- 选择【绘图】|【直线】命令。
- 单击【绘图】面板中的【直线】按钮 ∕ 。
- 执行LINE(L)命令。

在使用【直线(L)】命令绘图的过程中，如果绘制了多条线段，系统将提示【指定下一点或[关闭(C)/放弃(U)]:】，该提示中各选项的含义如下。

- 指定下一点：要求用户指定线段的下一个端点。
- 关闭(C)：在绘制多条线段后，如果输入C并按下空格键进行确定，则最后一个端点将与第一条线段的起点重合，从而组成一个封闭图形。
- 放弃(U)：输入U并按下空格键进行确定，则最后绘制的线段将被撤销。

【例3-2】绘制射灯。 🎬视频

01 执行【直线(L)】命令，在系统提示【指定第一个点:】时，在需要创建线段的起点位置单击，如图3-16所示。

02 当系统提示【指定下一点或[放弃(U)]:】时，向右侧移动光标并单击指定线段的下一点，如图3-17所示。

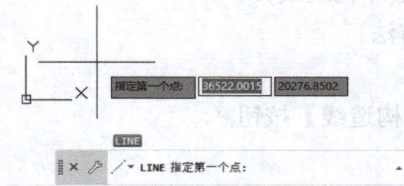

图3-16　指定起点　　　　　　　　图3-17　指定下一点

03 应用【对象捕捉追踪】功能，捕捉线段左下方的端点，并向上移动光标，单击捕捉追踪线上的一个点，指定直线的下一个点，如图3-18所示。

04 在系统提示【指定下一点或[关闭(C)/放弃(U)]:】时，输入c并确定，以执行【关闭(C)】命令，如图3-19所示，绘制的闭合图形如图3-20所示。

05 按空格键重复执行【直线(L)】命令，然后依次绘制表示光线的直线，如图3-21所示。

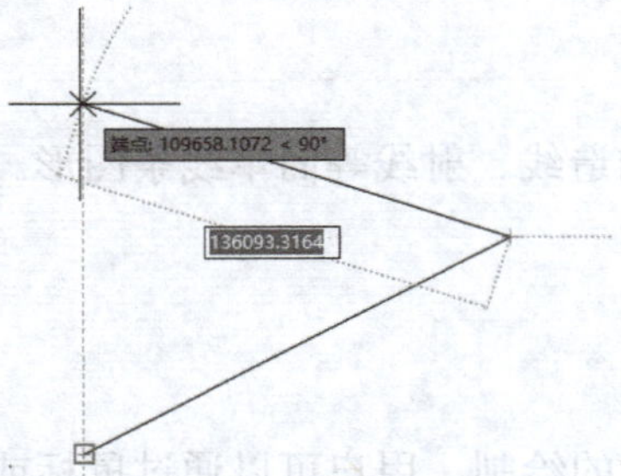

图3-18　指定直线下一点 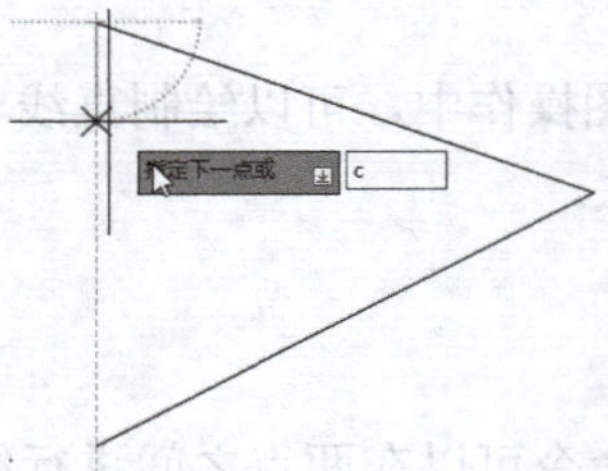　　　　　　　　　图3-19　输入c并确定

图3-20　绘制闭合图形 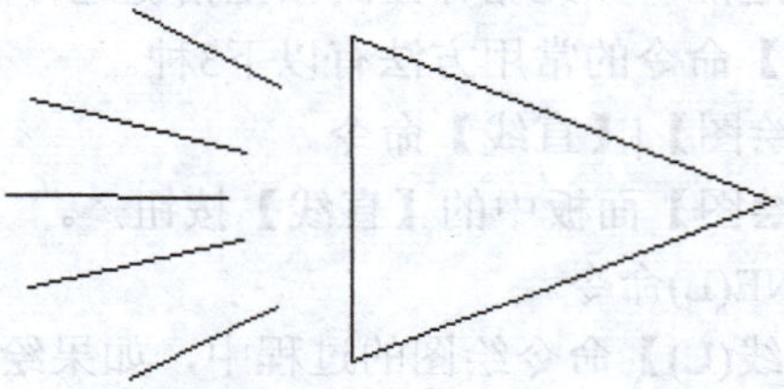　　　　　　　　　　图3-21　绘制其他直线

提示

在绘制直线的过程中，如果绘制了错误的线段，可以输入U命令并按空格键确定将其取消，然后再重新执行下一步绘制操作。

3.3.2 绘制构造线

在建筑或机械制图中，构造线通常作为绘制图形过程中的辅助线，如基准坐标轴。执行【构造线】命令可以绘制向两边无限延伸的直线(即构造线)。

执行【构造线】命令主要有以下几种常用方法。

- 选择【绘图】|【构造线】命令。
- 展开【绘图】面板，然后单击其中的【构造线】按钮。
- 执行XLINE(XL)命令。

1. 绘制水平或垂直构造线

执行【构造线(XL)】命令，通过选择【水平(H)】或【垂直(V)】选项可以绘制水平或垂直构造线。

【动手练】绘制水平和垂直构造线。 ◎视频

01 执行【构造线(XL)】命令，系统将提示【指定点或[水平(H)/垂直(V)/角度(A)/二等分(B)/偏移(O)]:】，输入h并按空格键确定，选择【水平(H)】选项，如图3-22所示。

02 系统提示【指定通过点:】时，在绘图区中单击一点作为通过点，如图3-23所示。

图3-22　选择【水平(H)】选项　　　　图3-23　指定通过点

03 按空格键结束命令，绘制的水平构造线如图3-24所示。

04 按空格键重复执行【构造线(XL)】命令，根据系统提示输入v并按空格键确定，选择【垂直(V)】选项，如图3-25所示。

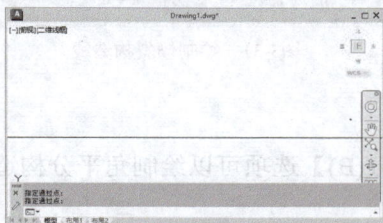

图3-24　绘制水平构造线　　　　图3-25　选择【垂直(V)】选项

05 系统提示【指定通过点:】时，在绘图区中单击一点作为通过点，如图3-26所示。

06 按空格键结束命令，绘制的垂直构造线如图3-27所示。

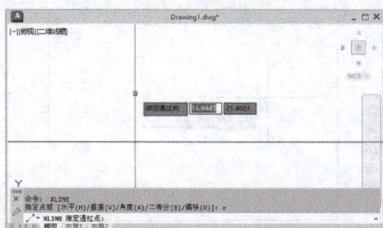

图3-26　指定通过点　　　　图3-27　绘制垂直构造线

2. 绘制倾斜构造线

执行【构造线(XL)】命令，通过选择【角度(A)】选项可以绘制指定倾斜角度的构造线。

【动手练】绘制倾斜构造线。 ◎视频

01 执行【构造线(XL)】命令，系统将提示【指定点或[水平(H)/垂直(V)/角度(A)/二等分(B)/偏移(O)]:】，输入a并按空格键确定，选择【角度(A)】选项，如图3-28所示。

02 系统提示【输入构造线的角度(0)或[参照(R)]:】时，输入构造线的倾斜角度为45°(如图3-29所示)，然后按空格键进行确定。

图3-28　选择【角度(A)】选项　　　　　　　图3-29　输入角度

03 根据系统提示指定构造线的通过点，如图3-30所示，然后按空格键结束命令，绘制的倾斜构造线如图3-31所示。

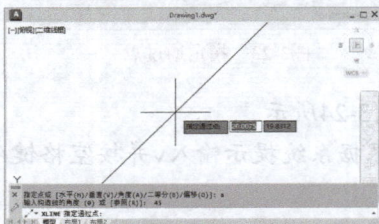

图3-30　指定通过点　　　　　　　　　图3-31　绘制倾斜构造线

3. 绘制角平分构造线

执行【构造线(XL)】命令，通过选择【二等分(B)】选项可以绘制角平分构造线。

【动手练】绘制顶角平分构造线。　🎥视频

01 执行【矩形(REC)】命令，绘制一个矩形，如图3-32所示。

02 执行【构造线(XL)】命令，根据系统提示【指定点或[水平(H)/垂直(V)/角度(A)/二等分(B)/偏移(O)]:】，输入b并按空格键确定，选择【二等分(B)】选项，如图3-33所示。

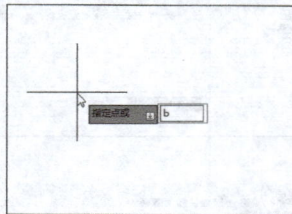

图3-32　绘制矩形　　　　　　　　　图3-33　选择【二等分(B)】选项

03 根据系统提示【指定角的顶点:】，在矩形左上角捕捉角顶点，如图3-34所示。

04 根据系统提示【指定角的起点:】，在矩形左下角捕捉角起点，如图3-35所示。

图3-34　捕捉角顶点(左上)　　　　　　　图3-35　捕捉角起点(左下)

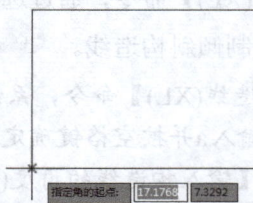

05 根据系统提示【指定角的端点:】，在矩形右上角捕捉角端点，如图3-36所示，按空格键结束命令。绘制的角平分构造线如图3-37所示。

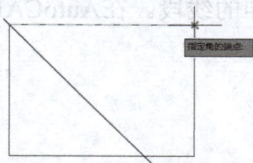

图3-36 捕捉角端点(右上)　　　　图3-37 绘制角平分构造线

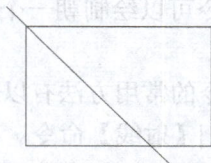

4. 绘制偏移构造线

执行【构造线(XL)】命令，通过选择【偏移(O)】选项可以绘制指定对象的偏移构造线。

【动手练】绘制偏移构造线。🎬视频

01 执行【直线(L)】命令，绘制一个三角形，如图3-38所示。

02 执行【构造线(XL)】命令，根据系统提示【指定点或[水平(H)/垂直(V)/角度(A)/二等分(B)/偏移(O)]:】，输入o并按空格键确定，选择【偏移(O)】选项，如图3-39所示。

图3-38 绘制三角形　　　　图3-39 选择【偏移(O)】选项

03 根据系统提示【指定偏移距离或[通过(T)]:】，输入20并按空格键确定，指定构造线与参考线的偏移距离，如图3-40所示。

04 根据系统提示【选择直线对象:】，选择作为参考的直线对象，如图3-41所示。

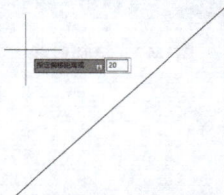

图3-40 指定偏移距离　　　　图3-41 选择参考直线

05 根据系统提示【指定向哪侧偏移:】，在需要偏移到的方向单击(如三角形左上侧)，如图3-42所示，按空格键结束命令。绘制的偏移构造线如图3-43所示。

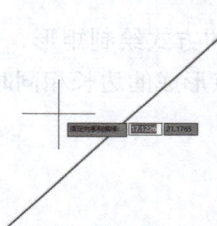

图3-42 指定偏移方向　　　　图3-43 绘制偏移构造线

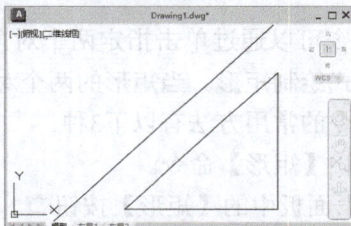

3.3.3 绘制射线

使用【射线】命令可以绘制朝一个方向无限延伸的线段。在AutoCAD制图操作中，射线被用作辅助线。

执行【射线】命令的常用方法有以下两种。

○ 选择【绘图】|【射线】命令。

○ 执行RAY命令。

【动手练】绘制射线。 视频

01 执行【射线(RAY)】命令，然后在绘图区中单击指定一个点，如图3-44所示。移动光标即可出现一条射线，如图3-45所示，单击进行确定，即可绘制出指定的射线。

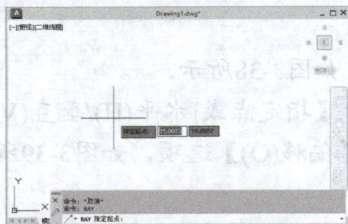

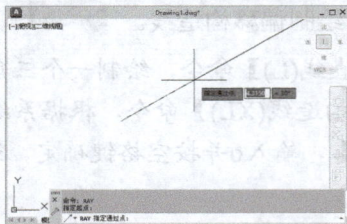

图3-44 指定起点	图3-45 指定通过点

02 移动光标，将显示绘制的下一条射线，如图3-46所示，单击即可绘制当前显示的射线，按空格键结束【射线】命令，效果如图3-47所示。

图3-46 绘制下一条射线	图3-47 绘制射线

3.4 绘制矩形和圆

矩形和圆是十分常见的图形，在AutoCAD中可以通过多种方法绘制指定的矩形和圆。

3.4.1 绘制矩形

使用【矩形】命令可以通过单击指定两个对角点的方式绘制矩形，也可以通过输入坐标指定两个对角点的方式绘制矩形。当矩形的两个对角点形成的边长相同时，则生成正方形。

执行【矩形】命令的常用方法有以下3种。

○ 选择【绘图】|【矩形】命令。

○ 单击【绘图】面板中的【矩形】按钮□。

○ 执行RECTANG(REC)命令。

执行【矩形(REC)】命令后，系统将提示【指定第一个角点或[倒角(C)/标高(E)/圆角(F)/厚度(T)/宽度(W)]:】，各选项的含义如下。

- 倒角(C)：用于设置矩形的倒角距离。
- 标高(E)：用于设置矩形在三维空间中的基面高度。
- 圆角(F)：用于设置矩形的圆角半径。
- 厚度(T)：用于设置矩形的厚度，即三维空间Z轴方向的高度。
- 宽度(W)：用于设置矩形的线条粗细。

1. 通过指定长宽绘制矩形

执行【矩形(REC)】命令，可以在确定矩形的第一个角点后，通过选择【尺寸(D)】选项绘制指定大小的矩形。

【动手练】绘制指定长宽的矩形。 视频

01 执行【矩形(REC)】命令，在绘图区中单击指定矩形的第一个角点，如图3-48所示。

02 输入参数d并按空格键确定，选择【尺寸(D)】选项，如图3-49所示。

图3-48 指定第一个角点坐标   图3-49 输入参数d

03 根据系统提示输入矩形的长度(如200)并按空格键确定，如图3-50所示。

04 根据系统提示继续输入矩形的宽度(如150)并按空格键确定，如图3-51所示。

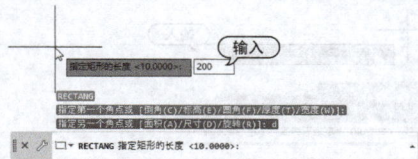

图3-50 输入矩形的长度   图3-51 输入矩形的宽度

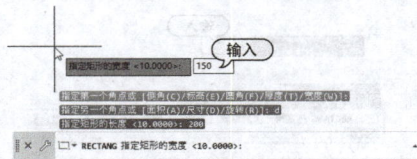

05 根据系统提示指定矩形另一个角点的位置，如图3-52所示，即可创建一个指定大小的矩形，效果如图3-53所示。

图3-52 指定另一个角点的位置   图3-53 创建指定大小的矩形

2. 通过指定对角线角点绘制矩形

执行【矩形(REC)】命令，可以在确定矩形的第一个角点后，直接单击鼠标确定矩形的另一个对角点，绘制一个任意大小的直角矩形，也可以确定矩形的第一个角点后，通过指定矩形另一个角点的坐标绘制指定大小的矩形。

【动手练】绘制指定角点的矩形。 视频

01 执行【矩形(REC)】命令，在绘图区中单击指定矩形的第一个角点，然后根据系统提示输入矩形另一个角点的相对坐标值(如@200,150)，如图3-54所示。

02 按空格键进行确定，即可创建一个指定大小的矩形，如图3-55所示。

图3-54 指定另一个角点坐标　　　　图3-55 创建指定大小的矩形

3. 绘制圆角矩形

在绘制矩形的操作中，除可以绘制指定大小的直角矩形外，还可以通过选择【圆角(F)】选项绘制带圆角的矩形，并且可以指定矩形的大小和圆角大小。

【动手练】绘制圆角矩形。 视频

01 执行【矩形(REC)】命令，根据系统提示【指定第一个角点或[倒角(C)/标高(E)/圆角(F)/厚度(T)/宽度(W)]:】，输入参数F并按空格键确定，以选择【圆角(F)】选项，如图3-56所示。

02 根据系统提示输入矩形圆角半径的大小(如5)并按空格键确定，如图3-57所示。

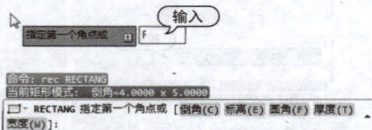

图3-56 输入参数F并确定　　　　图3-57 输入圆角半径

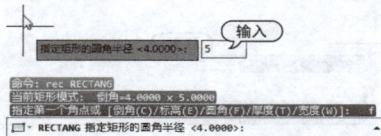

03 在绘图区中单击指定矩形的第一个角点，再输入矩形另一个角点的相对坐标(如@60,50)，如图3-58所示，按空格键进行确定，即可绘制指定大小的圆角矩形，效果如图3-59所示。

图3-58 指定另一个角点　　　　图3-59 绘制圆角矩形

4. 绘制倒角矩形

在绘制矩形的操作中，除可以绘制圆角矩形外，还可以通过选择【倒角(C)】选项绘制带倒角的矩形，并且可以指定矩形的大小和倒角大小。

【动手练】绘制倒角矩形。 📀视频

01 执行【矩形(REC)】命令，根据系统提示【指定第一个角点或[倒角(C)/标高(E)/圆角(F)/厚度(T)/宽度(W)]:】，输入参数c并按空格键确定，以选择【倒角(C)】选项，如图3-60所示。

02 根据系统提示输入矩形的第一个倒角距离(如4)并按空格键确定，如图3-61所示。

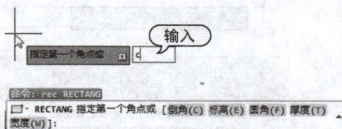

图3-60 输入参数c并确定   图3-61 输入第一个倒角距离

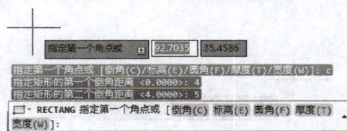

03 继续输入矩形的第二个倒角距离(如5)并按空格键确定，如图3-62所示。

04 根据系统提示在绘图区中单击指定矩形的第一个角点，如图3-63所示。

图3-62 输入第二个倒角距离   图3-63 指定第一个角点

05 输入矩形另一个角点的相对坐标值(如@50,40)，如图3-64所示。按空格键即可创建指定大小的倒角矩形，效果如图3-65所示。

图3-64 指定另一个角点   图3-65 创建倒角矩形

5. 绘制旋转矩形

在AutoCAD中，创建旋转矩形的方法有两种：一种是绘制好水平方向的矩形后，使用【旋转】修改命令将其旋转；另一种是选择【矩形】命令中的【旋转(R)】选项直接绘制旋转矩形。

【动手练】绘制旋转矩形。 📀视频

01 执行【矩形(REC)】命令，指定矩形的第一个角点，然后根据系统提示输入旋转参数R并确定，以选择【旋转(R)】选项，如图3-66所示。

02 根据系统提示输入旋转矩形的角度(如35)并确定，如图3-67所示。

图3-66 输入参数R并确定   图3-67 输入旋转角度

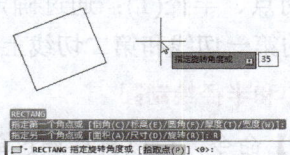

03 根据系统提示输入尺寸参数d并确定，以选择【尺寸(D)】选项，如图3-68所示。

04 根据系统提示输入矩形的长度(如80)并确定，如图3-69所示。

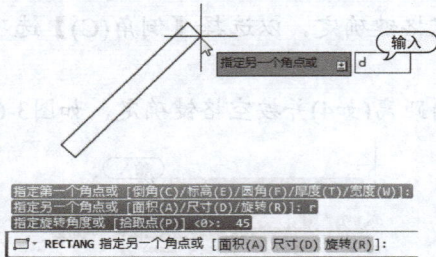

图3-68　输入参数d并确定　　　　　　　图3-69　指定矩形的长度

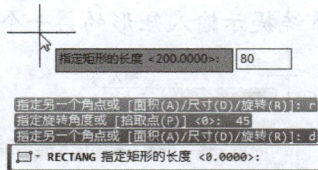

05 根据提示输入矩形的宽度(如50)并确定，如图3-70所示，然后指定矩形的另一个角点，即可绘制指定大小的旋转矩形，如图3-71所示(为了方便查看矩形尺寸，这里添加了尺寸标注)。

图3-70　指定矩形的宽度　　　　　　　　图3-71　绘制旋转矩形

3.4.2 绘制圆

在默认状态下，圆形的绘制方式是先确定圆心，再确定半径。用户也可以通过指定两点确定圆的直径或者通过三点确定圆形等方式绘制圆形。

执行【圆】命令的常用方法有以下3种。

- ○ 选择【绘图】|【圆】命令，再选择其中的子命令。
- ○ 单击【绘图】面板中的【圆】按钮⊘。
- ○ 执行CIRCLE(C)命令。

执行【圆(C)】命令，系统将提示【指定圆的圆心或[三点(3P)/两点(2P)/切点、切点、半径(T)]:】，用户可以指定圆的圆心或选择某种绘制圆的方式。

- ○ 三点(3P)：通过在绘图区内确定三个点来确定圆的位置与大小。输入3P后，系统将分别提示指定圆上的第一点、第二点、第三点。
- ○ 两点(2P)：通过确定圆的直径的两个端点绘制圆。输入2P后，命令行分别提示指定圆的直径的第一端点和第二端点。
- ○ 切点、切点、半径(T)：通过确定两条切线和半径绘制圆，输入T后，系统分别提示指定圆的第一切线和第二切线上的点以及圆的半径。

1. 以指定圆心和半径绘制圆

执行【圆(C)】命令，可以直接通过单击依次指定圆的圆心和半径，从而绘制出一个圆，也可以在指定圆心后，通过输入圆的半径，从而绘制一个精确半径的圆。

【动手练】绘制指定圆心和半径的圆。 视频

01 执行【圆(C)】命令，根据系统提示指定圆的圆心位置，如图3-72所示。

02 根据系统提示输入圆的半径(如20)，如图3-73所示，然后按空格键确定，即可创建半径为20的圆，如图3-74所示。

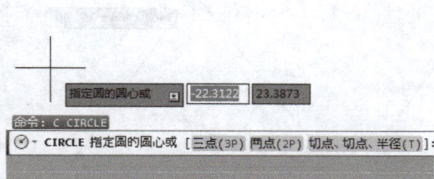

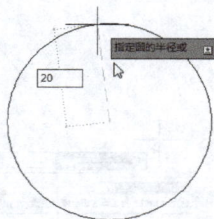

图3-72 指定圆心 图3-73 指定圆的半径 图3-74 绘制圆

2. 以指定两点绘制圆

执行【圆(C)】命令后，输入参数2P并按空格键确定，可以通过指定两个点确定圆的直径，从而绘制出指定直径的圆。

【动手练】以指定两点绘制圆。 视频

01 使用【直线】命令绘制一条直线。

02 执行CIRCLE(C)命令，在系统提示下输入2p并按空格键确定，如图3-75所示。

03 根据系统提示在直线的左端点单击指定圆直径的第一个端点，如图3-76所示。

图3-75 输入2p并确定 图3-76 指定直径的第一个端点

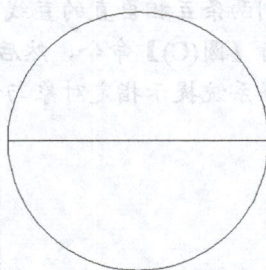

04 根据系统提示在直线的右端点单击指定圆直径的第二个端点，如图3-77所示，即可绘制一个通过指定两点的圆，效果如图3-78所示。

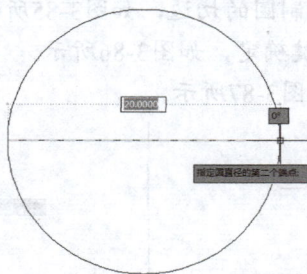

图3-77 指定直径的第二个端点 图3-78 绘制圆形

3. 以指定三点绘制圆

由于指定三点可以确定一个圆的形状，因此，选择【绘图】|【圆】|【三点】命令，或执行【圆(C)】命令，输入参数3P并确定，通过指定圆所经过的三个点即可绘制圆。

【动手练】绘制通过三个点的圆。 🔘视频

01 使用【直线(L)】命令绘制一个三角形，如图3-79所示。

02 执行【圆(C)】命令，然后输入参数3p并按空格键确定，如图3-80所示。

03 在三角形的任意一个角点处单击指定圆通过的第一个点，如图3-81所示。

图3-79　绘制三角形　　　　图3-80　输入3p并确定　　　　图3-81　指定通过的第一个点

04 在三角形的下一个角点处单击指定圆通过的第二个点，如图3-82所示。

05 在三角形的另一个角点处单击指定圆通过的第三个点，如图3-83所示，即可绘制出通过指定三个点的圆，如图3-84所示。

图3-82　指定通过的第二个点　　　图3-83　指定通过的第三个点　　　图3-84　绘制圆

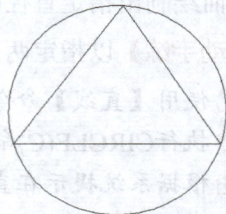

4. 以指定切点和半径绘制圆

选择【绘图】|【圆】|【相切、相切、半径】命令，或执行CIRCLE(C)命令，输入参数T并确定，然后指定圆通过的切点和圆的半径即可绘制相应的圆。

【动手练】绘制指定切点和半径的圆。 🔘视频

01 绘制两条互相垂直的直线，以线段的边作为绘制圆的切边，如图3-85所示。

02 执行【圆(C)】命令，然后输入参数t并按空格键确定，如图3-86所示。

03 根据系统提示指定对象与圆的第一条切边，如图3-87所示。

图3-85　绘制相互垂直的线段　　　图3-86　输入t并确定　　　图3-87　指定第一条切边

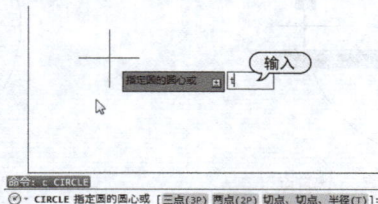

04 根据系统提示指定对象与圆的第二条切边，如图3-88所示。

05 根据系统提示输入圆的半径(如6)并按空格键确定，如图3-89所示，所绘制的通过指定切边和半径的圆如图3-90所示。

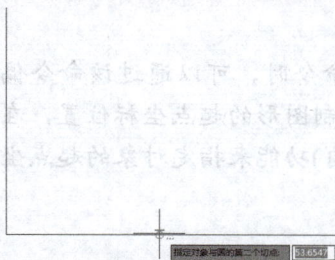

图3-88 指定第二条切边   图3-89 指定圆的半径   图3-90 绘制圆形

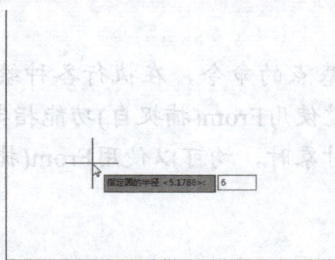

3.5 课堂案例

本小节练习绘制主动轴主视图和法兰盘主视图以巩固本章所学的绘图知识，主要包括直线、构造线、圆、矩形等对象的绘制。

3.5.1 绘制主动轴主视图

本例将参照图3-91所示的尺寸和效果，使用【直线】和【矩形】命令绘制主动轴主视图。在绘图过程中可以使用From(捕捉自)功能对图形进行准确定位。

图3-91 主动轴主视图

绘制本例图形的具体操作步骤如下。

01 执行【矩形(REC)】命令，绘制一个长度为80、宽度为20的矩形。

02 执行【矩形(REC)】命令，设置圆角半径为2，然后输入From并确定。捕捉刚绘制矩形的左上方端点为基点，如图3-92所示。输入偏移基点的坐标为【@30,-8】，再指定矩形另一个角点的坐标为【@20,-4】，绘制一个圆角半径为2、长度为20、宽度为4的矩形，如图3-93所示。

图3-92 指定基点   图3-93 绘制圆角矩形

03 执行【直线(L)】命令，输入From并确定。捕捉直角矩形的左上方端点为基点，输入偏移基点的坐标为【@0,-5】。再依次指定直线的其他点的坐标为【@-17,0】【@0,-10】【@17,0】，绘制出左侧的矩形框，如图3-94所示。

04 执行【直线(L)】命令，通过捕捉左侧矩形框的端点绘制一条对角线，如图3-95所示。

图3-94 绘制左侧矩形框   图3-95 绘制对角线

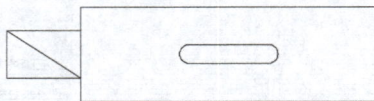

提示

From(捕捉自)是用于偏移基点的命令，在执行各种绘图命令时，可以通过该命令偏移绘图的基点位置。用户可以通过使用From(捕捉自)功能指定绘制图形的起点坐标位置，在绘制直线、矩形、圆和多段线等对象时，均可以使用From(捕捉自)功能来指定对象的起点坐标位置。

05 执行【直线(L)】命令，通过捕捉左侧矩形框另外两个对角线端点，绘制另一条对角线，如图3-96所示。

06 执行【直线(L)】命令，输入From并确定。捕捉直角矩形的右上方端点为基点，输入偏移基点的坐标为【@0,-5】。再依次指定直线的其他点的坐标为【@17,0】【@0,-10】【@-17,0】，绘制出右侧的矩形框，完成本例图形的绘制，效果如图3-97所示。

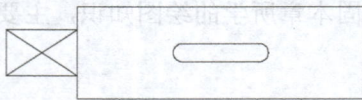

图3-96　绘制另一条对角线

图3-97　绘制右侧矩形框

3.5.2　绘制法兰盘主视图

本例将参照图3-98所示的尺寸和效果，使用【构造线】和【圆】命令绘制4孔法兰盘主视图。制作该图形对象的关键是使用【圆】命令通过捕捉辅助线的交点绘制各个圆。

绘制本例图形的具体操作如下。

01 打开【法兰盘.dwg】素材文件，该文件中已经设置好图层对象。

02 执行【构造线(XL)】命令，通过选择【水平(H)】

图3-98　法兰盘主视图

和【垂直(V)】选项绘制一条水平构造线和一条垂直构造线作为绘图中心线，如图3-99所示。

03 执行【图层(LY)】命令，打开【图层特性管理器】选项板，在该选项板中选择【轮廓线】图层，单击【置为当前】按钮 ，将【轮廓线】图层设置为当前层，如图3-100所示。

图3-99　绘制构造线

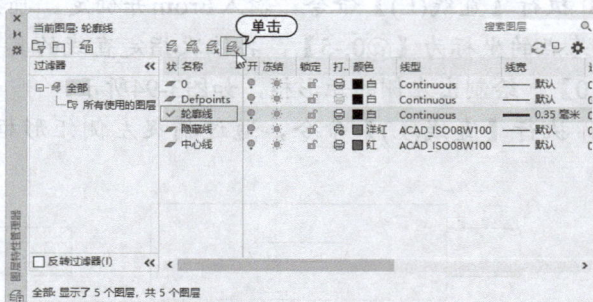

图3-100　设置当前图层

04 执行【圆(C)】命令，在两条构造线的交点处指定圆心，分别绘制半径为15和45的同心圆，如图3-101所示。

05 在【图层特性管理器】选项板中将【隐藏线】图层设置为当前层。

06 执行【圆(C)】命令，在两条构造线的交点处指定圆心，绘制一个半径为30的圆，如图3-102所示。

图3-101 绘制两个同心圆　　　　　　图3-102 绘制圆

07 执行【构造线(XL)】命令，通过选择【二等分(B)】选项在原有两条构造线的基础上绘制一条角平分构造线，如图3-103所示。

08 重复执行【构造线(XL)】命令，通过选择【二等分(B)】选项绘制另一条角平分构造线，如图3-104所示。

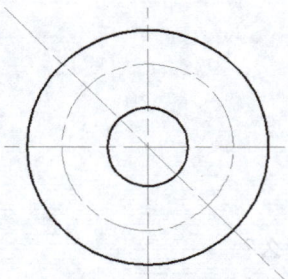

图3-103 绘制角平分构造线　　　　　图3-104 绘制另一条角平分构造线

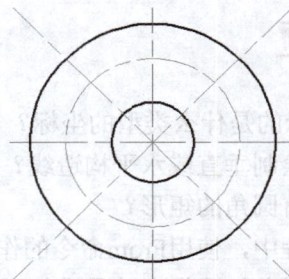

09 将【轮廓线】图层设置为当前层，然后执行【圆(C)】命令，在角平分构造线与【隐藏线】图层中的圆的交点处单击，指定圆的圆心，如图3-105所示。

10 根据系统提示指定圆的半径为5并确定，绘制的圆如图3-106所示。

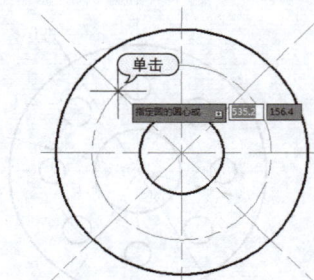

单击

指定圆的圆心或　□ 535.2　156.4

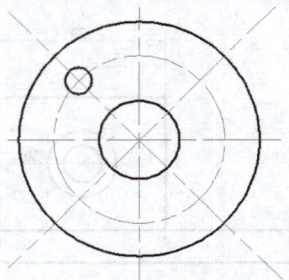

图3-105 指定圆心　　　　　　　图3-106 绘制半径为5的圆

11 继续执行【圆(C)】命令，在角平分构造线与【隐藏线】图层中的圆的其他交点处指定圆的圆心，分别绘制半径为5的圆，如图3-107所示。

⑫ 单击两条角平分构造线，将其选中，然后按Delete键将其删除，完成本例的绘制，效果如图3-108所示。

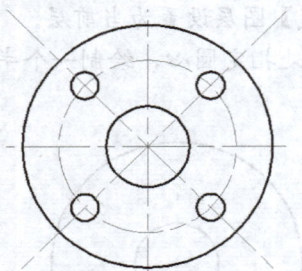

图3-107　绘制其他圆　　　　　图3-108　删除角平分构造线

提示

法兰盘又称法兰。法兰盘是轴与轴之间相互连接的零件，用于管端之间的连接；也有用在设备进出口上的法兰，用于两个设备之间的连接。不同重量的法兰盘，其孔数和尺寸也不相同。

3.6　习题

1. (@50,60)表示的是什么类型的坐标？

2. 如何准确地绘制垂直或水平构造线？

3. 如何绘制带有圆角的矩形？

4. 在绘图的过程中，使用From命令的作用是什么？

5. 如何将图形对象按照指定数量进行平分？

6. 应用所学的绘图知识，参照图3-109所示的底座主视图尺寸和效果，使用【直线】【矩形】和【圆】命令绘制该图形。

7. 应用所学的绘图知识，参照图3-110所示的8孔法兰盘尺寸和效果，使用【直线】和【圆】命令绘制该图形。

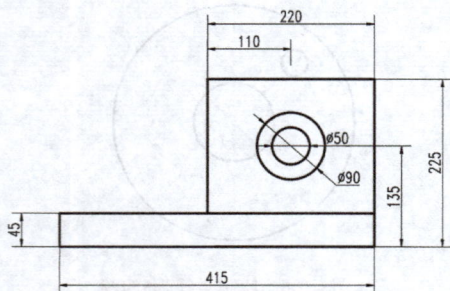

图3-109　绘制底座主视图　　　　图3-110　绘制8孔法兰盘

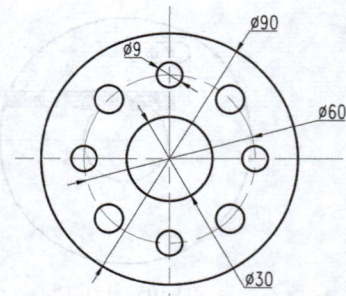

第4章

绘制二维图形

上一章学习了简单图形的绘制方法，除前面所学的绘图命令外，AutoCAD还提供了多段线、多线、圆弧、样条曲线、多边形、椭圆、圆环、修订云线等常用二维绘图命令，本章将对这些绘图命令进行详细的讲解。

4.1 绘制圆弧

绘制圆弧的方法很多，可以通过起点、方向、中心点、终点、弦长等参数进行确定。执行【圆弧】命令的常用方法有以下3种。

- 选择【绘图】|【圆弧】命令，再选择其中的子命令。
- 单击【绘图】面板中的【圆弧】按钮 。
- 执行ARC(A)命令。

4.1.1 通过指定点绘制圆弧

选择【绘图】|【圆弧】|【三点】命令，或者执行ARC(A)命令，当系统提示【指定圆弧的起点或[圆心(C)]:】时，依次指定圆弧的起点、第二个点和端点即可绘制圆弧。

执行【圆弧(A)】命令后，系统将提示信息【指定圆弧的起点或 [圆心(C)]:】，指定起点或圆心后，系统接着提示信息【指定圆弧的第二个点或[圆心(C)/端点(E)]:】，其中各选项含义如下。

- 圆心(C)：用于确定圆弧的中心点。
- 端点(E)：用于确定圆弧的终点。

【动手练】通过三点绘制圆弧。 视频

01 使用【直线(L)】命令绘制一个三角形。

02 执行【圆弧(A)】命令，在三角形左下角的端点处单击以指定圆弧的起点，如图4-1所示。

03 在三角形上方的端点处指定圆弧的第二个点，如图4-2所示。

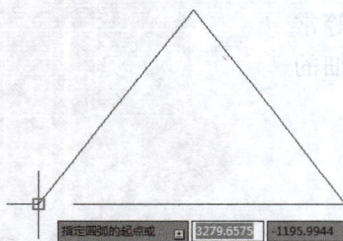

图4-1 指定圆弧的起点　　　　图4-2 指定圆弧的第二个点

04 在三角形右下角的端点处指定圆弧的端点，如图4-3所示，即可创建一条圆弧，效果如图4-4所示。

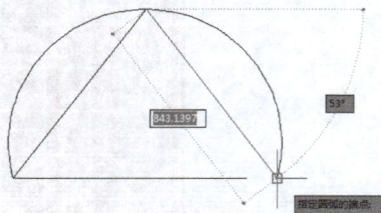

图4-3 指定圆弧的端点　　　　图4-4 创建圆弧

4.1.2　通过圆心绘制圆弧

在绘制圆弧的过程中，用户可以输入参数命令C(圆心)并按Enter键确定，然后根据提示先确定圆弧的圆心，再确定圆弧的端点，绘制一段圆心通过指定点的圆弧。

【例4-1】绘制平开门。 🔘视频

01 使用【矩形(REC)】命令绘制一个长为40、宽为800的矩形。

02 执行【圆弧(A)】命令，当系统提示【指定圆弧的起点或[圆心(C)]:】时，输入C并确定，选择【圆心(C)】选项。

03 在矩形的左下方端点处指定圆弧的圆心，如图4-5所示。

04 在矩形的左上方端点处指定圆弧的起点，如图4-6所示。

图4-5　指定圆弧的圆心　　　　　图4-6　指定圆弧的起点

05 输入A并确定，选择【角度(A)】选项，然后根据提示输入圆弧的夹角为-90，如图4-7所示，即可创建一段圆弧，效果如图4-8所示。

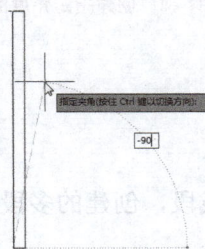

图4-7　指定圆弧的夹角　　　　　图4-8　创建圆弧

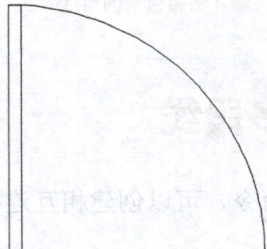

4.1.3　绘制指定角度的圆弧

执行【圆弧(A)】命令，输入C(圆心)并确定，在指定圆心的位置后，系统将提示【指定圆弧的端点或[角度(A)/弦长(L)]:】。此时，用户可以通过输入圆弧的角度或弦长来绘制圆弧线。

【动手练】绘制指定角度的圆弧。 🔘视频

01 使用【直线(L)】命令绘制一条线段。

02 执行【圆弧(A)】命令，输入c并按空格键确定，选择【圆心(C)】选项，如图4-9所示。

03 在线段的中点处指定圆弧的圆心，如图4-10所示。

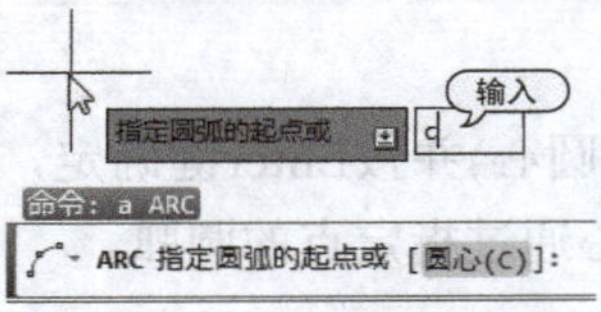

图4-9　输入C并确定 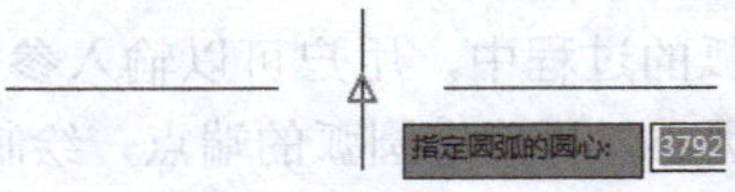　　　　　　　　图4-10　指定圆弧的圆心

04 在线段的右端点处指定圆弧的起点，如图4-11所示。

05 当系统提示【指定圆弧的端点或[角度(A)/弦长(L)]:】时，输入A并确定，选择【角度(A)】选项，如图4-12所示。

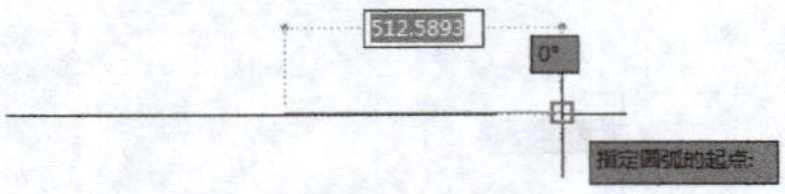

图4-11　指定圆弧的起点 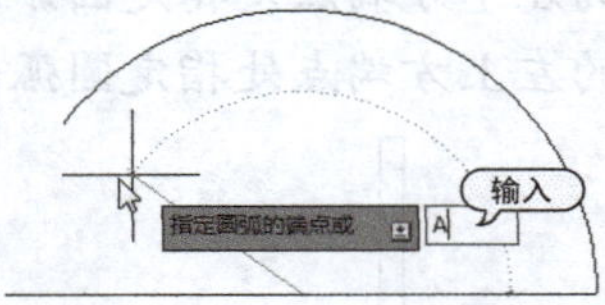　　　　　　　图4-12　输入A并确定

06 输入圆弧所包含的角为140，如图4-13所示，按空格键确定即可创建一个包含角度为140°的圆弧，效果如图4-14所示。

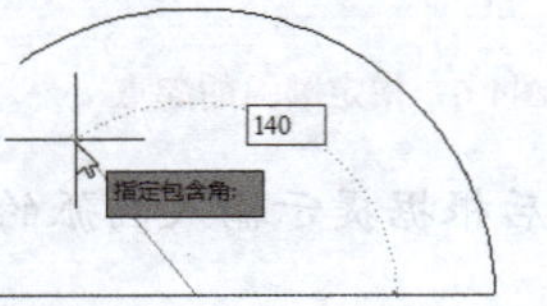

图4-13　输入圆弧包含的角度 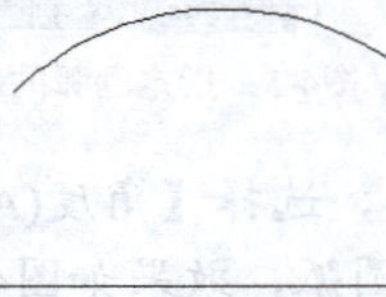　　　　　图4-14　创建指定角度的圆弧

4.2　绘制多段线

执行【多段线】命令，可以创建相互连接的序列线段，创建的多段线可以是直线段、弧线段或两者的组合线段。

执行【多段线】命令有以下3种常用方法。

○ 选择【绘图】|【多段线】命令。

○ 单击【绘图】面板中的【多段线】按钮 ⊃。

○ 执行PLINE(PL)命令。

执行【多段线(PL)】命令，指定多段线的起点，系统将提示【指定下一点或[圆弧(A)/闭合(C)/半宽(H)/长度(L)/放弃(U)/宽度(W)]:】。该提示中主要选项的含义如下。

○ 圆弧(A)：输入A，以绘制圆弧的方式绘制多段线。

○ 半宽(H)：用于指定多段线的半宽值，AutoCAD将提示用户输入多段线的起点半宽值与终点半宽值。

○ 长度(L)：指定下一段多段线的长度。

○ 放弃(U)：输入该命令将取消刚刚绘制的一段多段线。

○ 宽度(W)：输入该命令将设置多段线的宽度值。

4.2.1 设置多段线为直线或圆弧

在绘制多段线的过程中，用户可以通过输入参数L(直线)并确定，绘制直线对象；通过输入参数A(圆弧)并确定，绘制圆弧对象。

【动手练】绘制直线与弧线结合的多段线。 ◉视频

01 执行【多段线(PL)】命令，单击以指定多段线的起点。根据系统提示【指定下一个点或[圆弧(A)/半宽(H)/长度(L)/放弃(U)/宽度(W)]:】，向右指定多段线的下一个点，如图4-15所示。

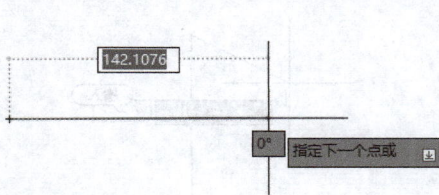

02 根据系统提示继续向上指定多段线的下一个点，如图4-16所示。

图4-15 指定下一个点

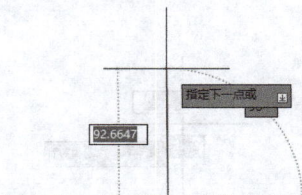

图4-16 继续指定下一个点

03 当系统再次提示【指定下一点或[圆弧(A)/闭合(C)/半宽(H)/长度(L)/放弃(U)/宽度(W)]:】时，输入a并按Enter键确定，选择【圆弧(A)】选项，如图4-17所示。

04 向右移动并单击以指定圆弧的端点，如图4-18所示。

图4-17 输入a并确定

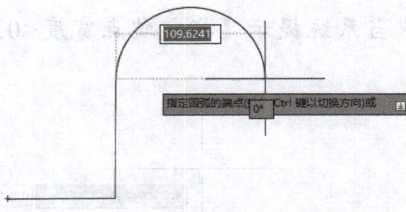

图4-18 指定圆弧端点

05 当系统提示【指定圆弧的端点(按住 Ctrl 键以切换方向)或[角度(A)/圆心(CE)/闭合(CL)/方向(D)/半宽(H)/直线(L)/半径(R)/第二个点(S)/放弃(U)/宽度(W)]:】信息时，输入L并按Enter键确定，选择【直线(L)】选项，如图4-19所示。

06 根据系统提示指定多段线的下一个点和端点，然后按空格键确定，完成多段线的创建，效果如图4-20所示。

图4-19 输入L并确定

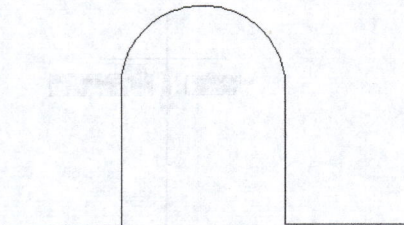

图4-20 创建的多段线

4.2.2 设置多段线的线宽

在绘制多段线的过程中，可以通过输入参数W(宽度)或H(半宽)并按Enter键确定，指定多段线的宽度或半宽，通过设置线段起点和端点的宽度，即可绘制带箭头的多段线。

【动手练】绘制箭头。 📹视频

[01] 执行【多段线(PL)】命令，单击以指定多段线的起点，然后依次向右和向上指定多段线的下一个点，如图4-21所示。

[02] 根据系统提示【指定下一点或[圆弧(A)/闭合(C)/半宽(H)/长度(L)/放弃(U)/宽度(W)]:】，输入w并确定，选择【宽度(W)】选项，如图4-22所示。

图4-21 指定下一个点

图4-22 输入w并确定

[03] 当系统提示【指定起点宽度<0.0000>:】时，输入起点宽度为0.5并确定，如图4-23所示。

[04] 当系统提示【指定端点宽度<0.5000>:】时，输入端点宽度为0并确定，如图4-24所示。

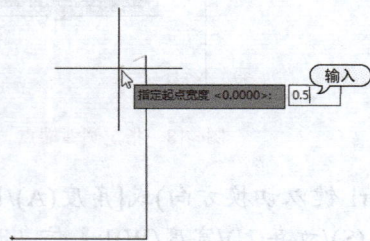

图4-23 输入起点宽度

图4-24 输入端点宽度

[05] 根据系统提示指定多段线的下一个点，如图4-25所示，然后按空格键进行确定，即可绘制带箭头的多段线，效果如图4-26所示。

图4-25 指定下一个点

图4-26 绘制带箭头的多段线

执行【多段线(PL)】命令，默认状态下绘制的线条为直线，输入参数A(圆弧)并确定，可以创建圆弧线条，如果要重新切换到直线的绘制中，则需要输入参数L (直线)并确定。在绘制多段线时，AutoCAD将按照上一条线段的方向绘制新的一段多段线。若上一段是圆弧，将绘制出与此圆弧相切的线段。

4.3 绘制多线

执行【多线】命令可以绘制多条相互平行的线，通常用于绘制建筑图中的墙线。在绘制多线的操作中，每条线的颜色和线型可以设置为相同，也可以设置为不同。其线宽、偏移、比例和样式等可以使用MLSTYLE命令控制。

4.3.1 设置多线样式

选择【多线样式(MLSTYLE)】命令，在打开的【多线样式】对话框中可以新建或修改多线样式，从而控制多线的线型、颜色、线宽、偏移等特性。

【动手练】新建并设置多线样式。 视频

01 选择【格式】|【多线样式】命令，或在命令行中输入MLSTYLE命令并按Enter键确定，打开【多线样式】对话框。

02 在【多线样式】对话框中的【样式】区域列出了目前存在的样式，在预览区域中显示了所选样式的多线效果，单击【新建】按钮，如图4-27所示。

03 在打开的【创建新的多线样式】对话框中输入新样式名，如图4-28所示。

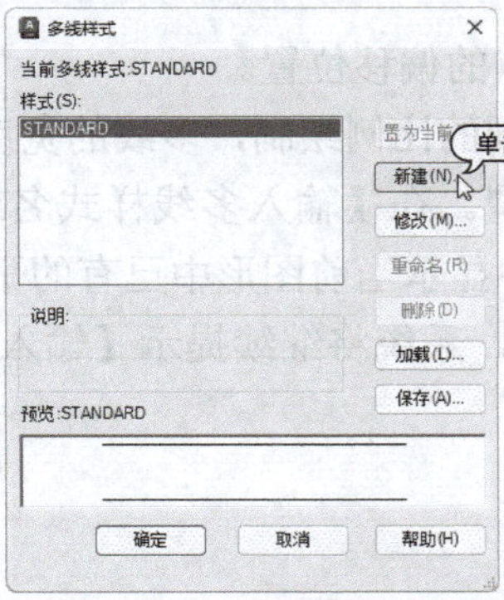

图4-27 单击【新建】按钮 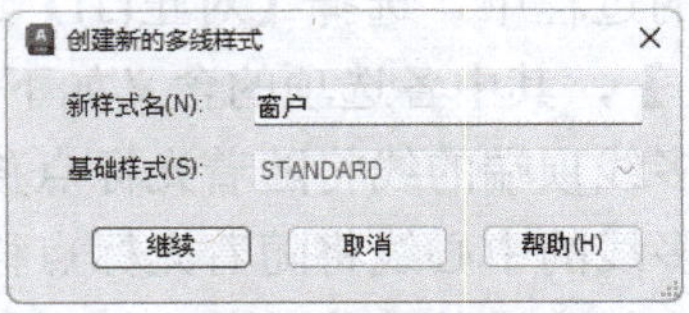　　　　　图4-28 输入新样式名

04 单击【继续】按钮，打开【新建多线样式：窗户】对话框，在该对话框的【图元】选项组中选择多线中的一个对象，然后单击【颜色】下拉按钮，在弹出的下拉列表中选择该对象颜色为【蓝】，如图4-29所示。

05 在【图元】选项组中选择多线的另一个对象，设置对象颜色为【蓝】，如图4-30所示。

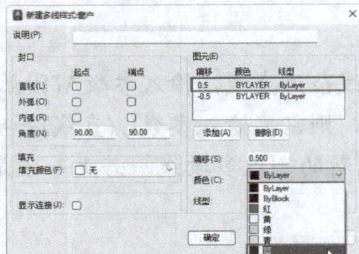

图4-29　设置其中一条线的颜色　　　　　　　　图4-30　设置另一条线的颜色

06 单击【新建多线样式：窗口】对话框中的【确定】按钮，完成多线样式的创建和设置。

> **提示**
>
> 在【新建多线样式】对话框中选中【封口】选项组中【直线】选项的【起点】和【端点】复选框，绘制的多线两端将呈封闭状态；在【新建多线样式】对话框中取消选中【封口】选项组中【直线】选项的【起点】和【端点】复选框，绘制的多线两端将呈打开状态。

4.3.2　创建多线

使用【多线】命令可以绘制由直线段组成的平行多线，但不能绘制弧形的平行线。绘制的平行线可以用【分解(EXPLODE)】命令将其分解成单个独立的线段。

执行【多线】命令有以下两种常用方法。

○　选择【绘图】|【多线】命令。

○　执行MLINE(ML)命令。

执行【多线(ML)】命令后，系统将提示【指定起点或[对正(J)/比例(S)/样式(ST)]:】，其中各选项的含义如下。

○　对正(J)：用于控制多线相对于用户输入端点的偏移位置。

○　比例(S)：该选项用于控制多线比例。用不同的比例绘制，多线的宽度不一样。

○　样式(ST)：该选项用于定义平行多线的线型。在【输入多线样式名或[?]】提示后输入已定义的线型名。输入？，则可在列表中显示当前图形中已有的平行多线样式。

在绘制多线的过程中，选择【对正(J)】选项后，系统将继续提示【输入对正类型[上(T)/无(Z)/下(B)]<　>：】，其中各选项的含义如下。

○　上(T)：多线顶端的线将随着光标点移动。

○　无(Z)：多线的中心线将随着光标点移动。

○　下(B)：多线底端的线将随着光标点移动。

【例4-2】绘制墙线。　🎬 视频

01 打开【建筑轴线.dwg】素材图形，如图4-31所示。

02 执行【多线(ML)】命令并确定，当系统提示【指定起点或[对正(J)/比例(S)/样式(ST)]:】时，输入s并确定，启用【比例(S)】选项，如图4-32所示。

图4-31　打开素材图形

图4-32　输入s并确定

03 输入多线的比例值为240并按空格键，如图4-33所示。

04 输入j并确定，启用【对正(J)】选项，如图4-34所示。

图4-33　输入多线的比例

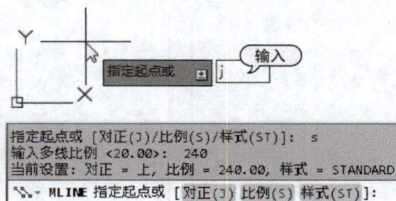

图4-34　输入j并确定

05 在弹出的菜单中选择【无(Z)】选项，如图4-35所示。

06 根据系统提示指定多线的起点，如图4-36所示。

图4-35　选择【无(Z)】选项

图4-36　指定多线起点

07 依次指定多线的下一点，绘制如图4-37所示的多线。

08 继续使用【多线】命令绘制其他的多线，如图4-38所示。

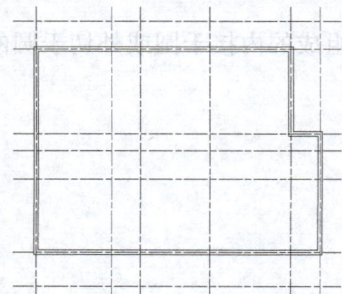

图4-37　绘制多线

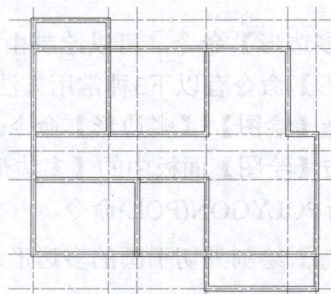

图4-38　绘制其他多线

4.3.3　修改多线

除可以通过【多线样式】命令设置多线的样式外，还可以使用MLEDIT命令修改多线的形状。执行【修改】|【对象】|【多线】命令，或者输入MLEDIT命令并按Enter键确定，打开【多线编辑工具】对话框，该对话框中提供了多线的编辑工具。

【动手练】打开多线的接头。　🎦视频

01 使用【多线(ML)】命令绘制如图4-39所示的两条多线。

02 执行【编辑多线(MLEDIT)】命令，打开【多线编辑工具】对话框，在该对话框中选择【T形打开】选项，如图4-40所示。

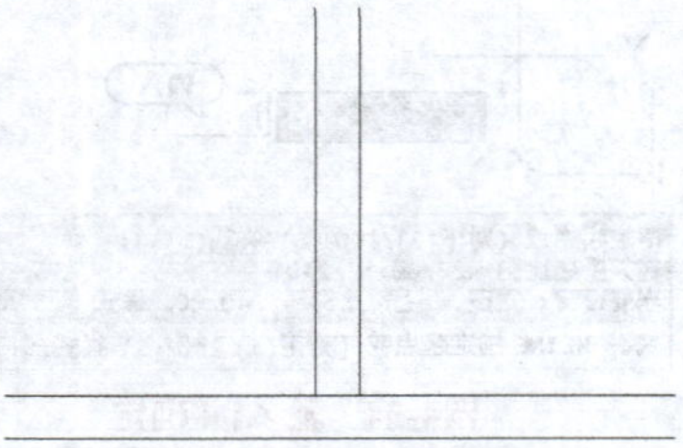

图4-39　绘制多线 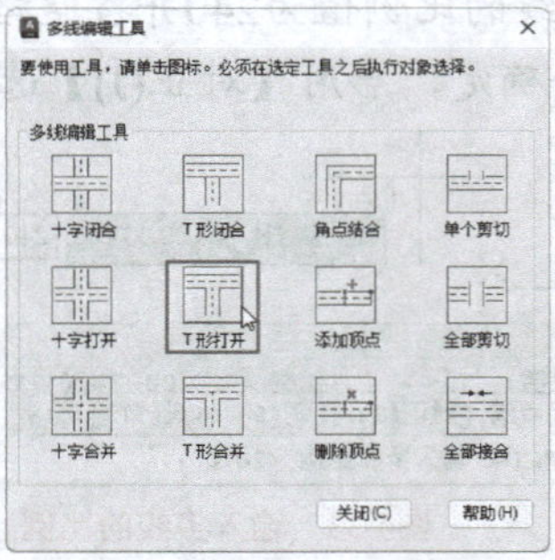　　　　　　图4-40　选择【T形打开】选项

03 在绘图区中选择垂直多线作为第一条多线，如图4-41所示。

04 选择水平多线作为第二条多线，即可将其在接头处打开，效果如图4-42所示。

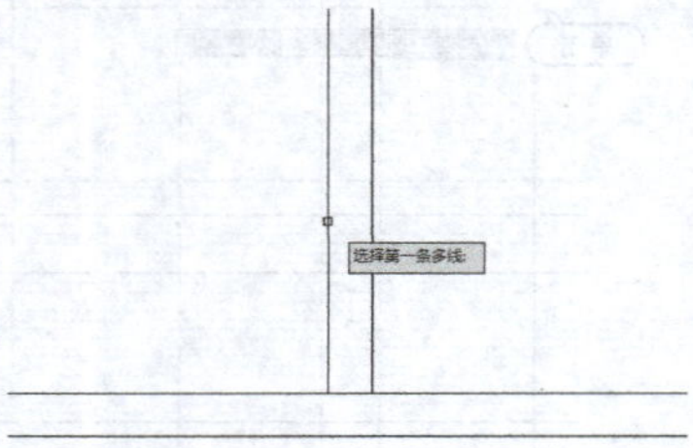

图4-41　选择第一条多线 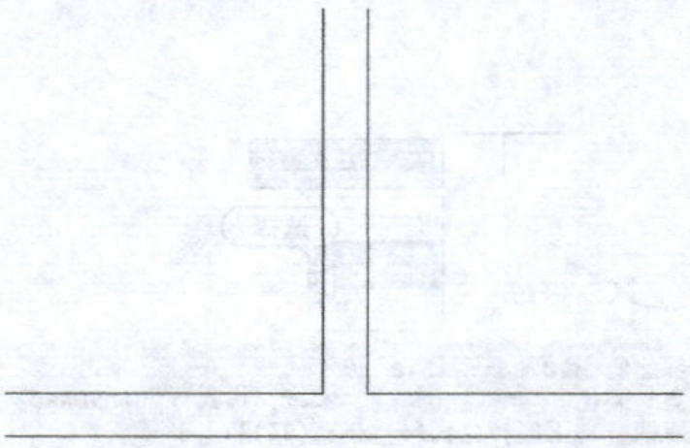　　　　　　图4-42　T形打开多线

4.4　绘制多边形

使用【多边形】命令，可以绘制由3~1024条边所组成的内接于圆或外切于圆的多边形。执行【多边形】命令有以下3种常用方法。

- ○ 选择【绘图】|【多边形】命令。
- ○ 单击【绘图】面板中的【多边形】按钮⬠。
- ○ 执行POLYGON(POL)命令。

【动手练】绘制外切于圆的多边形。　🎦视频

01 执行【多边形(POL)】命令，然后输入多边形的侧面数(即边数)为5并确定，如图4-43所示。

02 指定多边形的中心点，在弹出的菜单中选择【外切于圆(C)】选项，如图4-44所示。

图4-43　设置边数　　　　　　　　图4-44　选择【外切于圆(C)】选项

03 当系统提示【指定圆的半径:】时，输入多边形外切圆的半径为20并确定，如图4-45所示，即可绘制指定的多边形，效果如图4-46所示。

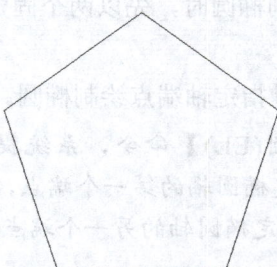

图4-45　指定半径　　　　　　　　图4-46　绘制多边形

> **提示**
>
> 使用【多边形(POL)】命令绘制的外切于圆五边形与内接于圆五边形，尽管它们具有相同的边数和半径，但是其大小却不同。外切于圆的多边形和内接于圆的多边形与指定圆之间的关系如图4-47所示。

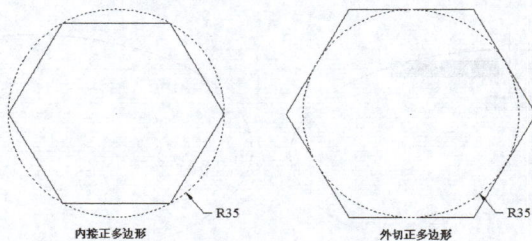

内接正多边形　　　　　　　　　外切正多边形

图4-47　多边形与圆的示意图

4.5　绘制椭圆

在AutoCAD中，椭圆是由定义其长度和宽度的两条轴决定的，当两条轴的长度不相等时，形成的对象为椭圆；当两条轴的长度相等时，则形成的对象为圆。

执行【椭圆】命令可以使用以下3种常用方法。

- 选择【绘图】|【椭圆】命令，然后选择其中的子命令。
- 单击【绘图】面板中的【椭圆】按钮 。
- 执行ELLIPSE(EL)命令。

执行【椭圆(EL)】命令后,将提示信息【指定椭圆的轴端点或[圆弧(A)/中心点(C)]:】,其中各选项的含义如下。

- ○ 轴端点:以椭圆轴端点绘制椭圆。
- ○ 圆弧(A):用于创建椭圆弧。
- ○ 中心点(C):以椭圆圆心和两轴端点绘制椭圆。

4.5.1 通过指定轴端点绘制椭圆

通过轴端点绘制椭圆时,先以两个固定点确定椭圆的一条轴长,再指定椭圆的另一条半轴长。

【动手练】通过指定轴端点绘制椭圆。 视频

01 执行【椭圆(EL)】命令,系统提示信息【指定椭圆的轴端点或[圆弧(A)/中心点(C)]:】,单击以指定椭圆轴的第一个端点,如图4-48所示。

02 移动光标指定椭圆轴的另一个端点,如图4-49所示。

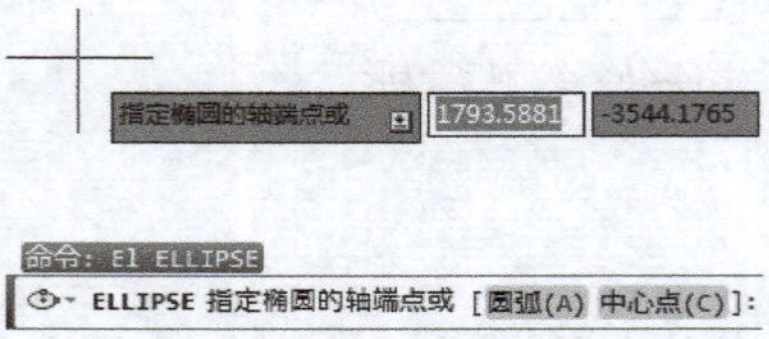

图4-48 指定椭圆轴的第一个端点

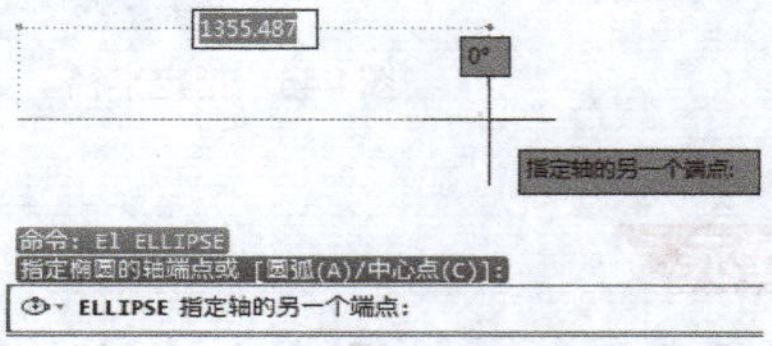

图4-49 指定椭圆轴的另一个端点

03 移动光标指定椭圆另一条半轴长度(如图4-50所示),即可绘制指定的椭圆,效果如图4-51所示。

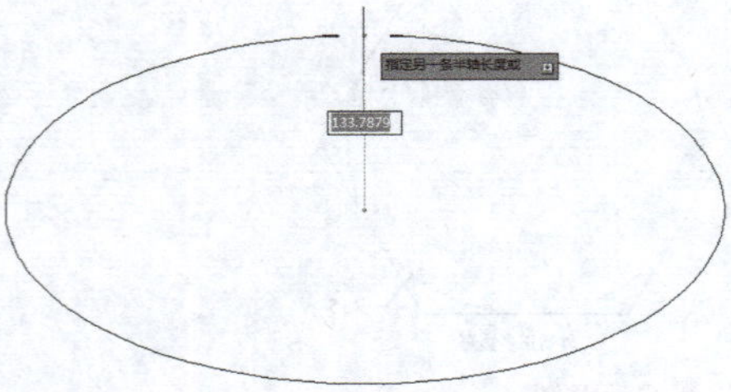

图4-50 指定另一条半轴长度

图4-51 绘制的椭圆

4.5.2 通过指定中心点绘制椭圆

通过中心点绘制椭圆时,先确定椭圆的中心点,再指定椭圆的两条轴的长度。

【动手练】通过指定中心点绘制椭圆。 视频

01 执行【椭圆(EL)】命令,系统提示信息【指定椭圆的轴端点或[圆弧(A)/中心点(C)]:】,输入c并确定,以选择【中心点(C)】选项,如图4-52所示。

02 通过单击指定椭圆的中心点,再移动光标并单击指定椭圆的端点,如图4-53所示。

03 移动光标指定椭圆另一条半轴长度,如图4-54所示,即可绘制指定的椭圆,效果如图4-55所示。

图4-52 输入c并确定

图4-53 指定椭圆的端点

图4-54 指定另一条半轴长度

图4-55 绘制的椭圆

4.5.3 绘制椭圆弧

执行ELLIPSE(EL)命令，然后输入参数A并确定，选择【圆弧(A)】选项，或者单击【绘图】面板中的【椭圆弧】按钮，即可绘制椭圆弧。

【动手练】绘制指定弧度的椭圆弧。 🎬视频

01 执行【椭圆(EL)】命令，根据系统提示【指定椭圆的轴端点或[圆弧(A)/中心点(C)]:】，输入a并确定，选择【圆弧(A)】选项，如图4-56所示。

02 依次指定椭圆的第一个轴端点、另一个轴端点和另一条半轴的长度，在系统提示【指定起点角度或[参数(P)]:】时，指定椭圆弧的起点角度为0，如图4-57所示。

图4-56 输入a并确定

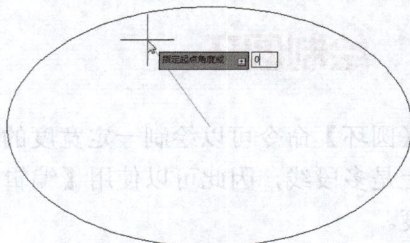

图4-57 指定起点角度

03 输入椭圆弧的端点角度为225，如图4-58所示，按空格键确定，完成椭圆弧的绘制，效果如图4-59所示。

图4-58 指定端点角度

图4-59 绘制的椭圆弧

4.6 绘制样条曲线

使用【样条曲线】命令可以绘制各类光滑的曲线图元，这种曲线是由起点、终点、控制点及偏差来控制的。

执行【样条曲线】命令有以下3种常用方法。

○ 选择【绘图】|【样条曲线】命令，再选择其中的子命令。

○ 单击【绘图】面板中的【样条曲线拟合】按钮◠或【样条曲线控制点】按钮◠。

○ 执行SPLINE(SPL)命令。

【动手练】绘制波浪线。📹视频

01 执行【样条曲线(SPL)】命令，根据系统提示，依次指定样条曲线的第一个点和下一个点，如图4-60所示。

02 根据系统提示，继续指定样条曲线的其他点，然后按空格键结束命令，绘制的波浪线效果如图4-61所示。

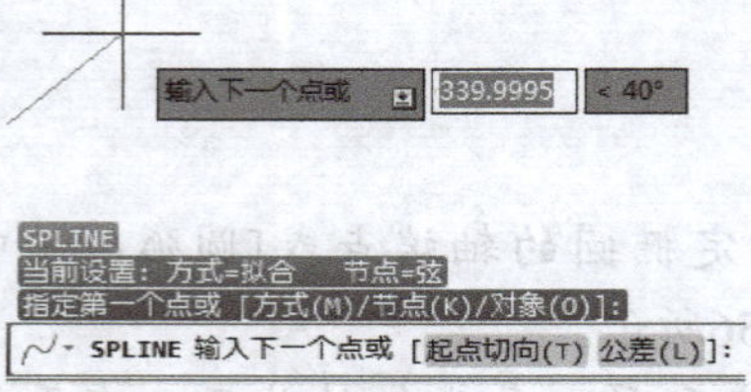

图4-60 指定下一个点 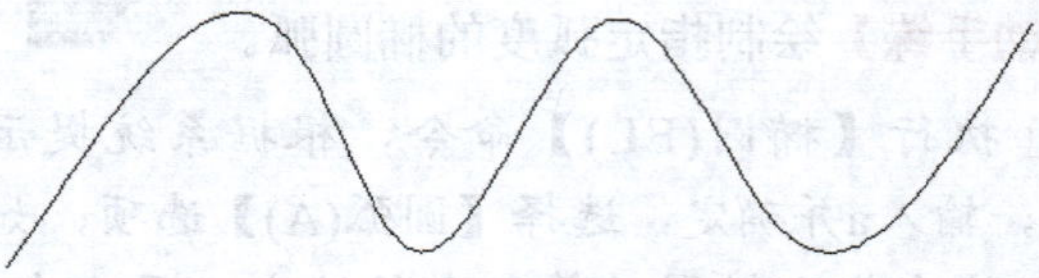　　　　　　　　　图4-61 绘制波浪线

4.7 绘制圆环

使用【圆环】命令可以绘制一定宽度的空心圆环或实心圆环。使用【圆环】命令绘制的圆环实际上是多段线，因此可以使用【编辑多段线(PEDIT)】命令中的【宽度(W)】选项修改圆环的宽度。

执行【圆环】命令有以下两种常用方法。

○ 选择【绘图】|【圆环】命令。

○ 执行DONUT(DO)命令。

【动手练】绘制圆环。📹视频

01 执行【圆环(DO)】命令，根据系统提示信息【指定圆环的内径<>:】，输入10并确定，指定圆环内径。

02 系统继续提示【指定圆环的外径<>:】，输入20并确定，指定圆环外径。

03 根据系统提示【指定圆环的中心点或<退出>:】指定圆环的中心点，如图4-62所示，然后单击即可绘制一个圆环，效果如图4-63所示。

04 再次单击可以继续绘制另一个圆环，按空格键结束命令。

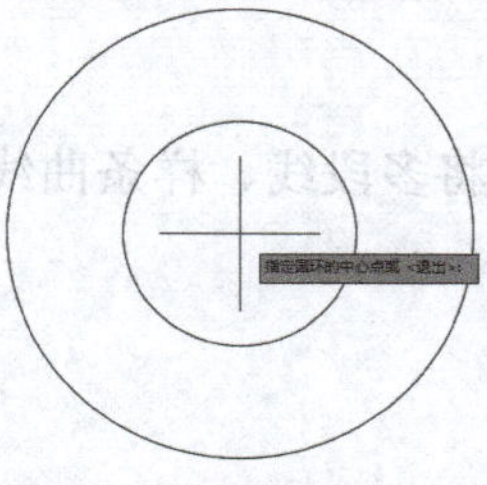

图4-62　指定圆环的中心点 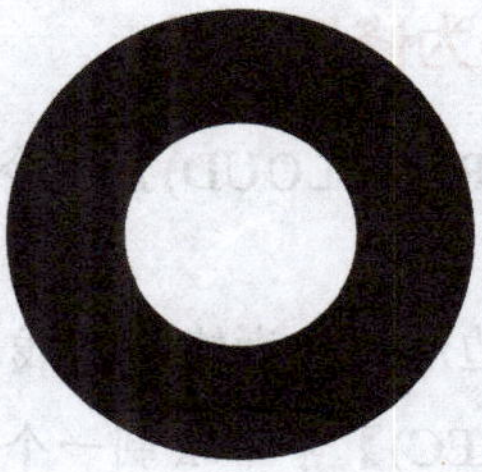　　　　图4-63　绘制圆环

4.8　修订云线

执行【修订云线】命令，可以自动沿被跟踪的形状绘制一系列圆弧。修订云线用于在红线圈阅或检查图形时作标记。

执行【修订云线】命令通常有以下3种方法。

○　选择【绘图】|【修订云线】命令。

○　执行REVCLOUD命令。

○　展开【绘图】面板，单击【矩形修订云线】按钮▭。

执行【修订云线(REVCLOUD)】命令，系统将提示【指定第一个点或 [弧长(A)/对象(O)/矩形(R)/多边形(P)/徒手画(F)/样式(S)/修改(M)] <对象>:】。该提示中各选项的含义如下。

○　弧长(A)：用于设置修订云线中圆弧的最大长度和最小长度。

○　对象(O)：用于将闭合对象(圆、椭圆、闭合的多段线或样条曲线)转换为修订云线。

○　矩形(R)：使用矩形形状绘制云线。

○　多边形(P)：使用多边形形状绘制云线。

○　徒手画(F)：使用手绘方式绘制云线。

○　样式(S)：设置绘制云线的方式为普通样式或手绘样式。

○　修改(M)：用于对已有云线进行修改。

4.8.1　绘制修订云线

执行【修订云线(REVCLOUD)】命令，根据系统提示输入A并按Enter键确定，设置最小弧长和最大弧长，然后单击并拖动即可绘制出修订云线图形，如图4-64所示。

执行【修订云线(REVCLOUD)】命令，在绘制修订云线的过程中按空格键，可以终止执行REVCLOUD命令，并生成开放的修订云线，如图4-65所示。

图4-64　封闭的修订云线 　　　　图4-65　开放的修订云线

4.8.2　将对象转换为修订云线

执行【修订云线(REVCLOUD)】命令，也可以将多段线、样条曲线、矩形、圆等对象转换为修订云线。

【动手练】将多边形转换为修订云线。　🔵视频

01 使用【矩形(REC)】命令绘制一个矩形。

02 执行【修订云线(REVCLOUD)】命令，根据系统提示【指定第一个点或[弧长(A)/对象(O)/矩形(R)/多边形(P)/徒手画(F)/样式(S)/修改(M)] <对象>:】，输入O并确定，选择【对象(O)】选项。

03 根据系统提示【选择对象：】，选择矩形对象，如图4-66所示，即可将选择的矩形转换为修订云线图形，效果如图4-67所示。

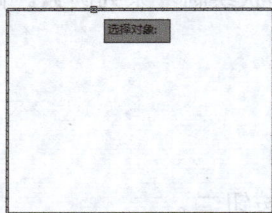

图4-66　选择对象　　　　　　图4-67　将矩形转换为修订云线

4.9　课堂案例

本小节练习绘制零件剖切图和洗手盆图形，巩固本章所学的绘图知识，主要包括多段线、样条曲线、圆弧、椭圆和椭圆弧等对象的绘制与应用。

4.9.1　绘制零件剖切图

本例将在如图4-68所示的阶梯轴素材图形的基础上，使用【多段线】【样条曲线】和【圆弧】等命令完成阶梯轴剖切图的绘制，其效果和尺寸如图4-69所示。制作该图形对象的关键步骤是使用【多段线】命令绘制剖切符号；使用【圆弧】命令绘制剖切图轮廓。

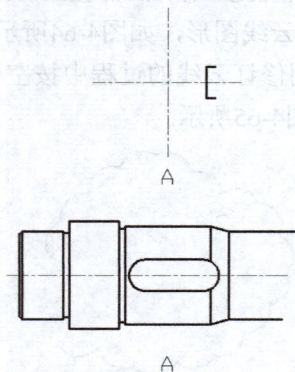

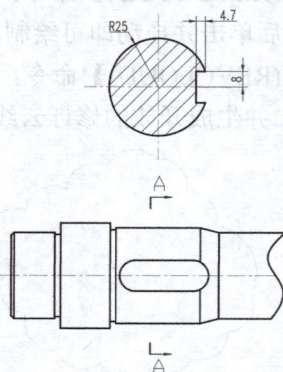

图4-68　阶梯轴素材　　　　　　图4-69　阶梯轴剖切图

绘制本例零件剖切图的具体操作步骤如下。

01 打开【阶梯轴.dwg】素材图形文件。

02 执行【样条曲线(SPL)】命令，通过捕捉阶梯轴图形右侧的端点，绘制一条曲线作为阶梯轴的折断线，如图4-70所示。

03 执行【多段线(PL)】命令，在阶梯轴图形左上方指定多段线的起点，如图4-71所示。

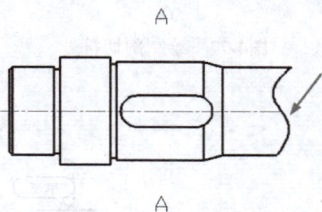

图4-70 绘制折断线　　　　　图4-71 指定多段线的起点

04 在动态文本框中输入w，然后按Enter键选择【宽度(W)】选项，如图4-72所示。

05 在动态文本框中输入0.5，然后按Enter键确定多段线的起点宽度为0.5，如图4-73所示。

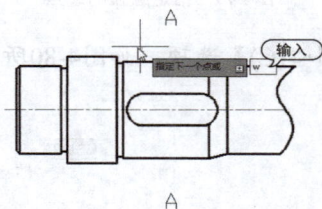

图4-72 在动态文本框中输入w　　　　　图4-73 指定多段线的起点宽度

06 系统提示【指定端点宽度<0.5>】时，直接按Enter键确定多段线的端点宽度为0.5。

07 参照图4-74所示的效果，绘制一条垂直线段和一条水平线段，并在动态文本框中输入w，按Enter键选择【宽度(W)】选项。

08 在动态文本框中输入2，按Enter键指定该处线段的起点宽度为2，如图4-75所示。

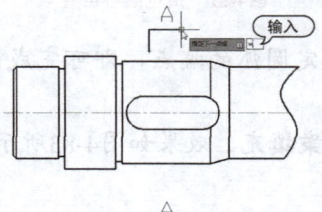

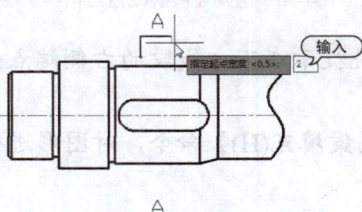

图4-74 绘制多段线　　　　　图4-75 指定线段的起点宽度

09 在动态文本框中输入0，按Enter键指定该处线段的端点宽度为0，如图4-76所示。

10 向右移动光标，并指定多段线的端点，然后按空格键结束命令，绘制的多段线如图4-77所示。

11 重复执行【多段线(PL)】命令，使用相同的方法绘制阶梯轴下方的剖切符号，如图4-78所示。

12 执行【圆弧(A)】命令，在如图4-79所示的端点位置指定圆弧的起点。

图4-76　指定线段的端点宽度　　　　　　图4-77　绘制剖切符号

图4-78　绘制下方的剖切符号　　　　　　图4-79　指定圆弧的起点

13 在动态文本框中输入c,按Enter键选择【圆心(C)】选项,如图4-80所示。然后在中心点的交点处单击指定圆弧的圆心,如图4-81所示。

图4-80　选择【圆心(C)】选项　　　　　　图4-81　指定圆心位置

14 根据系统提示在下方线段的右侧端点处指定圆弧的端点,即可完成圆弧的绘制,如图4-82所示。

15 执行【图案填充(H)】命令,对图形进行图案填充,效果如图4-83所示。

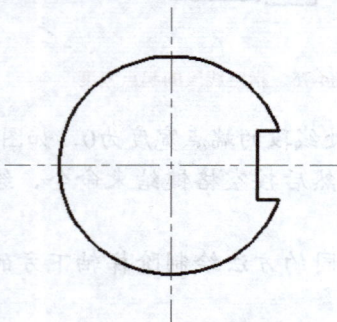

图4-82　绘制圆弧　　　　　　　　　图4-83　填充图案

4.9.2　绘制洗手盆

本例将使用【直线】【多段线】【矩形】【圆】和【椭圆】等命令完成洗手盆图形的绘制，效果如图4-84所示。制作该图形对象的关键步骤是使用【多段线】命令绘制洗手盆的轮廓图。

图4-84　洗手盆图形

绘制本例洗手盆图形的具体操作步骤如下。

01 执行【PL(多段线)】命令，参照本例图形的最终尺寸，依次绘制多段线的各条直线段，然后输入a并确定，选择【圆弧(A)】选项，如图4-85所示。继续输入a并确定，选择【角度(A)】选项。设置圆弧的角度为90，再指定圆弧的端点，绘制的多段线如图4-86所示。

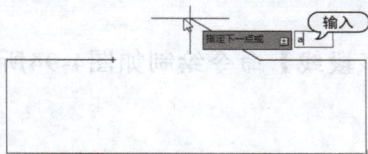

图4-85　输入a并确定　　　　图4-86　绘制多段线

02 执行【直线(L)】命令，捕捉多段线下方的中点作为直线的第一点，然后向上绘制一条长为330的垂直线段作为辅助线，如图4-87所示。

03 执行【椭圆(EL)】命令，捕捉辅助线上方的端点作为椭圆的中心点，然后绘制一个水平轴长为460、另一条半轴长为180的椭圆，如图4-88所示。

图4-87　绘制辅助线　　　　图4-88　绘制椭圆

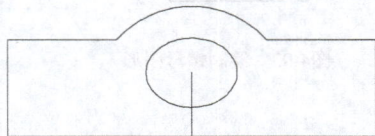

04 选中辅助线，然后按Delete键将其删除。

05 执行【圆(C)】命令，参照图4-89所示的效果绘制一个半径为20的圆。

06 执行【矩形(REC)】命令，参照图4-90所示的效果绘制一个圆角半径为5、长度为45、宽度为120的圆角矩形。

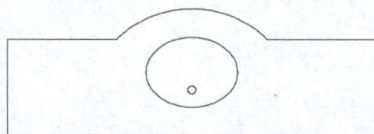

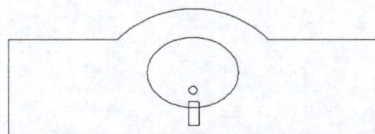

图4-89　绘制圆　　　　图4-90　绘制圆角矩形

07 执行【修剪(TR)】命令，选择圆角矩形作为修剪边界，如图4-91所示，然后在矩形内单击椭圆，对其进行修剪，完成本例的制作，效果如图4-92所示。

图4-91　选择修剪边界　　　　　　　　　　图4-92　修剪椭圆

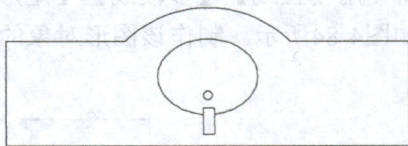

4.10　习题

1. 绘制多段线的过程中，如何确定多段线的宽度？

2. 执行【圆弧】命令只能绘制圆弧图形，如果要绘制椭圆弧图形，该如何操作？

3. 在绘制圆弧的过程中，怎样才能依次确定圆弧的圆心、起点和端点，从而绘制出指定的圆弧？

4. 利用所学的绘图知识，参照图4-93所示的螺母尺寸和效果，使用【多边形】【圆】和【圆弧】命令绘制该图形。

5. 利用所学的绘图知识，使用【圆】和【多段线】命令绘制如图4-94所示的支架轮廓图。

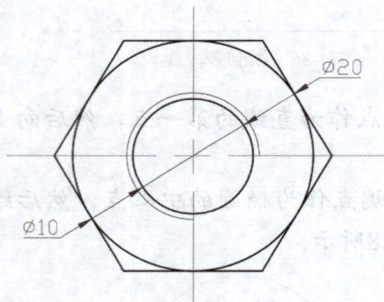

图4-93　绘制螺母图形　　　　　　　　　　图4-94　支架轮廓图

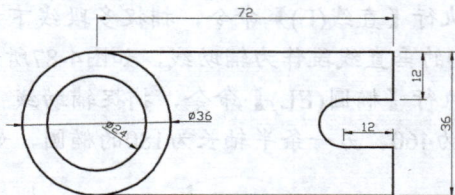

第 **5** 章

精准绘图

在绘制和编辑AutoCAD图形之前，用户不仅可以根据自己的需要进行基础的绘图辅助设置，还可以进行精准的绘图辅助设置。本章将讲解如何进行精准的绘图辅助设置操作，包括视图的控制、正交功能的应用、对象捕捉与捕捉追踪、动态输入的设置，以及对象查询等。

5.1 视图控制

在AutoCAD中，用户可以对视图进行缩放和平移操作，以便观看图形的效果。另外，用户也可以进行全屏显示视图、重画与重生成图形等操作。

5.1.1 缩放视图

使用视图中的【缩放】命令可以对视图进行放大或缩小操作，以改变图形的显示大小，方便用户观察图形。

执行缩放视图的命令有以下两种常用方法。

- ○ 选择【视图】|【缩放】命令，然后在子菜单中选择需要的命令。
- ○ 执行ZOOM(Z)命令。

执行【缩放(Z)】命令，系统将显示【[全部(A)/中心(C)/动态(D)/范围(E)/上一个(P)/比例(S)/窗口(W)/对象(O)]<实时>:】提示信息。然后只需在该提示后输入相应的字母后再按下空格键，即可进行相应的操作。缩放视图命令中各选项的含义和用法如下。

- ○ 全部(A)：输入A后再按下空格键，将在视图中显示整个文件中的所有图形。
- ○ 中心(C)：输入C后再按下空格键，然后在图形中单击指定一个基点，再输入一个缩放比例或高度值来显示一个新视图，基点将作为缩放的中心点。
- ○ 动态(D)：用一个可以调整大小的矩形框去框选要放大的图形。
- ○ 范围(E)：用于以最大的方式显示整个文件中的所有图形。
- ○ 上一个(P)：执行该命令后可以直接返回上一次缩放的状态。
- ○ 比例(S)：用于输入一定的比例来缩放视图。输入的数值大于1时将放大视图，小于1并大于0时将缩小视图。
- ○ 窗口(W)：用于通过在屏幕上拾取两个对角点来确定一个矩形窗口，执行该命令后，该矩形框内的全部图形放大至整个屏幕。
- ○ 对象(O)：选择要最大化显示的图形对象，即可将该图形放大至整个绘图窗口。
- ○ <实时>：执行该命令后，鼠标指针将变为🔍+，拖动即可放大或缩小视图。

5.1.2 平移视图

平移视图是指对视图中图形的显示位置进行相应的移动。平移中，移动前后视图只是改变图形在视图中的位置，而不会发生大小的变化。图5-1和图5-2所示分别是对图形进行上、下平移前后的对比效果。

执行平移视图的命令包括以下两种常用方法。

- ○ 选择【视图】|【平移】命令，然后在子菜单中选择需要的命令。
- ○ 执行PAN(P)命令。

图5-1　平移视图前　　　　　　　　　　　　图5-2　平移视图后

5.1.3　全屏显示视图

选择【视图】|【全屏显示】命令，或单击状态栏右下角的【全屏显示】按钮，屏幕上将清除功能区面板和可固定窗口(命令行除外)屏幕，仅显示标题栏、菜单栏、【模型】选项卡、【布局】选项卡、状态栏和命令行，如图5-3所示。再次执行该命令，又将返回原来的窗口状态。全屏显示通常适合在绘制复杂图形并需要足够的屏幕空间时使用。

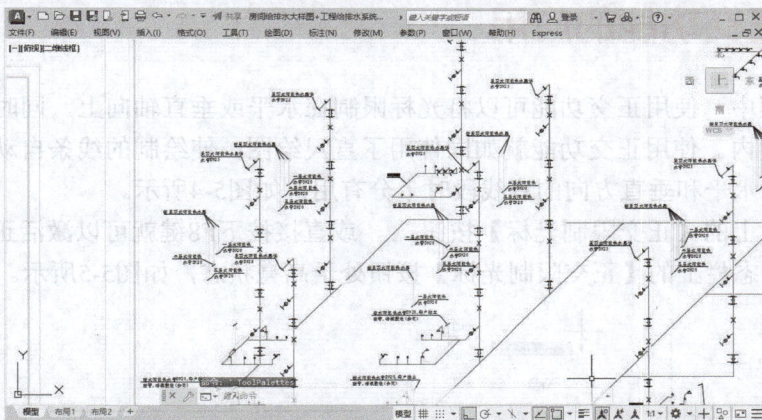

图5-3　全屏显示视图

5.1.4　重画与重生成

下面将学习重画和重生成视图的方法，用户可以使用重画和重生成命令，对视图中的图形进行更新操作。

1. 重画视图

图形中某一图层被打开或关闭，或者栅格被关闭后，系统自动对图形刷新并重新显示，栅格的密度会影响刷新的速度。使用【重画】命令可以重新显示当前视图中的图形，消除残留的标记点痕迹，使图形变得清晰。

执行重画视图的命令包括以下两种方法。

○ 选择【视图】|【重画】命令。
○ 执行REDRAWALL(REDRAW)命令。

85

2. 重生成视图

使用【重生成】命令能将当前活动视图中所有对象的有关几何数据及几何特性重新计算一次(即重生成)。此外，使用OPEN命令打开图形时，系统自动重生成视图，ZOOM命令的【全部(A)】【范围(E)】选项也可自动重生成视图。被冻结的图层上的实体不参与计算。因此，为了缩短重生成时间，可将一些图层冻结。

执行重生成视图的命令包括以下两种方法。

- ○ 选择【视图】|【全部重生成】命令。
- ○ 执行REGEN(RE)命令。

提示

在视图重生成的计算过程中，用户可按Esc键将操作中断，使用REGENALL命令可对所有视图中的图形进行重新计算。

5.2 正交功能的应用

在绘图过程中，使用正交功能可以将光标限制在水平或垂直轴向上，同时也限制在当前的栅格旋转角度内。使用正交功能就如同使用了直尺绘图，使绘制的线条自动处于水平和垂直方向，在绘制水平和垂直方向的直线段时十分有用，如图5-4所示。

单击状态栏上的【正交限制光标】按钮，或直接按下F8键就可以激活正交功能，开启正交功能后，状态栏上的【正交限制光标】按钮处于高亮状态，如图5-5所示。

| 图5-4　使用正交功能 | 图5-5　开启正交功能 |

提示

在AutoCAD中绘制水平或垂直线条时，利用正交功能可以准确绘制所需线条，并有效地提高绘图速度，如果要绘制非水平、非垂直的线条，可以通过按F8键关闭正交功能。

5.3 捕捉与追踪

本节将讲解对象捕捉和捕捉追踪等辅助绘图功能。进行适当的辅助绘图设置，可以提高绘图的准确性和绘图效率。

5.3.1　设置对象捕捉

AutoCAD 提供了精确的对象捕捉特殊点功能。使用该功能可以精确绘制出所需要的图形。用户可以在【草图设置】对话框的【对象捕捉】选项卡中进行设置，或者在【对象捕捉】工具中进行对象捕捉的设置。

1. 在【草图设置】对话框中设置对象捕捉

在【草图设置】对话框的【对象捕捉】选项卡中，可以根据实际需要选择相应的捕捉选项，进行对象特殊点的捕捉设置，如图5-6所示。

打开【草图设置】对话框的方法有以下几种。

- 选择【工具】|【绘图设置】命令。
- 右击状态栏中的【对象捕捉】按钮，在弹出的菜单中选择【对象捕捉设置】命令，如图5-7所示。
- 执行DSETTINGS(SE)命令。

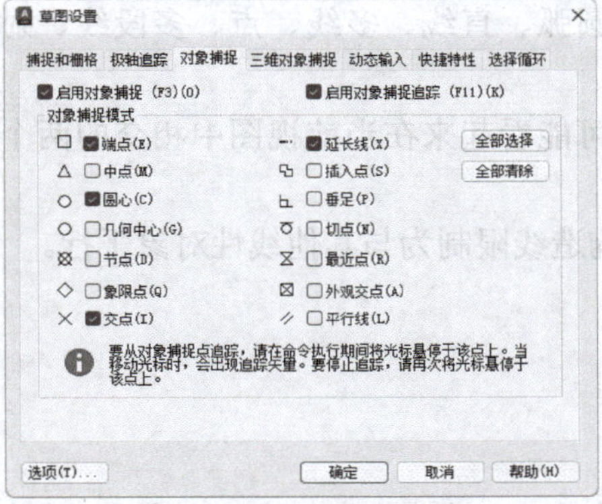

图5-6　对象捕捉设置 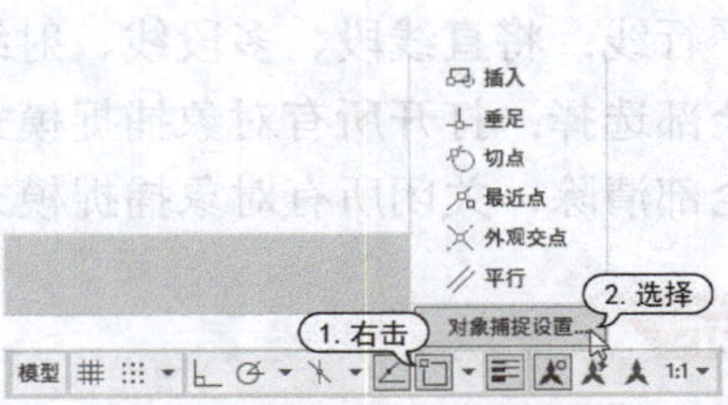　　　　　图5-7　选择【对象捕捉设置】命令

启用对象捕捉后，在绘图过程中，当鼠标靠近这些被启用的捕捉特殊点时，将自动对其进行捕捉。当选中【启用对象捕捉(F3)】复选框时，在【对象捕捉模式】选项组中选定的对象捕捉处于活动状态；取消选中【启用对象捕捉(F3)】复选框时，将关闭对象捕捉功能。当选中【启用对象捕捉追踪(F11)】复选框时，可以使用对象捕捉追踪功能；取消选中【启用对象捕捉追踪(F11)】复选框时，将关闭对象捕捉追踪功能。

在【对象捕捉模式】选项组中列出了可以执行的对象捕捉模式，其中各个选项的含义如下。

- 端点：捕捉到圆弧、椭圆弧、直线、多线、多段线、样条曲线、面域或射线最近的端点，或捕捉宽线、实体或三维面域的最近角点。
- 中点：捕捉到圆弧、椭圆、椭圆弧、直线、多线、多段线、面域、实体、样条曲线或参照线的中点。
- 圆心：捕捉到圆弧、圆、椭圆或椭圆弧的圆心。
- 几何中心：用于捕捉几何对象的中心。
- 节点：捕捉到点对象、标注定义点或标注文字起点。
- 象限点：捕捉到圆弧、圆、椭圆或椭圆弧的象限点。

- 交点：捕捉到圆弧、圆、椭圆、椭圆弧、直线、多线、多段线、射线、面域、样条曲线或参照线的交点。
- 延长线：当光标经过对象的端点时，显示临时延长线或圆弧，以便用户在延长线或圆弧上指定点。
- 插入点：捕捉到属性、块或文字的插入点。
- 垂足：捕捉到圆弧、圆、椭圆、椭圆弧、直线、多线、多段线、射线、面域、实体、样条曲线或参照线的垂足。当正在绘制的对象需要捕捉多个垂足时，将自动打开【递延垂足】捕捉模式。用户可以用直线、圆弧、圆、多段线、射线、参照线、多线或三维实体的边作为绘制垂直线的基础对象，还可以用【递延垂足】在这些对象之间绘制垂直线。
- 切点：捕捉到圆弧、圆、椭圆、椭圆弧或样条曲线的切点。当正在绘制的对象需要捕捉多个切点时，将自动打开【递延垂足】捕捉模式。用户可以使用【递延切点】绘制与圆弧或圆相切的直线或构造线。
- 最近点：捕捉到圆弧、圆、椭圆、椭圆弧、直线、多线、点、多段线、射线、样条曲线或参照线的最近点。
- 外观交点：捕捉到不在同一平面但是可能看起来在当前视图中相交的两个对象的外观交点。
- 平行线：将直线段、多段线、射线或构造线限制为与其他线性对象平行。
- 全部选择：打开所有对象捕捉模式。
- 全部清除：关闭所有对象捕捉模式。

提示

要使用对象捕捉追踪功能，必须开启一个或多个对象捕捉功能。

2. 应用【对象捕捉】工具

右击状态栏中的【对象捕捉】按钮□，将弹出对象捕捉的各个工具选项，如图5-8所示。选中或取消选中其中的工具选项，对应的捕捉功能将被打开或关闭。

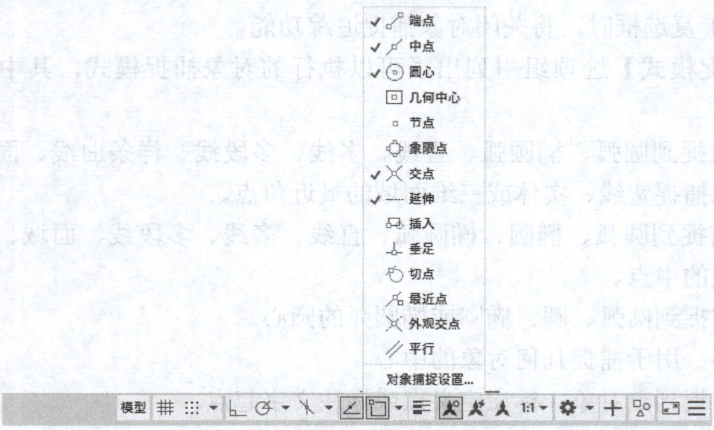

图5-8 对象捕捉工具按钮

设置好对象捕捉功能后，在绘图过程中，通过单击状态栏中的【对象捕捉】按钮□，或者按F3键，可以在开/关【对象捕捉】功能之间进行切换。

5.3.2 对象捕捉追踪

在绘图过程中，使用对象捕捉追踪可以提高绘图的效率。启用对象捕捉追踪功能后，在命令中指定点时，光标可以沿基于其他对象捕捉点的对齐路径进行追踪。

1. 设置对象捕捉追踪

执行【绘图设置(SE)】命令，在打开的【草图设置】对话框中选择【对象捕捉】选项卡，然后在该选项卡中选中【启用对象捕捉追踪(F11)】复选框，即可启用对象捕捉追踪功能。图5-9所示为圆心捕捉追踪效果，图5-10所示为中点捕捉追踪效果。

图5-9 圆心捕捉追踪

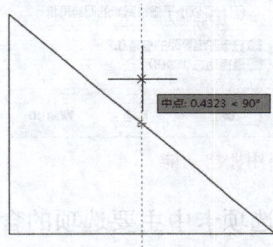

图5-10 中点捕捉追踪

由于执行对象捕捉追踪功能是基于对象捕捉进行操作的，因此，要使用对象捕捉追踪功能，必须启用一个或多个对象捕捉功能；按下F11键可以在开/关对象捕捉追踪功能之间进行切换。

2. 使用临时追踪点

使用对象捕捉追踪还可以设置临时追踪点，在提示输入点时，输入tt，如图5-11所示，然后指定一个临时追踪点。该点上将出现一个小的加号+，如图5-12所示。移动光标时，将相对于这个临时点显示自动追踪对齐路径。

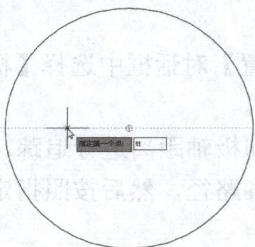

图5-11 输入tt

图5-12 加号+为临时追踪点

5.3.3 捕捉和栅格模式

执行【绘图设置(SE)】命令，在打开的【草图设置】对话框中选择【捕捉和栅格】选项卡，在该选项卡中可以进行捕捉设置。选中【启用捕捉(F9)】复选框，将启用捕捉功能。选中【启用栅格(F7)】复选框，将启用栅格功能，如图5-13所示，在图形窗口中将显示栅格对象，如图5-14所示。

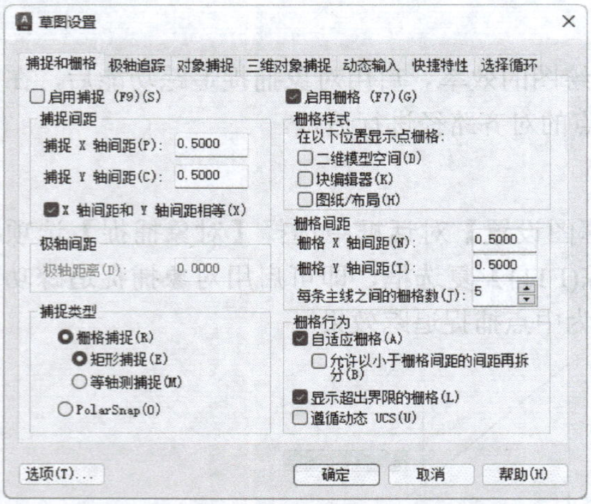

图5-13 启用栅格功能

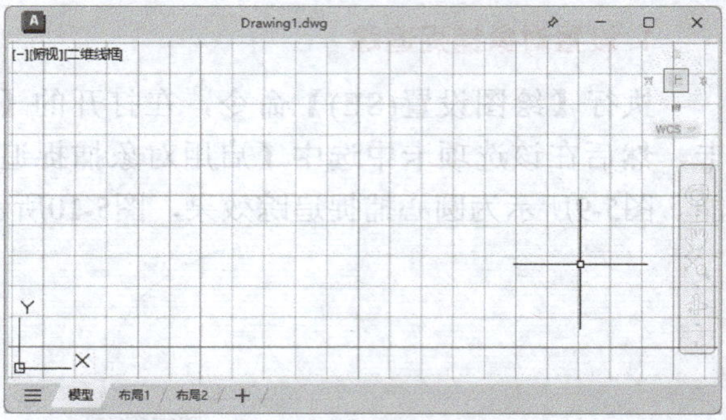

图5-14 显示栅格对象

【捕捉和栅格】选项卡中主要选项的含义如下。

○ 【捕捉间距】选项组：用于控制捕捉位置不可见的矩形栅格，以限制光标仅在指定的X轴和Y轴间距内移动。

○ 【极轴间距】选项组：用于控制PolarSnap(极轴捕捉)的增量距离。当选中【捕捉类型】选项组中的PolarSnap单选按钮时，可以进行捕捉增量距离的设置。如果该值为0，则PolarSnap距离采用【捕捉X轴间距】的值。【极轴间距】设置与极坐标追踪和对象捕捉追踪结合使用。如果两个追踪功能都未启用，则【极轴间距】设置无效。

○ 栅格捕捉：该选项用于设置栅格捕捉类型，如果指定点，光标将沿垂直或水平栅格点进行捕捉。

　　• 矩形捕捉：选中该单选按钮，可以将捕捉样式设置为标准【矩形】捕捉模式。

　　• 等轴测捕捉：选中该单选按钮，可以将捕捉样式设置为【等轴测】捕捉模式。

○ PolarSnap(极轴捕捉)：选中该单选按钮，可以将捕捉类型设置为【极轴捕捉】。

5.3.4 极轴追踪

执行DSETTINGS(SE)命令，在打开的【草图设置】对话框中选择【极轴追踪】选项卡，在该选项卡中可以启用极轴追踪功能，如图5-15所示。

在使用极轴追踪时，需要按照一定的角度增量和极轴距离进行追踪。极轴追踪以极轴坐标为基础，显示由指定的极轴角度所定义的临时对齐路径，然后按照指定的距离进行捕捉，如图5-16所示。

单击状态栏上的【极轴追踪】按钮⟳，或按下F10键，也可以打开或关闭极轴追踪功能。另外，【正交】模式和极轴追踪不能同时打开，打开【正交】模式将关闭极轴追踪功能。

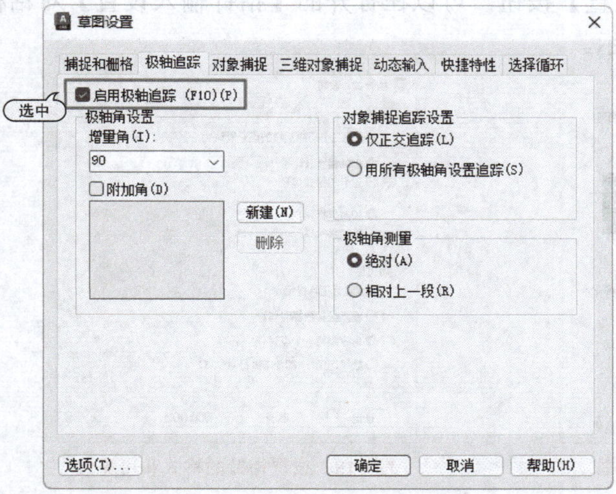

图5-15 【极轴追踪】选项卡 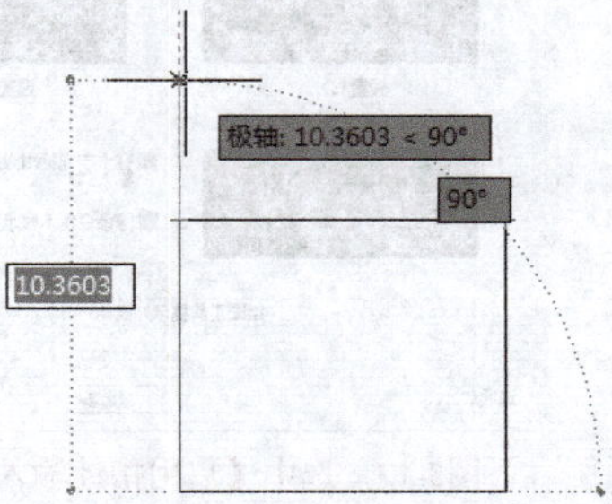 图5-16 启用极轴追踪

在【极轴追踪】选项卡中，主要选项的含义如下。

○ 启用极轴追踪：用于打开或关闭极轴追踪。按F10键也可以打开或关闭极轴追踪。

○ 极轴角设置：设置极轴追踪的对齐角度。

○ 增量角：设置用来显示极轴追踪对齐路径的极轴角增量。用户可以输入任何角度，也可以从下拉列表中选择90、45、30、22.5、18、15、10或5这些常用角度。

○ 附加角：对极轴追踪使用列表中的任何一种附加角度。需要注意的是，附加角度是绝对的，而非增量的。

○ 角度列表：如果选中【附加角】复选框，将列出可用的附加角度。要添加新的角度，单击【新建】按钮即可。要删除现有的角度，则单击【删除】按钮。

○ 新建：最多可以添加10个附加极轴追踪对齐角度。

○ 删除：删除选定的附加角度。

○ 仅正交追踪：当对象捕捉追踪打开时，仅显示已获得的对象捕捉点的正交(水平/垂直)对象捕捉追踪路径。

5.4 动态输入

在AutoCAD中，使用动态输入功能可以在指针位置处显示标注输入和命令提示等信息，从而方便绘图操作。

5.4.1 启用指针输入

执行【绘图设置(SE)】命令,在打开的【草图设置】对话框中选择【动态输入】选项卡,然后在该选项卡中选中【启用指针输入】复选框,可以启用指针输入功能,如图5-17所示。单击【指针输入】选项组中的【设置】按钮,可以在打开的【指针输入设置】对话框中设置指针的格式和可见性,如图5-18所示。

图5-17 选中【启用指针输入】复选框

图5-18 设置指针的格式和可见性

5.4.2 启用标注输入

打开【草图设置】对话框,在【动态输入】选项卡中选中【可能时启用标注输入】复选框,可以启用标注输入功能。单击【标注输入】选项组中的【设置】按钮,可以在打开的【标注输入的设置】对话框中设置标注的可见性,如图5-19所示。

图5-19 设置标注的可见性

5.4.3 使用动态提示

在【动态输入】选项卡中选中【动态提示】选项组的【在十字光标附近显示命令提示和命令输入】复选框,可以在光标附近显示命令提示,如图5-20所示。

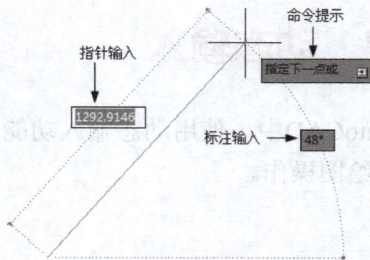

图5-20 动态输入示意图

5.5 对象查询

使用AutoCAD提供的查询功能可以测量点的坐标、两个对象之间的距离、图形的面积与周长，以及线段间的角度等。

5.5.1 查询坐标

使用【点坐标】命令可以测量点的坐标。测量点的坐标后，将列出指定点的X、Y和Z值，并将指定点的坐标存储为上一点坐标。用户可以通过在输入点的下一步提示输入@符号来引用上一点。

执行【点坐标】命令有以下3种常用方法。

○ 选择【工具】|【查询】|【点坐标】命令。
○ 展开【实用工具】面板，单击其中的【点坐标】按钮，如图5-21所示。
○ 执行ID命令。

执行ID命令，在需要测量坐标的位置处单击(如图5-22所示的圆心)，即可测出指定点的坐标，如图5-23所示。

图5-21 单击【点坐标】按钮　　图5-22 指定测量点　　图5-23 显示坐标值

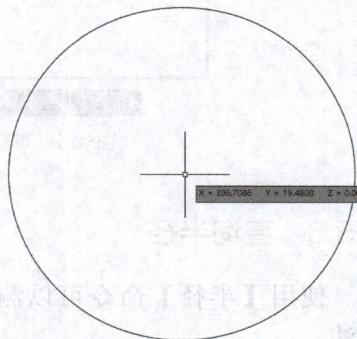

提示

在完成点的坐标测量后，用户可以在命令行中查看点的坐标值。

5.5.2 查询距离

使用【距离】命令可以计算AutoCAD中真实的三维距离。如果忽略Z轴的坐标值，利用DIST命令计算的距离将采用第一点或第二点的当前距离。

执行【距离】命令有以下3种常用方法。

○ 选择【工具】|【查询】|【距离】命令。
○ 单击【实用工具】面板中的【距离】按钮。
○ 执行DIST命令。

【动手练】查询矩形的对角点距离。 📹视频

01 执行【矩形(REC)】命令，绘制一个长度为10、宽度为5的矩形。

02 执行DIST命令，在矩形的左上方端点处单击，指定测量对象的起点，如图5-24所示。

03 在矩形右下方端点处单击指定测量对象的第二个点，如图5-25所示。

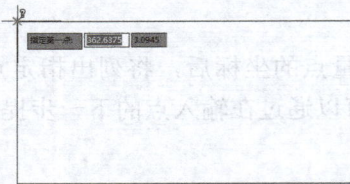

图5-24　指定起点

图5-25　指定第二个点

04 测量完成后，系统将显示测量的结果，如图5-26所示。同时，命令行中也会显示测量结果，如图5-27所示。

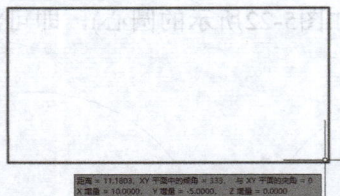

图5-26　测量结果

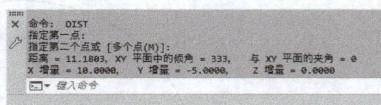

图5-27　命令行中的信息

5.5.3　查询半径

使用【半径】命令可以测量圆或圆弧的半径值，执行【半径】命令有以下3种常用方法。

- 选择【工具】|【查询】|【半径】命令。
- 单击【实用工具】面板中的【测量】下拉按钮，在弹出的下拉列表中选择【半径】工具。
- 执行Measuregeom命令。

选择【工具】|【查询】|【半径】命令，然后选择要查询的对象，如图5-28所示。系统将显示所选圆弧的半径和直径，如图5-29所示。在弹出的列表中选择【退出】选项即可结束查询半径操作。

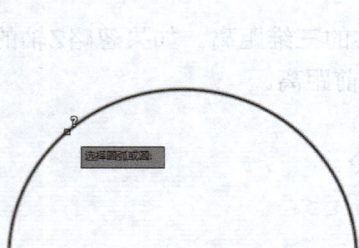

图5-28　选择查询对象

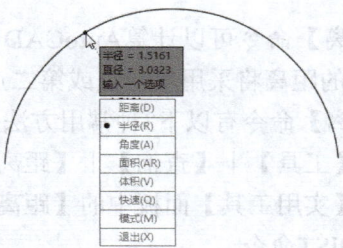

图5-29　测量结果

5.5.4　查询角度

使用【角度】命令可以测量出对象的夹角，也可以测量出圆弧对象的弧度，执行【角度】命令有以下3种常用方法。

○ 选择【工具】|【查询】|【角度】命令。

○ 单击【实用工具】面板中的【测量】下拉按钮，在弹出的下拉列表中选择【角度】工具。

○ 执行Measuregeom命令。

1. 查询图形的夹角角度

选择【工具】|【查询】|【角度】命令，选择对象的第一条线段，如图5-30所示。根据提示指定测量的第二条线段，如图5-31所示，即可得到测量的结果，如图5-32所示。

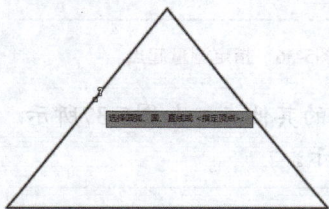

图5-30　选择第一条线段　　　　　图5-31　选择第二条线段　　　　　图5-32　测量结果

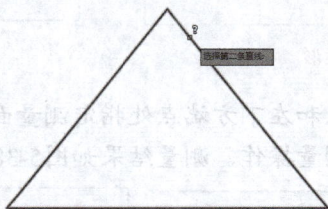

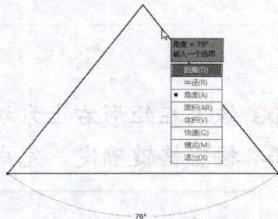

2. 查询圆弧的弧度

选择【工具】|【查询】|【角度】命令，选择查询的圆弧对象，如图5-33所示。系统将显示测量的弧度值，如图5-34所示。

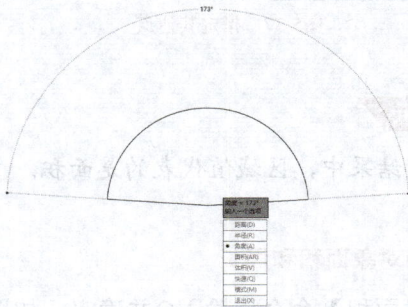

图5-33　选择圆弧　　　　　　　　图5-34　测量圆弧弧度

5.5.5　查询面积和周长

使用【面积】命令可以测量出对象或某区域的面积或周长，执行【面积】命令有以下3种常用方法。

○ 选择【工具】|【查询】|【面积】命令。

○ 单击【实用工具】面板中的【测量】下拉按钮，在弹出的下拉列表中选择【面积】工具。

○ 执行Area命令。

1. 查询区域面积和周长

执行【面积】命令，通过框选要查询的区域，即可测量出指定区域的面积和周长。

【动手练】查询区域面积和周长。 ⊙视频

`01` 使用【矩形(REC)】命令绘制一个长度为20、宽度为10的矩形，如图5-35所示。

`02` 执行【面积(Area)】命令，在矩形的左上端点处指定测量的起点，如图5-36所示。

图5-35　绘制矩形　　　　　　　　　　　　图5-36　指定测量起点

`03` 依次在矩形右上方端点和左下方端点处指定测量面积的其他点，如图5-37所示。

`04` 按空格键确定，完成测量操作，测量结果如图5-38所示。

图5-37　指定其他点　　　　　　　　　　　图5-38　测量结果

提示

在测量结果中，区域值代表的是面积。

2. 查询对象面积和周长

执行【面积】命令，输入O并确定，如图5-39所示，启用【对象(O)】选项，然后选择要测量的对象，如图5-40所示，可以直接测量出选择对象的面积和周长，如图5-41所示。

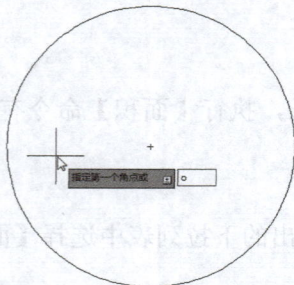

图5-39　输入O并确定　　　　　图5-40　选择测量对象　　　　　图5-41　测量结果

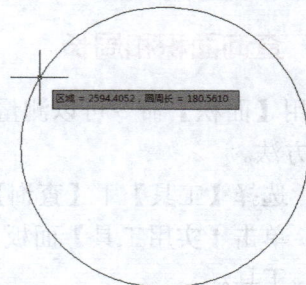

5.6 课堂案例

本节将应用所学的正交功能模式、捕捉与追踪等知识，练习绘制六角螺母和平垫圈。

5.6.1 绘制六角螺母

绘制本例图形时，先创建所需图层，以便对图形中的各个对象进行分层管理，然后开启正交绘图模式，并设置好对象捕捉功能，以便进行快速、精准绘图。本例绘制的六角螺母效果和尺寸如图5-42所示。

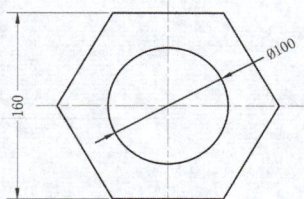

图5-42 绘制六角螺母

绘制本例螩母的具体操作如下。

01 执行【图层特性(LA)】命令，打开【图层特性管理器】选项板，在该选项板中创建【辅助线】和【轮廓线】图层，并设置图层的属性，如图5-43所示，然后将【辅助线】设置为当前层。

02 执行【绘图设置(SE)】命令，在打开的【草图设置】对话框中选择【对象捕捉】选项卡，然后在该选项卡中选中【启用对象捕捉】【圆心】和【交点】复选框并确定，如图5-44所示。

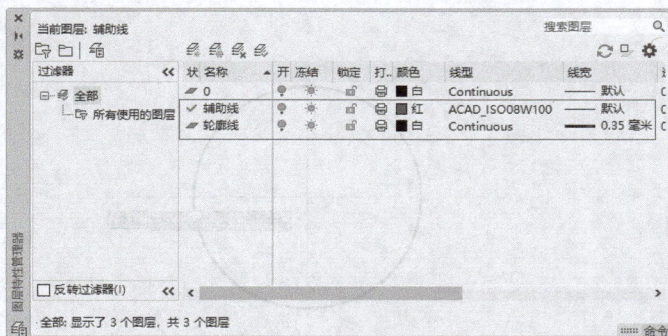

图5-43 创建并设置图层

图5-44 设置对象捕捉

03 选择【格式】|【线宽】命令，在打开的【线宽设置】对话框中选中【显示线宽】复选框并确定，如图5-45所示。

04 按F8键，开启【正交】模式。

05 执行【构造线(XL)】命令，单击指定构造线的第一个点，然后向右指定构造线的通过点，再向下指定另一条构造线的通过点，绘制两条相互垂直的构造线，如图5-46所示。

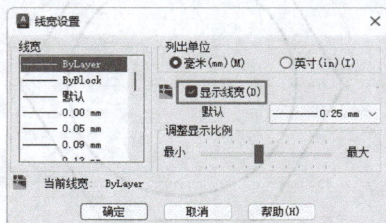

图5-45 【线宽设置】对话框

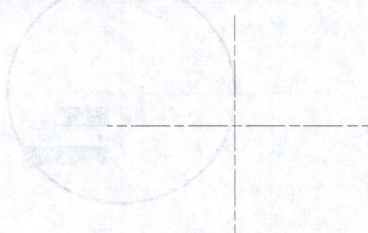

图5-46 绘制构造线

06 将【轮廓线】图层设置为当前层，然后选择【绘图】|【圆】|【圆心、半径】命令，当系统提示【指定圆的圆心或[三点(3P)/两点(2P)/切点、切点、半径(T)]:】时，参照如图5-47所示的效果在交点处单击指定圆心。

07 当系统提示【指定圆的半径或[直径(D)] <>:】时，输入圆的半径为50并按空格键确认(如图5-48所示)，创建一个半径为50的圆。

图5-47　指定圆心位置　　　　　　　　　图5-48　指定圆的半径

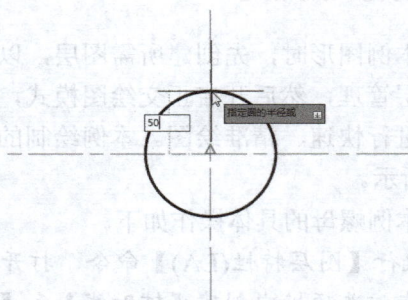

08 选择【绘图】|【多边形】命令，根据系统提示输入多边形的侧面数(即边数)为6并按空格键确认，如图5-49所示。

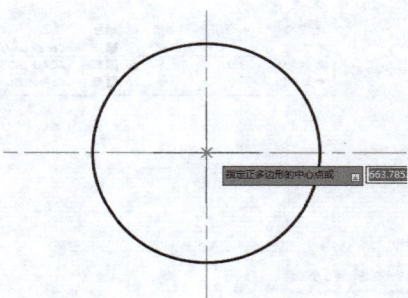

09 当系统提示【指定正多边形的中心点或[边(E)]:】时，在构造线的交点处单击指定多边形的中心点，如图5-50所示。

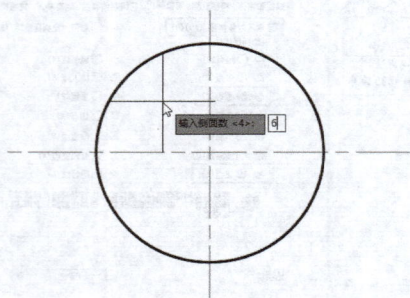

图5-49　指定多边形的边数　　　　　　　图5-50　指定多边形的中心点

10 在弹出的菜单列表中选择【外切于圆(C)】选项，如图5-51所示。

11 当系统提示【指定圆的半径:】时，输入圆的半径为80并确定，如图5-52所示，即可完成本例的绘制。

图5-51　选择【外切于圆(C)】选项　　　　图5-52　指定外切圆的半径

5.6.2 绘制平垫圈

本小节将绘制平垫圈二视图，主要掌握图层设置、对象捕捉设置和常用绘图命令的应用。本例绘制的平垫圈二视图的效果和尺寸如图5-53所示。

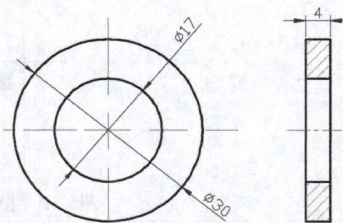

图5-53 平垫圈二视图

绘制本例平垫圈二视图的具体操作如下。

01 执行【图层特性(LA)】命令，打开【图层特性管理器】选项板，在该选项板中创建【中心线】【填充线】和【轮廓线】图层，并设置图层的属性，然后将【中心线】设置为当前层，如图5-54所示。

02 执行【绘图设置(SE)】命令，在打开的【草图设置】对话框的【对象捕捉】选项卡中选中【启用对象捕捉(F3)】【圆心(C)】和【交点(I)】复选框并确定，如图5-55所示。

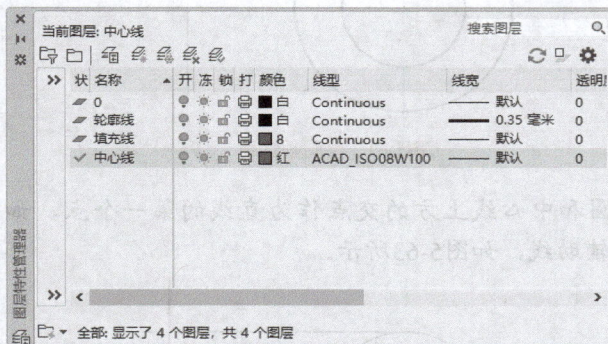

图5-54 创建并设置图层

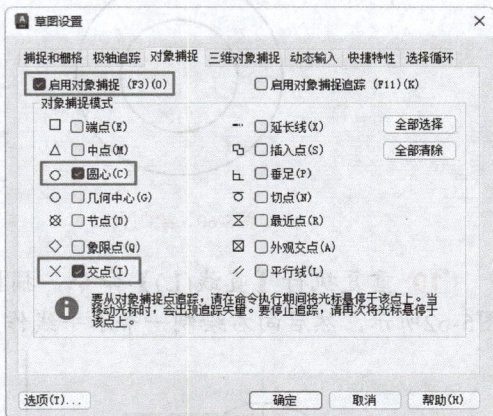

图5-55 设置对象捕捉

03 按F8键，开启【正交】模式。

04 执行【构造线(XL)】命令，绘制两条相互垂直的构造线作为中心线，如图5-56所示。

05 将【轮廓线】图层设置为当前层。

06 选择【格式】|【线宽】命令，在打开的【线宽设置】对话框中选中【显示线宽】复选框并确定，如图5-57所示。

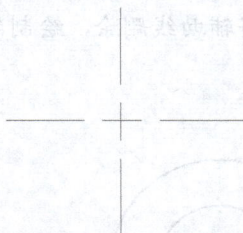

图5-56 绘制构造线

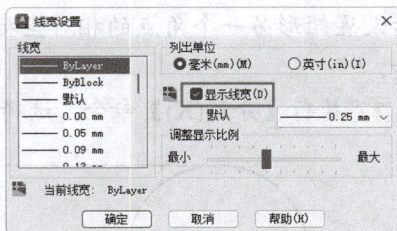

图5-57 【线宽设置】对话框

07 执行【圆(C)】命令，以中心线的交点为圆心(如图5-58所示)，绘制一个半径为8.5的圆，如图5-59所示。

图5-58　指定圆心　　　　　　　　　　图5-59　绘制小圆

08 重复执行【圆(C)】命令，以中心线的交点为圆心，绘制一个半径为15的圆，如图5-60所示。

09 执行【直线(L)】命令，在圆的右侧绘制一条垂直线，如图5-61所示。

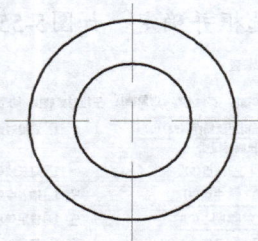

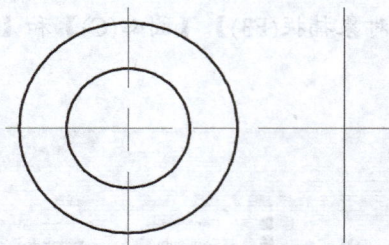

图5-60　绘制大圆　　　　　　　　　　图5-61　绘制垂直线

10 重复执行【直线(L)】命令，捕捉圆和中心线上方的交点作为直线的第一个点，如图5-62所示，然后向右绘制一条水平线作为辅助线，如图5-63所示。

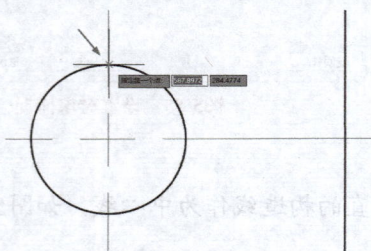

图5-62　捕捉交点　　　　　　　　　　图5-63　绘制辅助线

11 执行【矩形(REC)】命令，以辅助线的交点为矩形的第一个角点，如图5-64所示，然后设置矩形另一个角点的相对坐标为【@4,-30】，再将辅助线删除，绘制的矩形如图5-65所示。

12 执行【分解(X)】命令，选择矩形将其分解。

图5-64　捕捉矩形的第一个角点　　　　图5-65　绘制矩形

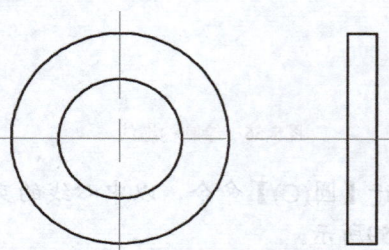

[13] 执行【偏移(O)】命令，将矩形上方线段向下偏移6.5，将矩形下方线段向上偏移6.5，效果如图5-66所示。

[14] 设置【填充线】图层为当前层。然后使用【直线(L)】命令在右侧小矩形框中绘制斜线作为填充线，再适当调整中心线，完成本例的制作，如图5-67所示。

图5-66 偏移线段　　　　　　　　　　图5-67 绘制填充斜线

5.7 习题

1. 如何在绘图区中放大或缩小显示图形？
2. 要绘制垂直和水平直线，应开启什么功能？
3. 在绘图过程中，如何设置临时对象追踪点？
4. 结合所学的知识，参照图5-68所示的效果和尺寸，绘制底座图形。
5. 结合所学的知识，参照图5-69所示的效果和尺寸，绘制灯具图形。

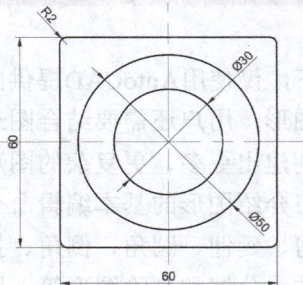

图5-68 绘制底座　　　　　　　　　　图5-69 绘制灯具

第6章

编辑图形

通常情况下，仅使用AutoCAD提供的绘图命令还无法绘制出所有图形，用户还需要结合图形编辑命令对图形进行编辑，创建出更多、更复杂的图形，以达到制图的需要。本章将介绍图形的基本编辑命令，主要包括移动、旋转、修剪、延伸、圆角、倒角、拉伸、缩放、拉长、打断、合并、分解和删除图形等，以及夹点编辑对象和参数化编辑对象的应用。

6.1　选择对象

要对图形进行编辑，首先选择要编辑的对象。AutoCAD提供的选择方式包括直接选择、窗口选择、窗交选择、栏选对象和快速选择等多种，不同的情况需要使用不同的选择方法，以便快速选择需要的对象。

6.1.1　直接选择

在处于等待命令的情况下，单击选择对象，即可将其选中。使用单击对象的选择方法，一次只能选择一个实体。

在编辑对象的过程中，当用户选择要编辑的对象时，十字光标将变成一个小正方形框，该小正方形框称为拾取框。将拾取框移至要编辑的目标上并单击，即可选中目标。

6.1.2　框选对象

框选对象包括两种方式，即窗口选择和窗交选择。其方法是将鼠标移到绘图区中，单击先指定框选的第一个角点，然后将鼠标移到另一个位置并单击，确定选框的对角点，从而指定框选的范围。

1. 窗口选择对象

窗口选择对象的方法，是自左向右进行拖动拉出一个矩形，拉出的矩形方框为实线，如图6-1所示。使用窗口选择对象时，只有完全框选的对象才能被选中；如果只框取对象的一部分，则无法将其选中，图6-2所示显示了已选择的对象，右侧的两个圆形未被选中。

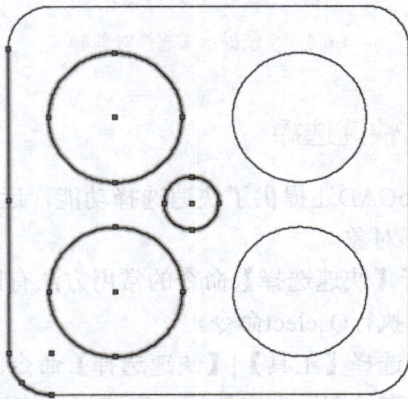

图6-1　窗口选择对象　　　　　图6-2　已选择对象的效果

2. 窗交选择对象

窗交选择与窗口选择的操作方法相反，即在绘图区内自右边到左边进行拖动拉出一个矩形，拉出的矩形方框呈虚线显示，如图6-3所示。使用窗交选择方式，可以将矩形框内的对象以及与矩形边线相触的对象全部选中，图6-4所示显示了已选择的对象。

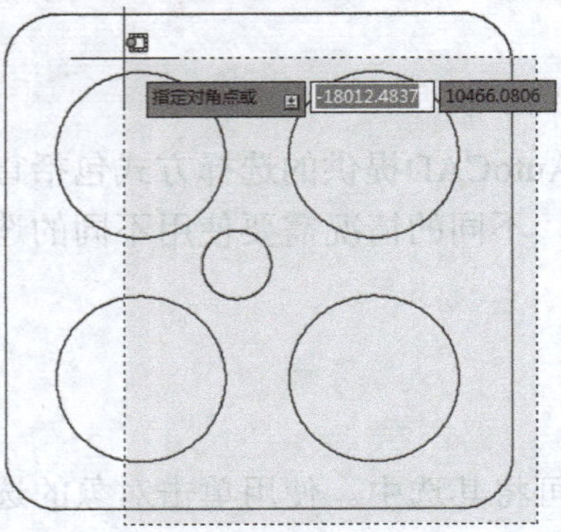

图6-3　窗交选择对象

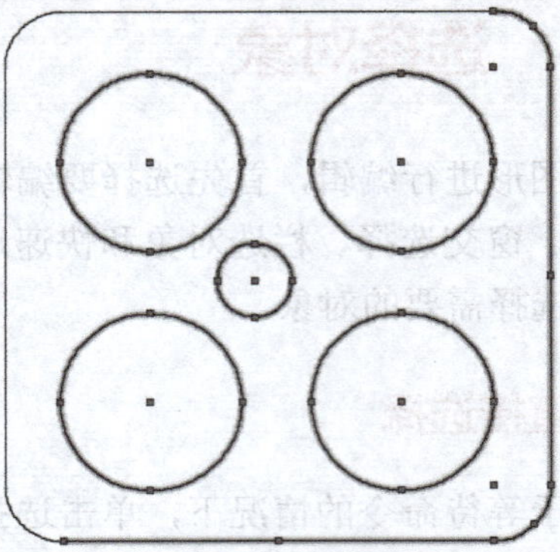

图6-4　已选择对象的效果

6.1.3　栏选对象

栏选对象的操作是指在编辑图形的过程中，当系统提示【选择对象】时，输入F并按Enter键确定，如图6-5所示。然后单击即可绘制任意折线，效果如图6-6所示，与这些折线相交的对象都被选中。

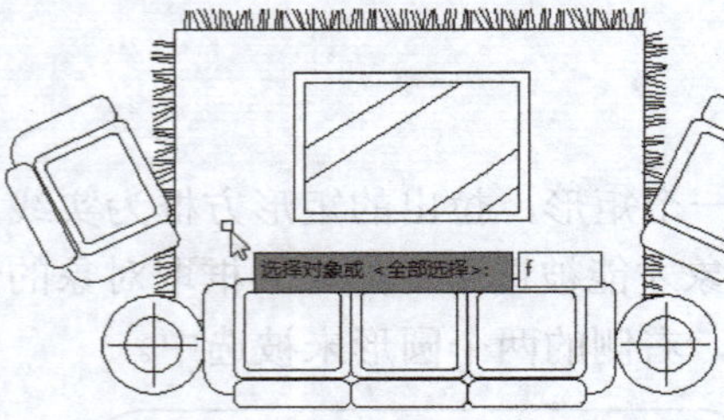

图6-5　系统提示【选择对象】

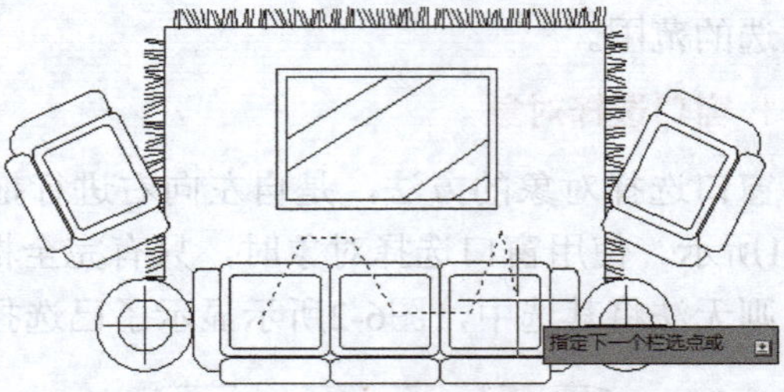

图6-6　绘制任意折线效果

6.1.4　快速选择

AutoCAD还提供了快速选择功能，运用该功能可以一次性选择绘图区中具有某一属性的所有图形对象。

执行【快速选择】命令的常用方法有以下3种。

○　执行Qselect命令。

○　选择【工具】|【快速选择】命令。

○　在绘图区右击鼠标，在弹出的快捷菜单中选择【快速选择】命令，如图6-7所示。

执行【快速选择】命令后，将打开如图6-8所示的【快速选择】对话框，在该对话框中用户可以根据所要选择目标的属性，一次性选择绘图区具有该属性的所有实体。

使用快速选择功能对图形进行选择时，可以在【快速选择】对话框的【应用到】下拉列表中选择要应用到的图形；或单击该下拉列表框右侧的⊕按钮，返回绘图区中选择需要的图形。然后右击返回【快速选择】对话框中，在特性列表框内选择图形特性，在【值】下拉列表中选择指定的特性，再单击【确定】按钮。

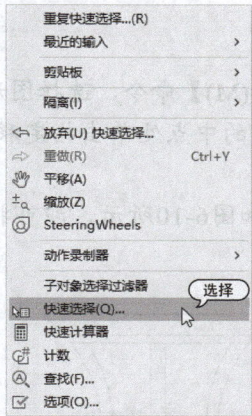

图6-7 选择【快速选择】命令　　　　图6-8 【快速选择】对话框

6.1.5 其他选择方式

除前面介绍的选择方式外，还有多种目标选择方式，下面介绍几种常用的目标选择方式。

○ Multiple：用于连续选择图形对象。该命令的操作是在编辑图形的过程中，输入简化命令M后按空格键，再连续单击所需要选择的实体。该方式在未按空格键前，选定目标不会变为虚线；按空格键后，选定目标将变为虚线，并提示选择和找到的目标数。

○ Box：框选图形对象方式，等效于Windows(窗口)或Crossing(交叉)方式。

○ Auto：用于自动选择图形对象。这种方式是指在图形对象上直接单击选择，若在操作中没有选中图形，命令行中会提示指定另一个确定的角点。

○ Last：用于选择前一个图形对象(单一选择目标)。

○ Add：用于在执行REMOVE命令后，返回到实体选择添加状态。

○ All：可以直接选择绘图区中冻结层以外的所有目标。

6.2 图形的基本编辑

使用图形的编辑功能，可以创建出复杂的图形，以满足制图的需要。本节将讲解图形编辑中的基本命令。

6.2.1 移动图形

使用【移动】命令可以将图形按照指定的方向和距离进行移动。移动对象后并不改变其方向和大小。执行【移动】命令有以下3种常用方法。

○ 选择【修改】|【移动】命令。

○ 单击【修改】面板中的【移动】按钮✥。

○ 执行Move(M)命令。

【动手练】移动图形到指定位置。 🎬视频

01 打开【椅子.dwg】素材文件，然后执行【移动(M)】命令，选择图形中的花瓶图形，根据系统提示【指定基点或[位移(D)]:】，在花瓶下方的中点处单击指定移动基点，如图6-9所示。

02 向左侧移动光标，捕捉茶几脚下方的中点，如图6-10所示，即可将花瓶移至该中点处，且花瓶下方的中点将与茶几脚下方的中点对齐。

图6-9 指定基点   图6-10 移动花瓶

03 按空格键重复执行【移动(M)】命令，选择移动后的花瓶，然后在绘图区任意位置指定基点，如图6-11所示。

04 开启【正交模式】功能，向上移动光标，然后输入向上移动的距离为580(即茶几的高度)，如图6-12所示。按空格键进行确定并结束移动操作。

图6-11 在任意位置指定基点   图6-12 指定移动方向和距离

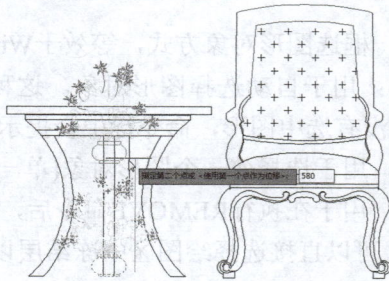

6.2.2 旋转图形

在编辑图形的操作中，使用【旋转】命令不仅可以旋转图形，还可以旋转并复制图形。执行【旋转】命令有以下3种常用方法。

○ 选择【修改】|【旋转】命令。
○ 单击【修改】面板中的【旋转】按钮 。
○ 执行Rotate(RO)命令。

1. 直接旋转图形

使用【旋转(RO)】命令可以按照指定的方向和角度直接旋转图形。旋转图形是以某一点为旋转基点，将选定的图形对象旋转一定的角度。

【动手练】对图形进行旋转。 🎬视频

01 打开【沙发.dwg】素材文件，然后执行【旋转(RO)】命令，选择图形文件中的沙发图形并确定。

02 根据系统提示【指定基点：】，在沙发中单击指定旋转基点。

03 输入旋转对象的角度为90，如图6-13所示，然后按空格键确定，至此完成旋转操作，旋转沙发后的效果如图6-14所示。

图6-13 设置旋转角度   图6-14 旋转沙发

✈ **提示**

在默认情况下，使用AutoCAD绘制图形和旋转图形均按逆时针方向进行。当输入的角度值为负数时，将按顺时针方向进行绘制和旋转图形操作。

2. 旋转并复制图形

在旋转图形的过程中，当指定旋转的基点时，系统将提示【指定旋转角度，或 [复制(C)/参照(R)]：】，此时输入C并确定。选择【复制(C)】选项，可以对选择的对象进行旋转并复制操作。

【例6-1】创建椅子。 🎬视频

01 打开【桌椅.dwg】素材文件，效果如图6-15所示。

02 执行【旋转(RO)】命令，选择图形文件中的椅子图形并确定，然后根据系统提示【指定基点：】，在桌子的中心位置单击指定旋转基点，如图6-16所示。

03 根据系统提示【指定旋转角度，或 [复制(C)/参照(R)]：】，输入c并确定，选择【复制(C)】选项，如图6-17所示。

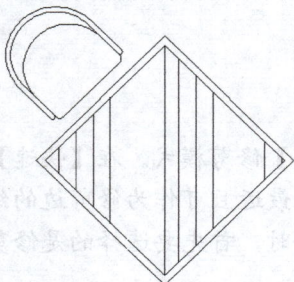

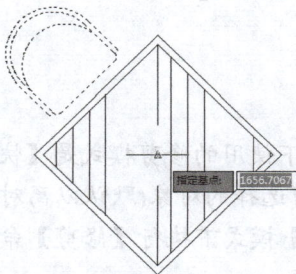

图6-15 素材图形   图6-16 指定旋转基点   图6-17 选择【复制(C)】选项

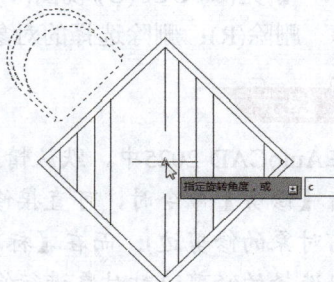

04 根据系统提示输入旋转的角度为90，如图6-18所示。然后按空格键确定，得到的旋转并复制椅子的效果如图6-19所示。

05 重复执行【旋转(RO)】命令，选择图形中得到的两个椅子图形并确定，在桌子的中心位置单击指定旋转基点，根据系统提示继续对选择的椅子进行旋转和复制，完成本例图形的创建，效果如图6-20所示。

| 图6-18 输入旋转的角度 | 图6-19 旋转并复制椅子 | 图6-20 继续旋转并复制椅子 |

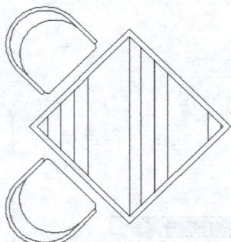

6.2.3 修剪图形

使用【修剪】命令可以通过指定的边界对图形对象进行修剪。运用该命令可以修剪的对象包括直线、圆、圆弧、射线、样条曲线、面域、尺寸、文本以及非封闭的2D或3D多段线等；作为修剪的边界可以是除图块、网格、三维面和轨迹线以外的任何对象。执行【修剪】命令通常有以下3种方法。

- 选择【修改】|【修剪】命令。
- 单击【修改】面板中的【修剪】按钮 ⁄-。
- 执行Trim(TR)命令。

执行【修剪(TR)】命令，系统将提示【当前设置: 投影=UCS,边=无,模式=快速选择要修剪的对象，或按住Shift键选择要延伸的对象或[剪切边(T)/窗交(C)/模式(O)/投影(P)/删除(R)]: 】，在该提示下，可以直接选择要修剪的对象对其进行修剪，也可以根据系统提示进行设置。

系统提示中主要选项的作用如下。

- 剪切边(T)：用于选择作为修剪对象的边界线。
- 窗交(C)：启用窗交的选择方式来选择对象。
- 模式(O)：用于设置修剪操作的模式，包括【快速】和【标准】两种模式。
- 投影(P)：确定命令执行的投影空间。选择该选项后，命令行中提示输入投影选项【[无(N)/UCS(U)/视图(V)] <UCS>:】。
- 删除(R)：删除选择的对象。

提示

在AutoCAD 2025中，默认情况下使用的修剪模式是【快速】修剪模式。在【快速】模式下执行【修剪】命令时，可直接修剪选择的对象(默认以离对象最近且可作为修剪边的线条作为当前对象的修剪边); 而在【标准】模式下执行【修剪】命令时，首先要选择的是修剪边，然后以选择的修剪边对对象进行修剪。

在【标准】模式下，执行【修剪(TR)】命令，然后选择修剪边界，系统将提示【选择要修剪的对象，或按住 Shift 键选择要延伸的对象，或[剪切边(T)/栏选(F)/窗交(C)/投影(P)/边(E)/删除(R)]:】，在该提示下，可以选择要修剪的对象对其进行修剪，也可以再根据系统提示进行设置。

系统提示中主要选项的作用如下。

- 栏选(F)：启用栏选的选择方式来选择对象。
- 窗交(C)：启用窗交的选择方式来选择对象。
- 投影(P)：确定命令执行的投影空间。选择该选项后，命令行中提示输入投影选项【[无(N)/UCS(U)/视图(V)] <UCS>:】。
- 边(E)：该选项用来确定修剪边的方式。执行该选项后，命令行中提示【输入隐含边延伸模式 [延伸(E)/不延伸(N)] <不延伸>:】，然后选择适当的修剪方式。
- 删除(R)：删除选择的对象。

【动手练】使用【快速】模式修剪图形。　📀视频

01 使用【圆(C)】命令绘制两个相交的圆，如图6-21所示。

02 执行【修剪(TR)】命令，根据系统提示选择左侧的圆作为修剪对象，如图6-22所示。然后按空格键确定，结束修剪操作，效果如图6-23所示。

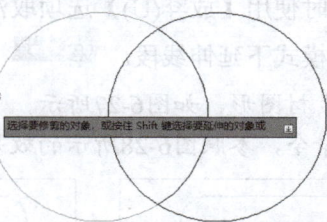

图6-21　绘制圆　　　　　　　　图6-22　直接选择修剪对象　　　　图6-23　修剪后的效果

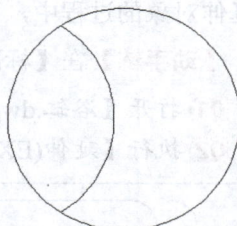

【动手练】使用【标准】模式修剪图形。　📀视频

01 使用【圆(C)】命令绘制两个相交的圆。

02 执行【修剪(TR)】命令，根据系统提示输入O并确定，选择【模式(O)】选项，然后输入S并确定，选择【标准(S)】选项，再退出【修剪】命令，将修剪模式设置为【标准】模式。

03 重复执行【修剪(TR)】命令，根据系统提示选择左侧的圆作为修剪边界(如图6-24所示)，然后按空格键确定。

04 根据系统提示，单击左侧圆内的右圆弧线段作为要修剪的对象，如图6-25所示。按空格键确定，结束修剪操作，效果如图6-26所示。

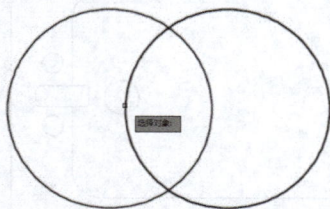

图6-24　选择修剪边界　　　　　图6-25　选择修剪对象　　　　　　图6-26　修剪后的效果

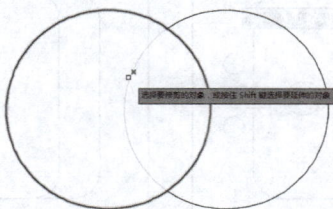

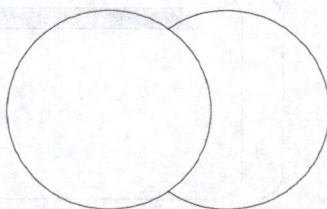

✈ 提示

当AutoCAD提示选择剪切边时,如果不选择任何对象并按空格键进行确定,在修剪对象时将以最靠近的候选对象作为剪切边。使用【修剪】命令修剪对象的过程中,可随时使用【放弃(U)】选项取消上一次所完成的操作。

6.2.4 延伸图形

使用【延伸】命令可以把直线、弧和多段线等图元对象的端点延长到指定的边界。延伸的对象包括圆弧、椭圆弧、直线、非封闭的2D和3D多段线等。执行【延伸】命令通常有以下3种方法。

- ○ 选择【修改】|【延伸】命令。
- ○ 单击【修改】面板中的【修剪】下拉按钮,在弹出的下拉列表中选择【延伸】选项。
- ○ 执行Extend(EX)命令。

执行延伸操作时,系统提示中的各项的含义与修剪操作中的选项相同。使用【延伸】命令延伸对象的过程中,可随时使用【放弃(U)】选项取消上一次的延伸操作。

【动手练】在【标准】模式下延伸线段。 ⊙视频

01 打开【浴缸.dwg】素材图形,如图6-27所示。

02 执行【延伸(EX)】命令,参照图6-28所示的效果选择两个圆弧作为延伸边界并确定。

图6-27　素材图形

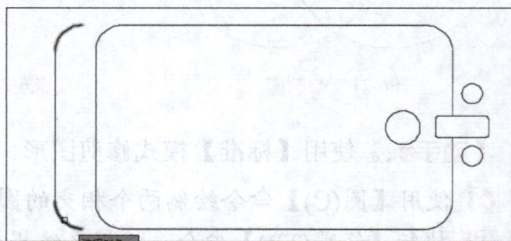

图6-28　选择延伸边界

03 根据系统提示,选择如图6-29所示的线段作为延伸线段。

04 根据系统提示,继续选择圆角矩形的另一边线段作为延伸线段,然后按空格键结束【延伸】命令,效果如图6-30所示。

图6-29　选择延伸对象

图6-30　延伸效果

提示

设置【修剪】或【延伸】模式时，两个命令的操作模式会同时改变。

执行【延伸】命令对图形进行延伸的过程中，按住Shift键，可以对图形进行修剪操作；执行【修剪】命令对图形进行修剪的过程中，按住Shift键，可以对图形进行延伸操作。

6.2.5　圆角图形

使用【圆角】命令可以用一段指定半径的圆弧将两个对象连接在一起，还能将多段线的多个顶点一次性圆角处理。使用此命令应先设定圆弧半径，再进行圆角处理。执行【圆角】命令有以下3种常用方法。

- 选择【修改】|【圆角】命令。
- 单击【修改】面板中的【圆角】按钮。
- 执行FILLET(F)命令。

执行【圆角(F)】命令，系统将提示【选择第一个对象或 [放弃(U)/多段线(P)/半径(R)/修剪(T)/多个(M)]:】，其中主要选项的作用如下。

- 选择第一个对象：在此提示下选择第一个对象，该对象是用于定义二维圆角的两个对象之一，或要加圆角的三维实体的边。
- 多段线(P)：可以对多段线图形的所有边角进行一次性圆角操作。使用【多边形】和【矩形】命令绘制的图形均属于多段线对象。
- 半径(R)：用于指定圆角的半径。
- 修剪(T)：控制AutoCAD是否修剪选定的边到圆角弧的端点。
- 多个(M)：可对多个对象进行重复圆角修改。

【动手练】 圆角处理图形边角。　视频

01 使用【矩形(REC)】命令绘制一个长为100、宽为80的矩形，如图6-31所示。

02 执行【圆角(F)】命令，根据系统提示输入r并确定，选择【半径(R)】选项，如图6-32所示。

03 根据系统提示输入圆角的半径为10并确定，如图6-33所示。

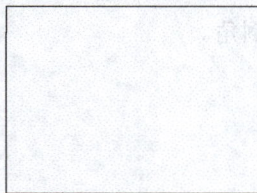

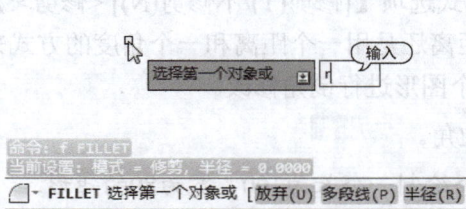

图6-31　绘制矩形　　图6-32　输入r并确定　　图6-33　设置圆角半径

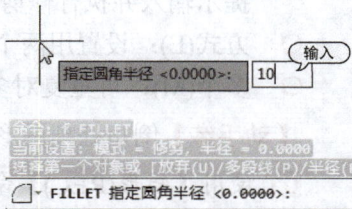

04 选择矩形的上方线段作为圆角的第一个对象，如图6-34所示。

05 选择矩形的右侧线段作为圆角的第二个对象，如图6-35所示，即可对矩形上方和右侧线段进行圆角处理，效果如图6-36所示。

图6-34 选择第一个对象 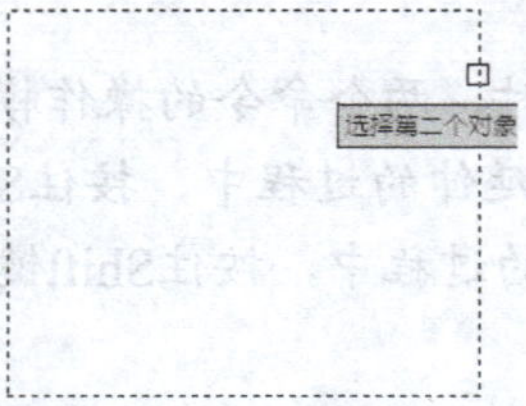　　　　　图6-35 选择第二个对象 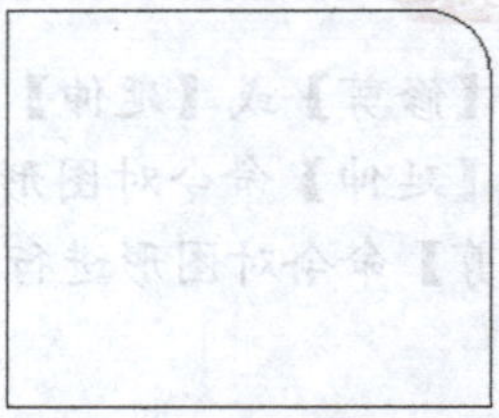　　　　　图6-36 圆角效果

6.2.6 倒角图形

使用【倒角】命令可以通过延伸或修剪的方法，用一条斜线连接两个非平行的对象。使用该命令执行倒角操作时，应先设定倒角距离，然后指定倒角线。执行【倒角】命令有以下3种常用方法。

○ 选择【修改】|【倒角】命令。

○ 单击【修改】面板中的【圆角】下拉按钮，在弹出的下拉列表中选择【倒角】选项。

○ 执行Chamfer(CHA)命令。

执行【倒角(CHA)】命令，系统将提示【选择第一条直线或 [放弃(U)/多段线(P)/距离(D)/角度(A)/修剪(T)/方式(E)/多个(M)]:】，其中主要选项的作用如下。

○ 选择第一条直线：指定倒角所需的两条边中的第一条边或要倒角的二维实体的边。

○ 多段线(P)：将对多段线每个顶点处的相交直线段做倒角处理，倒角将成为多段线新的组成部分。

○ 距离(D)：设置选定边的倒角距离值。选择该选项后，系统继续提示，指定第一个倒角距离和指定第二个倒角距离。

○ 角度(A)：该选项通过第一条线的倒角距离和第二条线的倒角角度设定倒角距离。执行该命令后，命令行中提示指定第一条直线的倒角长度和指定第一条直线的倒角角度。

○ 修剪(T)：用于确定倒角时是否对相应的倒角边进行修剪。执行该命令后，命令行中提示输入并执行修剪模式选项【[修剪(T)/不修剪(N)] <修剪>:】。

○ 方式(E)：设置用两个距离还是用一个距离和一个角度的方式来倒角。

○ 多个(M)：可重复对多个图形进行倒角修改。

【动手练】倒角处理图形边角。📹视频

01 使用【矩形(REC)】命令绘制一个长为100、宽为80的矩形。

02 执行【倒角(CHA)】命令，输入d并确定，选择【距离(D)】选项，如图6-37所示。

03 系统提示【指定第一个倒角距离:】时，设置第一个倒角距离为15，如图6-38所示。

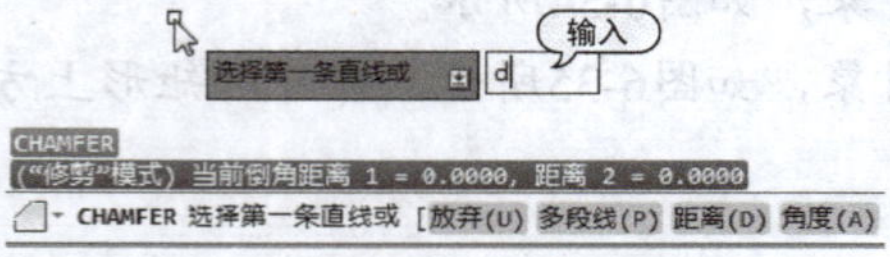

图6-37 输入d并确定 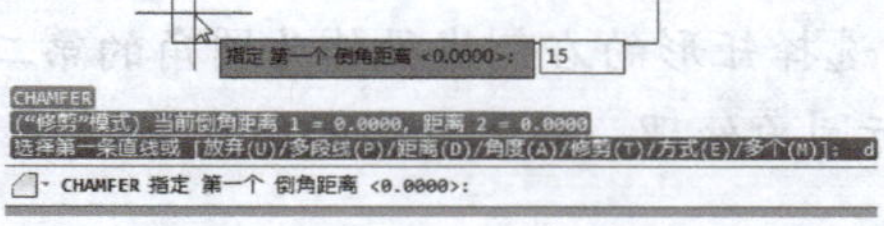　　　　　　　　　　图6-38 设置第一个倒角距离

04 根据系统提示设置第二个倒角距离为10，如图6-39所示。

05 根据系统提示选择矩形的左侧线段作为倒角的第一个对象，如图6-40所示。

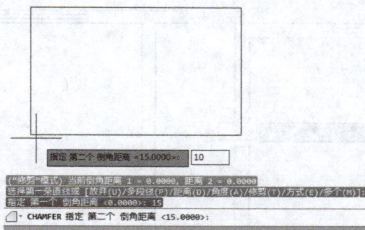

图6-39 设置第二个倒角距离　　图6-40 选择第一个对象

06 根据系统提示选择矩形的上方线段作为倒角的第二个对象，如图6-41所示，即可对矩形进行倒角处理，效果如图6-42所示。

图6-41 选择第二个对象　　图6-42 倒角效果

提示

执行【倒角】或【圆角】命令，在对图形进行倒角或圆角的操作中，输入参数P并确定，选择【多段线(P)】选项，可以对多段线图形的所有边角进行一次性倒角或圆角操作。

6.2.7 拉伸图形

使用【拉伸】命令可以按指定的方向和角度拉长或缩短对象，也可以调整对象大小，使其在一个方向上或者按比例增大或缩小，还可以通过移动端点、顶点或控制点来拉伸某些对象。

使用【拉伸】命令可以拉伸线段、弧、多段线和轨迹线等实体，但不能拉伸圆、文本、块和点。执行【拉伸】命令有以下3种常用方法。

- 选择【修改】|【拉伸】命令。
- 单击【修改】面板中的【拉伸】按钮。
- 执行Stretch(S)命令。

【动手练】 修改窗户长度。 🎬视频

01 打开【平面图.dwg】图形文件。

02 执行【拉伸(S)】命令，使用窗交选择的方式选择窗户的左侧部分图形并确定，如图6-43所示。

03 在绘图区的任意位置单击指定拉伸的基点，然后根据系统提示向左移动光标，再输入拉伸第二个点的距离为600，如图6-44所示。按空格键进行确定，拉伸效果如图6-45所示。

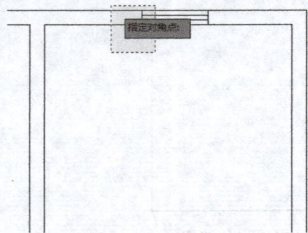

图6-43　选择图形　　　　　图6-44　指定拉伸的第二个点　　　　　图6-45　拉伸效果

04 重复执行【拉伸(S)】命令，使用同样的方法，将窗户右侧部分向右拉伸600，完成本例的制作。

> **提示**
>
> 执行【拉伸】命令改变对象的形状时，只能以窗选方式选择实体，与窗口相交的实体将被执行拉伸操作，窗口内的实体将随之移动。

6.2.8　缩放图形

使用【缩放】命令可以将对象按指定的比例因子改变实体的尺寸大小，从而改变对象的尺寸，但不改变其形状。在缩放图形时，整个对象或者对象的一部分沿X、Y、Z方向以相同的比例放大或缩小，由于三个方向上的缩放比例相同，因此保证了对象的形状不会发生变化。执行【缩放】命令有以下3种常用方法。

- ○　选择【修改】|【缩放】命令。
- ○　单击【修改】面板中的【缩放】按钮 。
- ○　执行Scale(SC)命令。

【动手练】缩小图形。 视频

01 打开【组合沙发.dwg】素材文件。

02 执行【缩放(SC)】命令，选择图形文件中的茶几图形并确定，如图6-46所示。

03 根据系统提示【指定基点：】，在茶几的中心位置单击指定缩放基点，如图6-47所示。

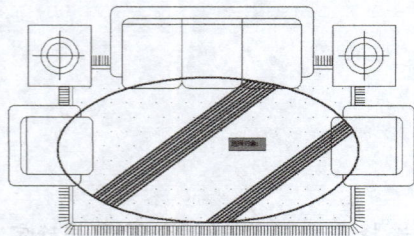

图6-46　选择茶几并确定　　　　　　　　　　图6-47　指定基点

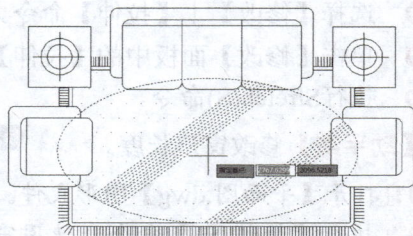

04 输入对象的缩放比例为0.5，如图6-48所示。按空格键确定，缩放图形后的效果如图6-49所示。

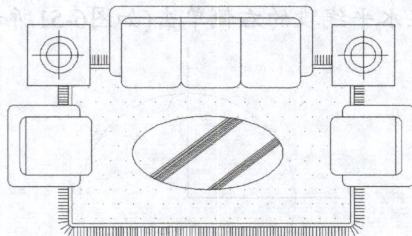

图6-48　输入缩放比例　　　　　　　　　图6-49　缩放图形后的效果

提示

【缩放(Scale)】命令与【缩放(Zoom)】命令的区别在于【缩放(Scale)】可以改变实体的尺寸大小，而【缩放(Zoom)】是对视图进行整体缩放，且不会改变实体的尺寸值。

6.2.9　拉长图形

使用【拉长】命令可以延长和缩短直线，或改变圆弧的圆心角。使用该命令进行拉长操作，允许以动态方式拖拉对象终点，可以通过输入增量值、百分比值或输入对象总长的方法来改变对象的长度。执行【拉长】命令有以下3种常用方法。

○　选择【修改】｜【拉长】命令。

○　单击【修改】面板中的【拉长】按钮￼。

○　执行Lengthen(LEN)命令。

执行【拉长(LEN)】命令，系统将提示【选择要测量的对象或 [增量(DE)/百分比(P)/总计(T)/动态(DY)]:】，其中主要选项的作用如下。

○　增量(DE)：将选定图形对象的长度增加一定的数值。

○　百分比(P)：通过指定对象总长度的百分数设置对象长度，也可以指定圆弧包含角的百分比来修改圆弧角度。

○　总计(T)：通过指定从固定端点测量的总长度的绝对值来设置选定对象的长度。【总计(T)】选项也按照指定的总角度设置选定圆弧的包含角。

○　动态(DY)：打开动态拖动模式。通过拖动选定对象的端点之一来改变其长度。其他端点保持不变。

1. 将对象拉长指定增量

执行【拉长(LEN)】命令，根据系统提示输入DE并确定，以选择【增量(DE)】选项，可以将图形以指定增量进行拉长。

【例6-2】绘制灯具图形。　￼视频

01 使用【圆(C)】命令绘制一个半径为55的圆。

02 执行【直线(L)】命令，以圆心为起点，绘制两条长度为80的线段，如图6-50所示。

03 执行【拉长(LEN)】命令，根据系统提示输入DE并确定，选择【增量(DE)】选项，然后根据系统提示输入增量值为80并确定。

04 在水平线段的右侧单击(如图6-51所示)，将其向右拉长80。

图6-50　绘制圆和线段　　　　　　图6-51　拉长水平线段

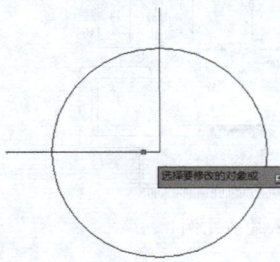

05 在垂直线段下方单击(如图6-52所示)，将其向下拉长80，然后按空格键进行确定，效果如图6-53所示。

图6-52　拉长垂直线段　　　　　　图6-53　绘制灯具

2. 将对象拉长指定百分数

执行【拉长(LEN)】命令，根据系统提示输入P并确定，选择【百分比(P)】选项，可以将图形以指定百分数进行拉长。

【动手练】将原对象拉长。　视频

01 使用【圆弧(A)】命令绘制一段角度为90的弧线，如图6-54所示。

02 执行【拉长(LEN)】命令，然后输入p并确定，选择【百分比(P)】选项，如图6-55所示。

图6-54　绘制圆弧　　　　　　图6-55　输入p并确定

03 设置长度百分数为200，如图6-56所示，然后选择绘制的圆弧并确定，拉长圆弧后的效果如图6-57所示。

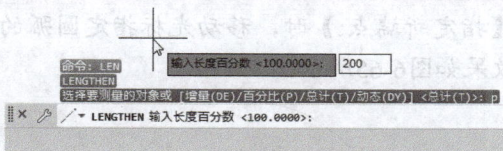

图6-56 设置长度百分数

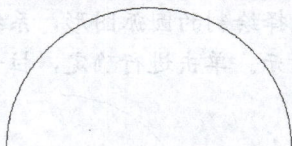

图6-57 拉长圆弧后的效果

3. 将对象拉长指定总长度

执行【拉长(LEN)】命令，根据系统提示输入T并确定，以选择【总计(T)】选项，可以将图形以指定总长度进行拉长。

【动手练】修改线段的总长度。 视频

01 使用【直线(L)】命令分别绘制两条长度为200的线段，如图6-58所示。

02 执行【拉长(LEN)】命令，输入t并确定，选择【总计(T)】选项，如图6-59所示。

图6-58 绘制线段

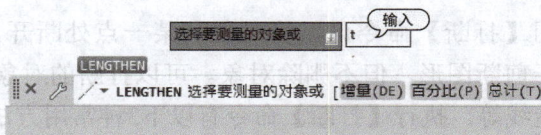

图6-59 输入t并确定

03 系统提示【指定总长度或 [角度(A)]: 】时，设置总长度为100，然后选择要修改的线段A，如图6-60所示。按空格键进行确定，拉长后的效果如图6-61所示。

图6-60 选择线段

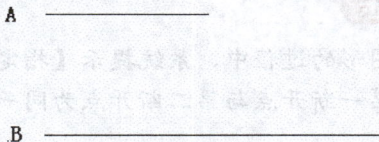

图6-61 拉长线段后的效果

4. 将对象动态拉长

执行【拉长(LEN)】命令，根据系统提示输入DY并确定，以选择【动态(DY)】选项，可以将图形以动态方式进行拉长。

【动手练】通过移动光标拉长对象。 视频

01 使用【圆弧(A)】命令绘制一段角度为90°的弧线，如图6-62所示。

02 执行【拉长(LEN)】命令，然后输入dy并确定，选择【动态(DY)】选项，如图6-63所示。

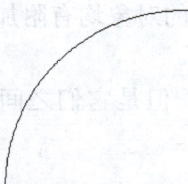

图6-62 绘制圆弧

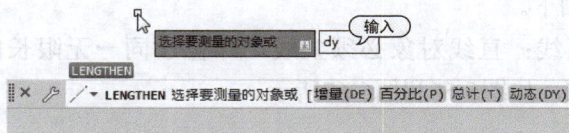

图6-63 输入dy并确定

03 选择绘制的圆弧图形，系统提示【指定新端点:】时，移动光标指定圆弧的新端点，如图6-64所示。单击进行确定，拉长后的效果如图6-65所示。

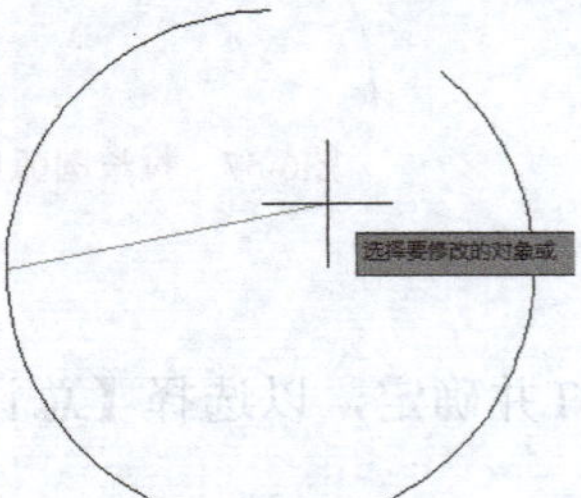

图6-64　指定新端点 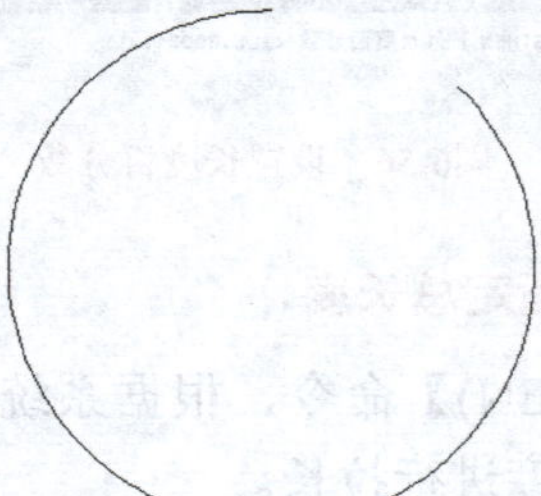　　　　　　　　　　　　图6-65　拉长后圆弧的效果

6.2.10　打断图形

使用【打断】命令可以将对象从某一点处断开，从而将其分成两个独立的对象，该命令常用于剪断图形，但不删除对象。可以打断的对象包括直线、圆、圆弧、多段线、样条曲线、构造线等。执行【打断】命令有以下3种常用方法。

- ○ 选择【修改】|【打断】命令。
- ○ 单击【修改】面板中的【打断】按钮🔲。
- ○ 执行Break(BR)命令。

提示

打断图形的过程中，系统提示【指定第二个打断点或 [第一点(F)]:】时，直接输入@并确定，则第一断开点与第二断开点为同一点。如果输入F并确定，则可以重新指定第一个断开点。

6.2.11　合并图形

使用【合并】命令可以将相似的对象合并形成一个完整的对象。执行【合并】命令有以下3种常用方法。

- ○ 选择【修改】|【合并】命令。
- ○ 单击【修改】面板中的【合并】按钮➡。
- ○ 执行Join命令。

使用【合并】命令可以合并的对象包括直线、多段线、圆弧、椭圆弧、样条曲线，但是要合并的对象必须是相似的对象，且位于相同的平面上。每种类型的对象均有附加限制，其附加限制如下。

- ○ 直线：直线对象必须共线，即位于同一无限长的直线上，但是它们之间可以有间隙，如图6-66和图6-67所示。

图6-66　合并前的两条直线　　　　　　　　图6-67　合并后的直线效果

○ 多段线：多线段对象之间不能有间隙，并且必须位于与 UCS 的XY 平面平行的同一平面上。

○ 圆弧：圆弧对象必须位于同一假想的圆上，但是它们之间可以有间隙，使用【闭合(C)】选项可将源圆弧转换成半圆，如图6-68和图6-69所示。

图6-68　合并前的两条弧线　　　　　　　　图6-69　合并后的弧线效果

○ 椭圆弧：椭圆弧必须位于同一椭圆上，但是它们之间可以有间隙。使用【闭合(C)】选项可将源椭圆弧闭合成完整的椭圆。

○ 样条曲线：样条曲线和螺旋对象必须相接(端点对端点)，合并样条曲线的结果是单个样条曲线。

【动手练】绘制楼梯间连接线。　视频

01 打开【建筑平面.dwg】素材图形。

02 执行【合并(Join)】命令，选择楼梯间左上方的线段作为源对象，如图6-70所示。

03 系统提示【选择要合并的对象:】时，选择楼梯间右上方的线段作为要合并的另一个对象，如图6-71所示。

图6-70　选择源对象　　　　　　　　图6-71　选择合并的对象

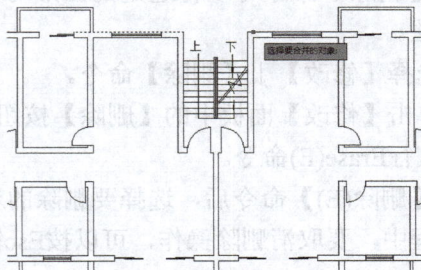

04 按空格键结束【合并】命令，即可将选择的两条线段合并为一条线段，效果如图6-72所示。

05 重复执行【合并(Join)】命令，使用同样的方法将楼梯间另外两条墙线合并为一条线段，如图6-73所示。

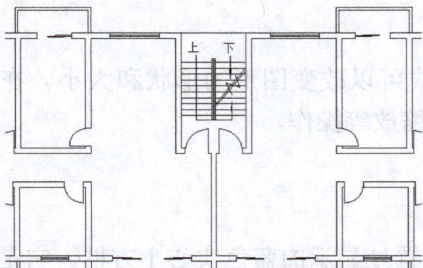

图6-72　合并两条线段　　　　　　　　图6-73　合并另外两条线段

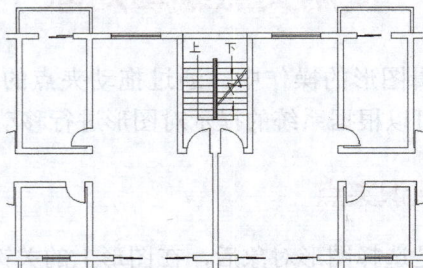

6.2.12 分解图形

使用【分解】命令可以将多个组合实体分解为单独的图元对象。可以分解的对象包括矩形、多边形、多段线、图块、图案填充以及标注等。执行【分解】命令有以下3种常用方法。

- 选择【修改】|【分解】命令。
- 单击【修改】面板中的【分解】按钮🔳。
- 执行Explode(X)命令。

执行【分解(X)】命令，系统提示【选择对象：】时，选择要分解的对象，然后按空格键进行确定，即可将其分解。

使用Explode(X)命令分解带属性的图块后，属性值将消失，并被还原为属性定义的选项。具有一定宽度的多段线被分解后，系统将放弃多段线的任何宽度和切线信息，分解后的多段线的宽度、线型和颜色将变为当前层的属性。

> **提示**
>
> 使用Minsert命令插入的图块或外部参照对象，不能使用Explode(X)命令进行分解。

6.2.13 删除图形

使用【删除】命令可以将选定的图形对象从绘图区中删除。执行【删除】命令有以下3种常用方法。

- 选择【修改】|【删除】命令。
- 单击【修改】面板中的【删除】按钮✎。
- 执行Erase(E)命令。

执行【删除(E)】命令后，选择要删除的对象，按空格键进行确定，即可将其删除；如果在操作过程中，要取消删除操作，可以按Esc键退出删除操作。

> **提示**
>
> 在选择图形对象后，按Delete键也可以将其删除。

6.3 使用夹点编辑对象

在编辑图形的操作中，通过拖动夹点的方式可以改变图形的形状和大小。在拖动夹点时，用户可以根据系统的提示对图形进行移动、缩放等操作。

6.3.1 认识夹点

夹点是选择图形对象后，在图形上的关键位置处显示的蓝色实心小方框。它是一种集成的编辑模式和一种方便快捷的编辑操作途径。

在AutoCAD中，系统默认的夹点有以下3种显示形式。

○ 未选中夹点：在等待命令的情况下直接选择图形时，图形的每个顶点会以蓝色实心小方框显示，如图6-74所示。

○ 选中夹点：选择图形对象后，在其中单击夹点，即选中夹点。被选中的夹点呈红色显示并显示相关信息，如图6-75所示。

○ 悬停夹点：选择图形对象后，移动十字光标到夹点上，将显示相关信息，如图6-76所示。

| 图6-74　夹点效果 | 图6-75　选中夹点 | 图6-76　悬停夹点 |

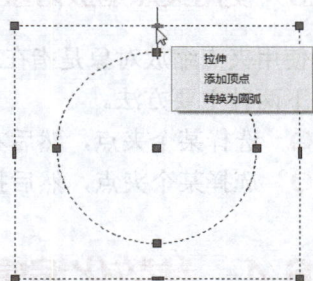

6.3.2　使用夹点拉伸对象

使用夹点拉伸对象是指在不执行任何命令的情况下选择对象，显示其夹点，然后选中某个夹点，将夹点作为拉伸的基点自动进入拉伸编辑方式。其命令行提示【** 拉伸 ** 指定拉伸点或 [基点(B)/复制(C)/放弃(U)/退出(X)]：】，其中主要选项的含义如下。

○ 指定拉伸点：默认选项，提示用户输入拉伸的目标点。

○ 基点(B)：按B键选择该选项，指定拉伸对象的基点，系统会要求再指定基点的拉伸距离。

○ 复制(C)：按C键选择该选项，连续进行拉伸复制操作而不退出夹点编辑功能。

○ 放弃(U)：按U键选择该选项，取消上一步的夹点拉伸操作。

○ 退出(X)：按X键选择该选项，退出夹点编辑功能。

图6-77所示为对左侧直线的端点进行夹点拉伸，拉伸的距离为100，得到的拉伸效果如右侧直线所示。

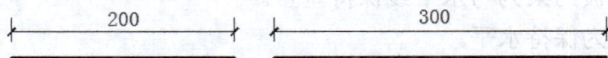

图6-77　使用夹点拉伸直线

6.3.3　使用夹点移动对象

使用夹点移动对象仅仅是位置上的平移，对象的方向和大小不会发生改变。使用夹点移动对象有以下两种主要方法。

○ 选择某个夹点，然后右击，在弹出的快捷菜单中选择【移动】命令。

○ 选择某个夹点，然后执行Move(MO)命令。

6.3.4 使用夹点旋转对象

使用夹点旋转对象是指将所选对象绕被选中的夹点旋转指定的角度。使用夹点旋转对象有以下两种主要方法。

- 选择某个夹点，然后右击，在弹出的快捷菜单中选择【旋转】命令。
- 选择某个夹点，然后执行Rotate(RO)命令。

6.3.5 使用夹点缩放对象

使用夹点缩放对象是指在X、Y轴方向以等比例缩放图形对象的尺寸。使用夹点缩放对象有以下两种主要方法。

- 选择某个夹点，然后右击，在弹出的快捷菜单中选择【缩放】命令。
- 选择某个夹点，然后执行Scale(SC)命令。

6.4 参数化编辑对象

运用【参数】菜单中的约束命令可以指定二维对象或对象上的点之间的几何约束，对图形进行编辑，如图6-78所示。编辑受约束的图形时将保留约束，效果如图6-79所示。

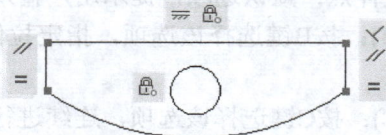

图6-78 【参数】菜单　　　　　　图6-79 约束图形

- 每个端点都约束为与每个相邻对象的端点保持重合，这些约束显示为夹点。
- 垂直线约束为保持相互平行且长度相等。
- 右侧的垂直线被约束为与水平线保持垂直。
- 水平线被约束为保持水平。
- 圆和水平线的位置约束为保持固定距离，这些固定约束显示为锁定图标。

【动手练】约束编辑图形。　📹视频

01 绘制两个同心圆和一条水平线段作为操作对象，如图6-80所示。

02 选择【参数】|【几何约束】|【相切】命令，系统提示【选择第一个对象:】时，选择大圆，如图6-81所示。

03 根据系统提示选择直线作为相切的第二个对象，如图6-82所示，即可将直线与圆相切，效果如图6-83所示。

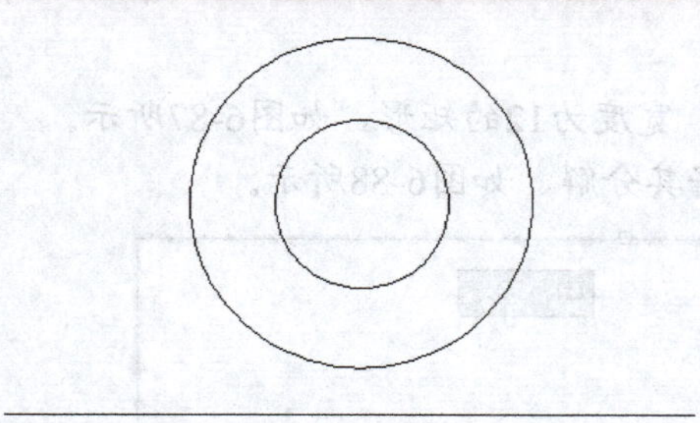

图6-80 绘制图形

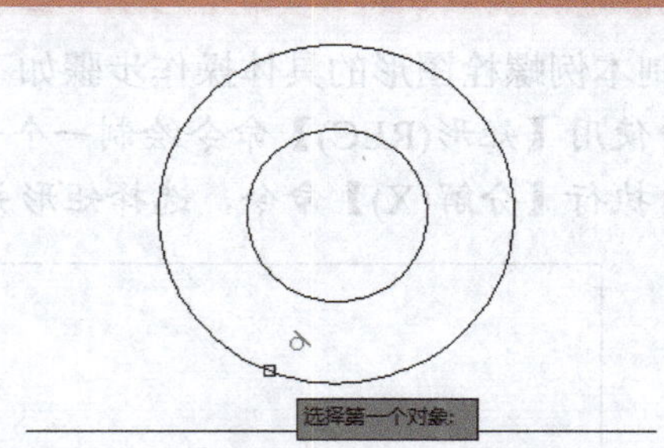

图6-81 选择第一个对象

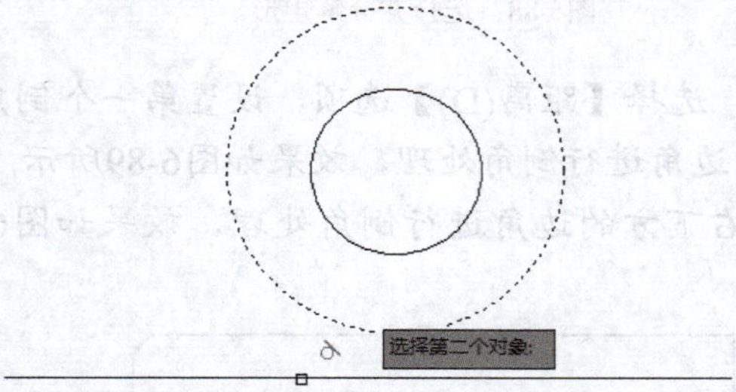

图6-82 选择第二个对象

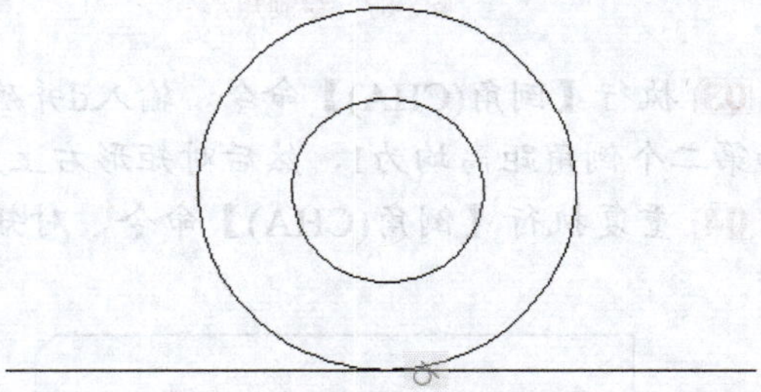

图6-83 相切效果

04 拖动直线右侧的夹点，调整直线的形状，如图6-84所示。调整直线后，圆始终与直线保持相切，效果如图6-85所示。

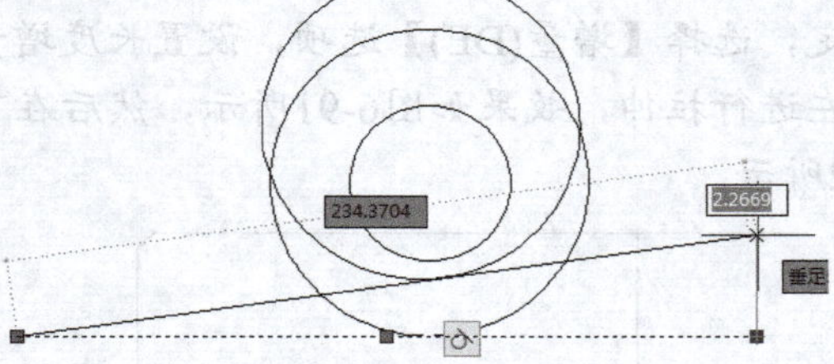

图6-84 调整直线的形状

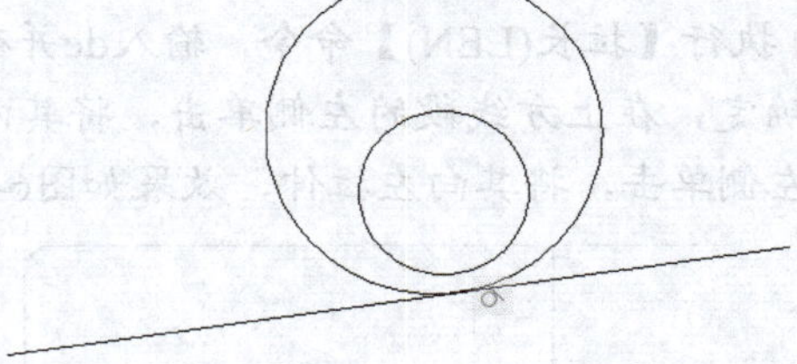

图6-85 圆与直线保持相切

6.5 课堂案例

本节练习绘制螺栓和沙发图形，综合学习本章讲解的知识点，加深掌握修剪、圆角、倒角、拉长、拉伸等编辑命令的具体应用。

6.5.1 绘制螺栓

本例要求绘制螺栓图形，主要掌握矩形、倒角、拉长和拉伸等命令的应用。绘制该图形时，可以参照本例图形的尺寸进行操作，效果如图6-86所示。

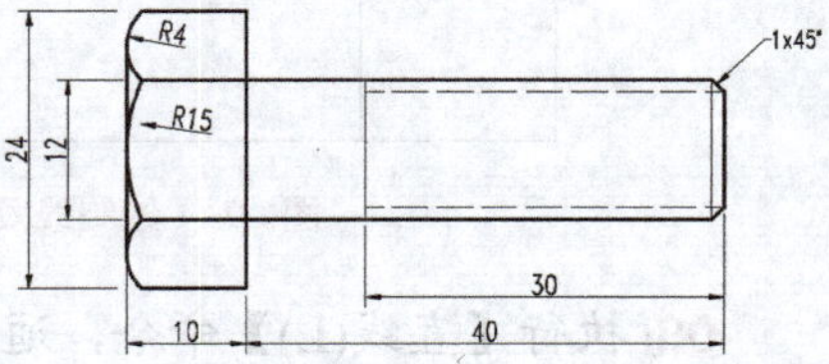

图6-86 螺栓

绘制本例螺栓图形的具体操作步骤如下。

01 使用【矩形(REC)】命令绘制一个长度为30、宽度为12的矩形，如图6-87所示。

02 执行【分解(X)】命令，选择矩形并确定，将其分解，如图6-88所示。

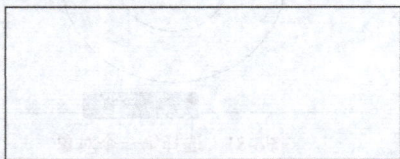

图6-87　绘制矩形

图6-88　选择并分解矩形

03 执行【倒角(CHA)】命令，输入d并确定，选择【距离(D)】选项，设置第一个倒角距离和第二个倒角距离均为1，然后对矩形右上方的边角进行倒角处理，效果如图6-89所示。

04 重复执行【倒角(CHA)】命令，对矩形右下方的边角进行倒角处理，效果如图6-90所示。

图6-89　倒角矩形

图6-90　倒角矩形

05 执行【拉长(LEN)】命令，输入de并确定，选择【增量(DE)】选项，设置长度增量值为10并确定，在上方线段的左侧单击，将其向左进行拉伸，效果如图6-91所示，然后在下方线段的左侧单击，将其向左拉伸，效果如图6-92所示。

图6-91　拉长线段(一)

图6-92　拉长线段(二)

06 执行【直线(L)】命令，通过捕捉两条水平线左侧的端点，绘制一条垂直线段，如图6-93所示。

07 执行【拉长(LEN)】命令，将绘制的线段向上下两侧各拉长6个单位，效果如图6-94所示。

图6-93　绘制线段

图6-94　拉长线段(三)

08 执行【直线(L)】命令，通过捕捉左侧垂直线段的上端点，向左绘制一条长度为9的线段，如图6-95所示。

09 重复执行【直线(L)】命令，通过捕捉左侧垂直线段的下端点，向左绘制一条长度为9的线段，如图6-96所示。

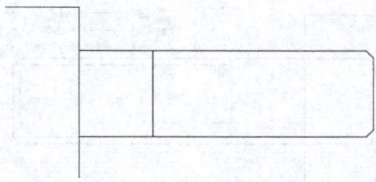

图6-95 绘制上方线段　　　图6-96 绘制下方线段

10 执行【拉伸(S)】命令，参照图6-97所示的效果，使用窗交方式在图形中间的两条水平线段左侧进行选择，然后向左拉伸9，如图6-98所示。

图6-97 选择图形　　　图6-98 拉伸线段

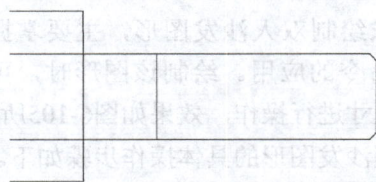

11 执行【圆弧(A)】命令，在左上方的端点处指定圆弧的起点，然后选择【端点(E)】选项，在下方线段左端点处指定圆弧的端点，然后选择【半径(R)】选项，设置圆弧半径为4，在图形左上方绘制一条圆弧，如图6-99所示。

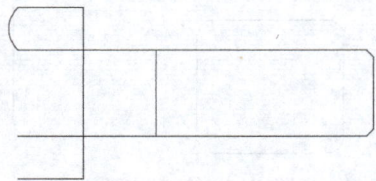

12 继续执行【圆弧(A)】命令，使用相同的方法，在图形中分别绘制一条半径为15和半径为4的圆弧，如图6-100所示。

图6-99 绘制上方圆弧　　　图6-100 绘制其他圆弧

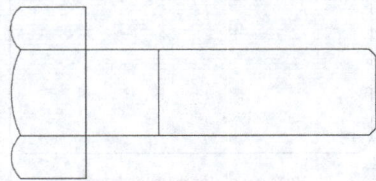

13 执行【直线(L)】命令，通过捕捉上下两个圆弧的中点，绘制一条垂直线段，如图6-101所示。

14 重复执行【直线(L)】命令，通过捕捉倒角图形左侧的端点，绘制一条垂直线段，如图6-102所示。

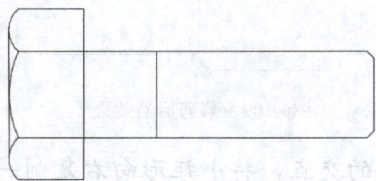

图6-101 绘制左侧垂直线段　　　图6-102 绘制右侧垂直线段

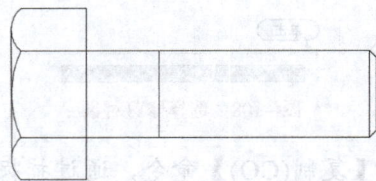

15 重复执行【直线(L)】命令，通过捕捉倒角图形右侧的端点和垂直线的垂足，绘制两条水平线段，如图6-103所示。

16 选择绘制的两条水平线段，然后在【特性】面板中修改线段的线型为ACAD_ISO02W100，如图6-104所示，完成本例的制作。

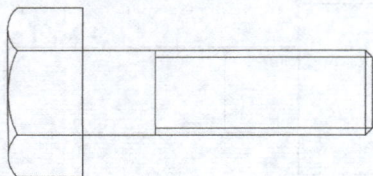

图6-103　绘制两条水平线段　　　　　　图6-104　修改线段的线型

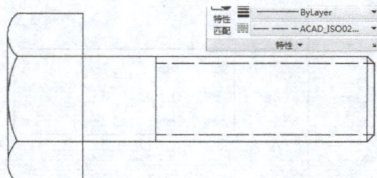

6.5.2　绘制沙发

本例要求绘制双人沙发图形，主要掌握矩形、圆角和修剪命令的应用。绘制该图形时，可以参照本例图形的尺寸进行操作，效果如图6-105所示。

绘制本例沙发图形的具体操作步骤如下。

01 使用【矩形(REC)】命令绘制一个圆角半径为80、长度为1760、宽度为700的圆角矩形，如图6-106所示。

图6-105　沙发

02 重复执行【矩形(REC)】命令，输入From并确定，在圆角矩形左上方的圆心处指定绘图的基点，设置偏移基点的坐标为(@100,-100)，然后设置矩形的另一个角点坐标为(@700,-650)，绘制一个如图6-107所示的圆角矩形。

图6-106　绘制圆角矩形　　　　　　　　图6-107　绘制小矩形

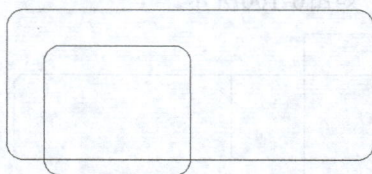

03 执行【修剪(TR)】命令，选择小矩形为修剪边界，在小矩形内单击大矩形下方的线段作为修剪对象，如图6-108所示。按空格键结束修剪操作，效果如图6-109所示。

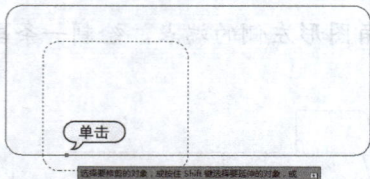

图6-108　选择修剪对象　　　　　　　　图6-109　修剪后的效果

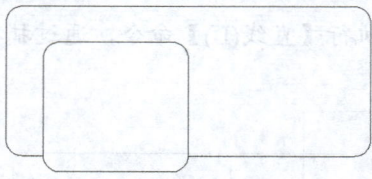

04 执行【复制(CO)】命令，通过捕捉图形的交点，将小矩形向右复制一次，效果如图6-110所示。

05 执行【修剪(TR)】命令，对右侧小矩形内的线段进行修剪操作，完成本例的制作，如图6-111所示。

图6-110 复制小矩形

图6-111 修剪线段

6.6 习题

1. 执行【修剪】命令对图形进行修剪的过程中，当AutoCAD提示选择剪切边时，如果不选择任何对象并按空格键进行确定，会产生什么效果？

2. 执行【延伸】命令或【修剪】命令时，按住Shift键有什么作用？

3. 执行【倒角】或【圆角】命令，在对图形进行倒角或圆角的操作中，如何将多段线图形的所有边角进行一次性倒角或圆角操作？

4. 对两条相交的直线进行圆角操作后，为什么图形没有发生任何变化？

5. 为什么使用【合并】命令对两条直线进行合并操作时，无法将两条直线合并为同一条直线？

6. 【缩放(Scale)】命令与【缩放(Zoom)】命令有什么区别？

7. 执行【打断】命令打断图形的过程中，如何重新指定第一断开点与第二断开点？

8. 使用夹点功能可以快速移动图形吗？

9. 应用所学的绘图和编辑知识，参照如图6-112所示的底座尺寸和效果，使用【圆】【直线】【圆角】【偏移】【修剪】和【延伸】等命令绘制该图形。

10. 应用所学的绘图和编辑知识，参照如图6-113所示的压盖尺寸和效果，使用【圆】【直线】【修剪】和【复制】等命令绘制该图形。

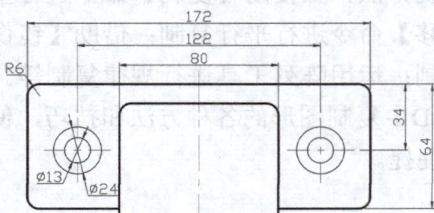

图6-112 绘制底座

图6-113 绘制压盖

第7章

复制图形

　　在AutoCAD设计中，复制图形是一项不可或缺的基本操作，它能够帮助用户快速创建重复的图形元素，避免重复劳动，可显著提高绘图效率。AutoCAD提供了多种复制方法，如使用【复制】命令进行基础复制；使用【偏移】命令进行平行复制；借助【镜像】命令进行镜像复制；运用阵列工具进行规律复制等。本章将学习AutoCAD中复制图形的各种方法和技巧，使设计工作更加高效便捷。

7.1　复制对象

使用【复制】命令可以为对象在指定的位置创建一个或多个副本，该操作是选定要复制的对象后指定复制基点，在绘图区内对该对象进行复制。

执行【复制】命令的常用方法有以下3种。

- ○　选择【修改】|【复制】命令。
- ○　单击【修改】面板中的【复制】按钮🔲。
- ○　执行COPY(CO)命令。

7.1.1　直接复制对象

在复制图形的过程中，如果不需要准确指定复制对象的距离，可以直接对图形进行复制，或者通过捕捉特殊点，将对象复制到指定的位置。

【动手练】复制沙发花纹。　🎬视频

01 打开【沙发.dwg】素材图形，如图7-1所示。

02 执行【复制(CO)】命令，选择沙发中的花纹图形并确定，然后在左下方线段交点处指定复制的基点，如图7-2所示。

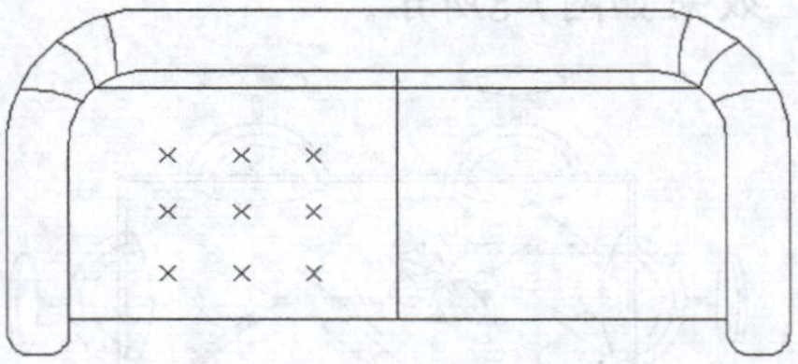

图7-1　打开素材图形 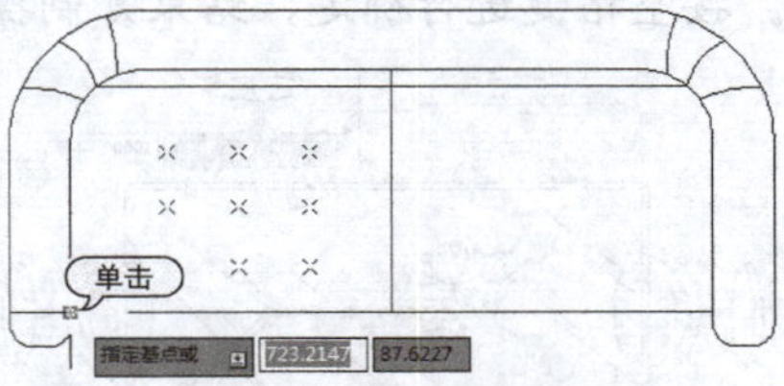　　　　　　　　　　　图7-2　指定复制的基点

03 向右移动光标捕捉中间线段的交点指定复制的第二点，如图7-3所示，然后按空格键进行确定，结束复制操作，效果如图7-4所示。

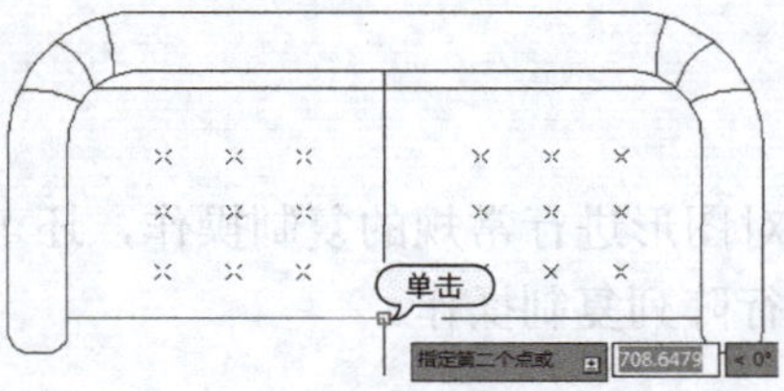

图7-3　指定复制的第二点 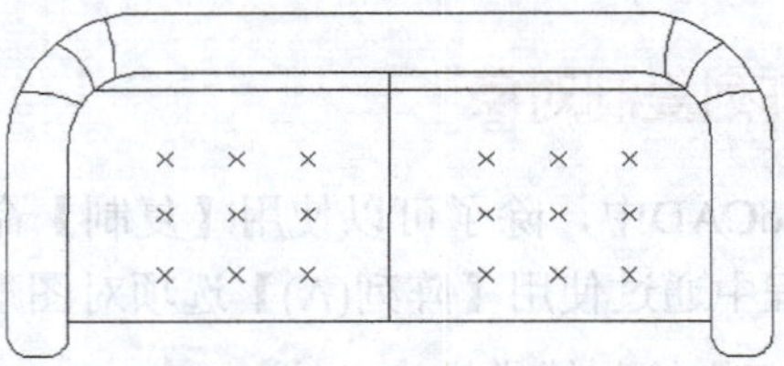　　　　　　　　　图7-4　复制花纹

🚀 **提示**

在默认状态下，执行【复制】命令可以对图形进行连续复制。如果复制模式被修改为【单个】模式后，执行【复制】命令则只能对图形进行一次复制。这时需要在选择复制对象后，输入M参数并确定，启用【多个(M)】选项，即可对图形进行连续复制。

7.1.2　按指定距离复制对象

如果在复制对象时，没有特殊点作为参照，又需要准确指定目标对象和源对象之间的距离，这时可以在复制对象的过程中输入具体的数值。

【动手练】复制餐桌中的椅子。📹视频

01　打开【餐桌.dwg】素材图形，如图7-5所示。

02　执行【复制(CO)】命令，选择餐桌中的上下两侧的椅子并确定。然后指定复制的基点，如图7-6所示。

图7-5　素材图形　　　　　　　　　　　　　图7-6　指定复制的基点

03　开启【正交模式】功能，然后向右移动光标，并输入第二个点的距离为1000，如图7-7所示。按空格键进行确定，结束复制操作，效果如图7-8所示。

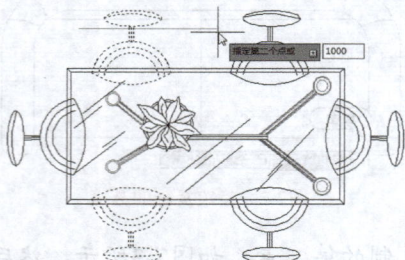

图7-7　指定复制的距离　　　　　　　　　　图7-8　复制椅子

7.1.3　阵列复制对象

在AutoCAD中，除了可以使用【复制】命令对图形进行常规的复制操作，还可以在复制图形的过程中通过使用【阵列(A)】选项对图形进行阵列复制操作。

【例7-1】绘制楼梯梯步。📹视频

01　使用【直线】命令绘制一条长度为260的水平线段和一条长度为150的垂直线段作为第一个梯步图形，如图7-9所示。

02　执行【复制(CO)】命令，选择刚绘制的图形。然后在左下方端点处指定复制的基点，如图7-10所示。

03　当系统提示【指定第二个点或[阵列(A)]<>:】时，输入a并确定，启用【阵列(A)】功能，如图7-11所示。

04 根据系统提示【输入要进行阵列的项目数:】,输入阵列的项目数量(如5)并确定,如图7-12所示。

图7-9　第一个梯步　　　　　　　　　图7-10　指定基点

图7-11　输入a并确定　　　　　　　　图7-12　输入数量并确定

05 根据系统提示【指定第二个点或[布满(F)]:】,在图形右上方端点处指定复制的第二个点,如图7-13所示,即可完成阵列复制操作,效果如图7-14所示。

图7-13　指定第二点　　　　　　　　　图7-14　阵列复制梯步

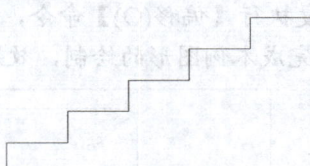

7.2 偏移对象

使用【偏移】命令可以将选定的图形对象以一定的距离增量值单方向复制一次,偏移图形的操作主要包括通过指定距离、通过指定点、通过指定图层3种方式。

执行【偏移】命令的常用方法有以下3种。

- ○ 选择【修改】|【偏移】命令。
- ○ 单击【修改】面板中的【偏移】按钮。
- ○ 执行OFFSET(O)命令。

7.2.1 按指定距离偏移对象

在偏移对象的过程中,可以通过指定偏移对象的距离,准确、快速地将对象偏移到需要的位置。

【例7-2】绘制洗菜盆。 视频

01 打开【洗菜盆.dwg】素材图形，如图7-15所示。

02 使用【直线(L)】命令在图形左侧绘制一条水平线段，如图7-16所示。

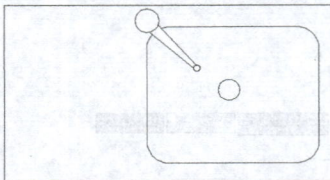

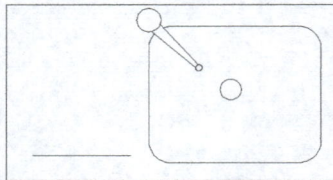

图7-15　素材图形　　　　　　　　　　　图7-16　绘制水平线段

03 执行【偏移(O)】命令，输入偏移距离为45并确定，如图7-17所示。

04 选择刚绘制的水平线段作为偏移的对象，然后在线段上方单击指定偏移线段的方向(如图7-18所示)，即可将选择的线段向上偏移45个单位，效果如图7-19所示。

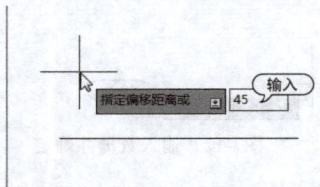

图7-17　输入偏移距离　　　　　　　　　图7-18　指定偏移的方向

05 重复执行【偏移(O)】命令，保持前面设置的参数不变，对偏移得到的线段向上进行多次偏移，完成本例图形的绘制，效果如图7-20所示。

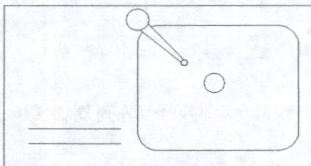

图7-19　偏移水平线段　　　　　　　　　图7-20　完成效果

提示

在AutoCAD制图中，如果要对某图形进行多次偏移，可以对上一次偏移得到的对象进行下一次偏移，这样操作更方便。

7.2.2　按指定点偏移对象

使用【通过】方式偏移图形可以将图形以通过某个点的方式进行偏移，该方式需要指定偏移对象所要通过的点。

【动手练】以图形中点偏移对象。 视频

01 绘制一条水平线段和一个矩形作为参照对象，如图7-21所示。

02 执行【偏移(O)】命令，根据系统提示【指定偏移距离或[通过(T)/删除(E)/图层(L)]:】时，输入t并确定，选择【通过(T)】选项，如图7-22所示。

图7-21 绘制图形

图7-22 输入t并确定

03 选择水平线段作为偏移对象，根据系统提示【指定通过点或[退出(E)/多个(M)/放弃(U)]:】，在矩形的左侧边中点处指定偏移对象通过的点(如图7-23所示)，即可在矩形中点位置偏移线段，效果如图7-24所示。

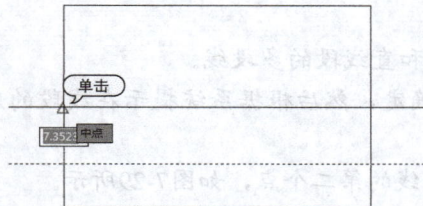

图7-23 指定通过点

图7-24 偏移对象

7.2.3 按指定图层偏移对象

使用【图层】方式偏移图形可以将图形以指定的距离或通过指定的点进行偏移，并且偏移后的图形将存放于指定的图层中。

执行【偏移(O)】命令，当系统提示【指定偏移距离或[通过(T)/删除(E)/图层(L)]:】时，输入L并按空格键确认，即可选择【图层(L)】选项，系统将继续提示【输入偏移对象的图层选项[当前(C)/源(S)]:】信息，其中主要选项的含义如下。

- 当前：用于将偏移对象创建在当前图层上。
- 源：用于将偏移对象创建在源对象所在的图层上。

7.3 镜像对象

使用【镜像】命令可以将选定的图形对象以某一对称轴镜像到该对称轴的另一边，还可以使用镜像复制功能将图形以某一对称轴进行镜像复制，效果分别如图7-25、图7-26和图7-27所示。

执行【镜像】命令的常用方法有以下3种。

- 选择【修改】|【镜像】命令。
- 单击【修改】面板中的【镜像】按钮。
- 执行MIRROR(MI)命令。

图7-25　原图　　　　　　图7-26　镜像效果　　　　　　图7-27　镜像复制效果

7.3.1　镜像源对象

执行【镜像(MI)】命令，选择要镜像的对象，指定镜像的轴线后，在系统提示【要删除源对象吗？[是(Y)/否(N)]:】时，输入Y并确定，即可将源对象镜像处理。

【动手练】镜像图形。　　⊙▶视频

01 使用【多段线(PL)】命令绘制一条带圆弧和直线段的多段线。

02 执行【镜像(MI)】命令，选择多段线并确定，然后根据系统提示在线段的左端点指定镜像线的第一个点，如图7-28所示。

03 根据系统提示在线段的右端点处指定镜像线的第二个点，如图7-29所示。

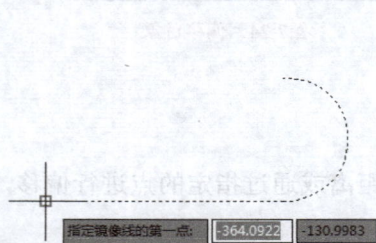

图7-28　指定镜像线的第一点　　　　　　　　图7-29　指定镜像线的第二点

04 根据系统提示【要删除源对象吗？[是(Y)/否(N)]:】，输入y并确定，如图7-30所示，即可对多段线进行镜像操作，效果如图7-31所示。

图7-30　输入y并确定　　　　　　　　图7-31　镜像多段线效果

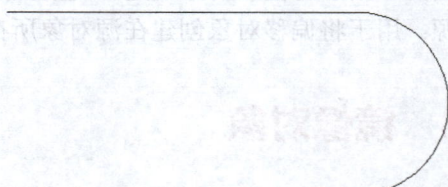

7.3.2　镜像复制源对象

执行【镜像(MI)】命令，选择要镜像的对象，指定镜像的轴线后，在系统提示【要删除源对象吗？[是(Y)/否(N)]:】时，输入N并确定，可以保留源对象，即对源对象进行镜像复制，如图7-32和图7-33所示。

图7-32　源对象　　　　　　图7-33　镜像复制源对象

提示

在绘制对称型机械剖视图时，通常可以在绘制好局部剖视图后，使用【镜像(MI)】命令对其进行镜像复制，从而快速完成图形的绘制。

7.4　阵列对象

使用【阵列】命令可以对选定的图形对象进行阵列操作，对图形进行阵列操作的方式包括矩形阵列方式、路径阵列方式和环形(即极轴)阵列方式。

执行【阵列】命令的常用方法有以下3种。

○　选择【修改】|【阵列】命令，然后选择其中的子命令。
○　单击【修改】面板中的【矩形阵列】下拉按钮品，然后选择子选项。
○　执行ARRAY(AR)命令。

7.4.1　矩形阵列对象

矩形阵列对象是将阵列的对象按矩形的方式进行排列，用户可以根据需要设置阵列对象的行数和列数。

【例7-3】创建立面门图案。🎬视频

01 打开【立面门.dwg】素材图形，如图7-34所示。

02 执行【阵列(AR)】命令，选择立面门左下方的造型作为阵列对象，在弹出的菜单中选择【矩形(R)】选项，如图7-35所示。

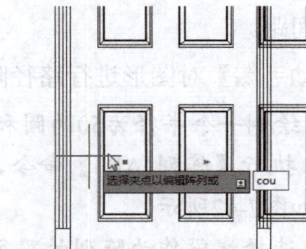

03 在系统提示下输入参数COU并确定，选择【计数(COU)】选项，如图7-36所示。

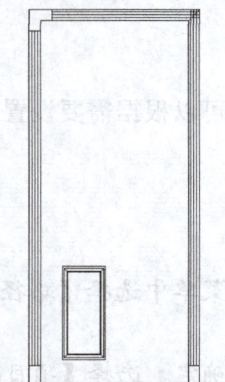

图7-34　打开素材图形　　　图7-35　选择【矩形(R)】选项　　　图7-36　输入COU并确定

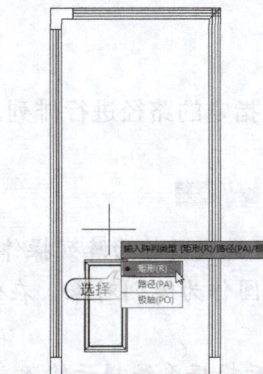

矩形阵列对象时，默认参数的行数为3、列数为4，对象间的距离为原对象尺寸的1.5倍。如果阵列结果正好符合默认参数，可以在该操作步骤直接进行确定，完成矩形阵列操作。

04 根据系统提示输入阵列的列数为2并确定，如图7-37所示。

05 输入阵列的行数为3并确定，如图7-38所示。

06 在系统提示下输入参数s并确定，选择【间距(S)】选项，如图7-39所示。

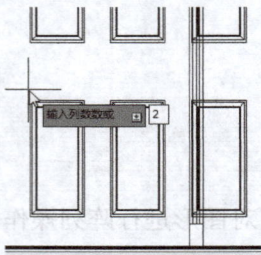

图7-37　设置列数　　　　图7-38　设置行数　　　　图7-39　输入s并确定

07 根据系统提示输入列间距330并确定，如图7-40所示。

08 根据系统提示输入行间距618并确定，然后按Enter键确定，完成阵列操作，效果如图7-41所示。

图7-40　设置列间距　　　　图7-41　矩形阵列效果

7.4.2　路径阵列对象

路径阵列对象是指将阵列的对象按指定的路径进行排列，用户可以根据需要设置阵列的总数和间距。

【动手练】对图形进行路径阵列。 ▶视频

01 绘制一个半径为50的圆和一条倾斜线段作为阵列操作对象。

02 执行【阵列(AR)】命令，选择圆作为阵列对象，在弹出的菜单中选择【路径(PA)】选项，如图7-42所示。

03 选择线段作为阵列的路径，然后根据系统提示输入参数i并确定，选择【项目(I)】选项，如图7-43所示。

图7-42 选择【路径(PA)】选项

图7-43 设置阵列的方式

04 在系统提示下输入项目之间的距离为60并确定，如图7-44所示，再指定项目数为7，完成路径阵列操作，效果如图7-45所示。

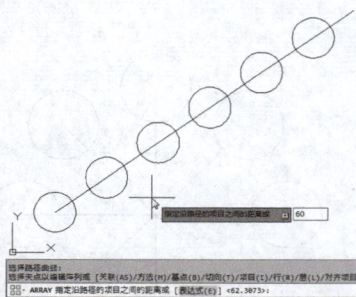

图7-44 输入间距并确定

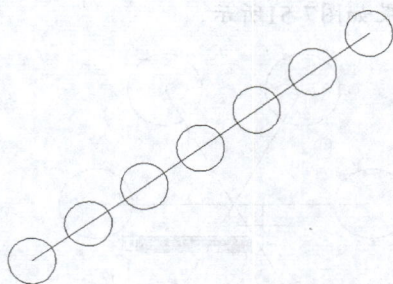

图7-45 路径阵列效果

7.4.3 环形阵列对象

环形阵列(即极轴阵列)图形是指将阵列的对象按环形进行排列，用户可以根据需要设置阵列的总数和填充的角度。

【例7-4】绘制简易吊灯。 📹视频

01 使用【直线】命令绘制一条长为500的直线，使用【圆】命令绘制一个半径为120的圆，如图7-46所示。

02 执行【阵列(AR)】命令，然后选择绘制的直线和圆并确定，在弹出的菜单中选择【极轴(PO)】选项，如图7-47所示。

图7-46 绘制图形

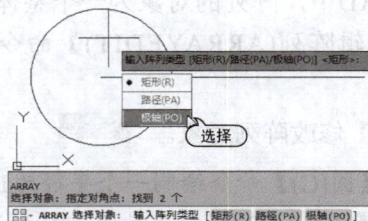

图7-47 选择【极轴(PO)】选项

03 根据系统提示在线段的右端点处指定阵列的中心点，如图7-48所示。

04 根据系统提示输入i并确定，选择【项目(I)】选项，如图7-49所示。

图7-48 指定阵列的中心点

图7-49 输入i并确定

05 根据系统提示输入阵列的总数为8，如图7-50所示，然后按空格键确定，完成环形阵列的操作，效果如图7-51所示。

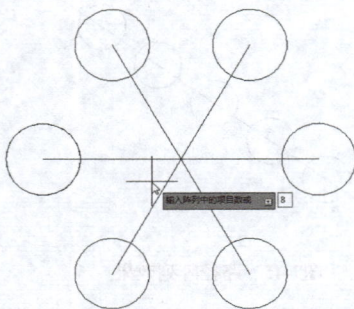

图7-50 设置阵列的数目

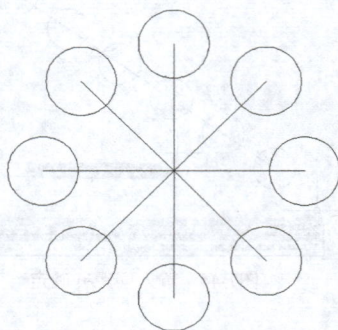

图7-51 环形阵列效果

提示

环形阵列对象时，默认参数的阵列总数为6。如果阵列结果正好符合默认参数，可以在指定阵列中心点后直接按空格键进行确定，完成环形阵列操作。

7.4.4 编辑阵列对象

在AutoCAD中，阵列的对象为一个整体对象，选择【修改】|【对象】|【阵列】命令，或者执行【编辑阵列(ARRAYEDIT)】命令并确定，可以对关联阵列对象及其源对象进行编辑。

【动手练】修改阵列对象。 📹视频

01 使用【圆(C)】命令绘制一个半径为10的圆。

02 使用【阵列(AR)】命令对圆进行矩形阵列操作，设置行数为3，列数为4，行、列的间距均为30，阵列效果如图7-52所示。

03 执行【编辑阵列(ARRAYEDIT)】命令，选择阵列图形作为编辑的对象，然后在弹出的菜单中选择【行(R)】选项，如图7-53所示。

图7-52 阵列圆形

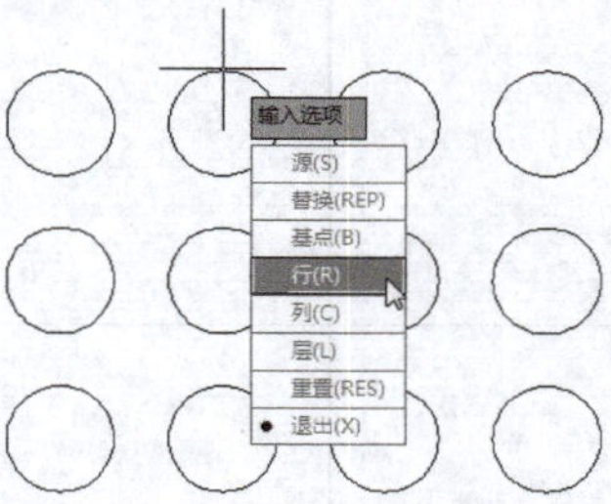

图7-53 选择【行(R)】选项

04 根据系统提示重新输入阵列的行数为4，如图7-54所示。

05 保持默认的行间距并确定，然后在弹出的菜单中选择【退出(X)】选项，完成阵列图形的编辑，效果如图7-55所示。

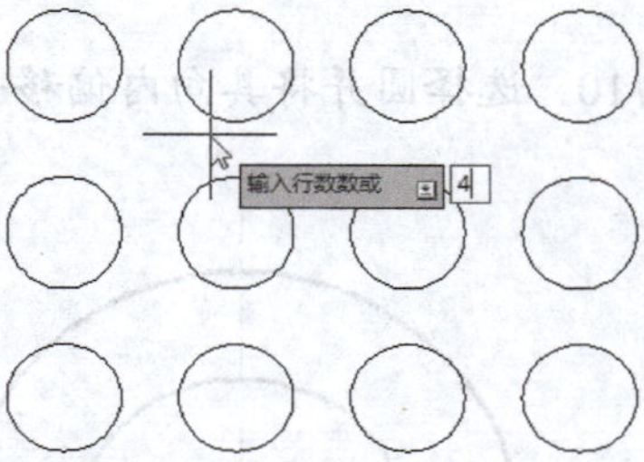

图7-54 重新输入行数

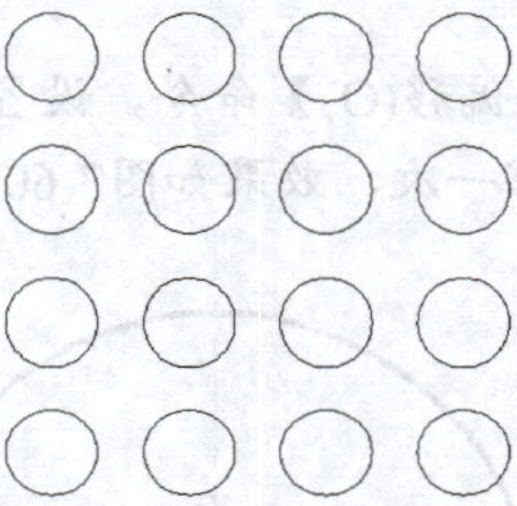

图7-55 修改阵列行数后的效果

7.5 课堂案例

本节练习绘制端盖和球轴承图形，巩固所学的图形绘制与编辑的知识，主要包括【圆】【复制】【修剪】【阵列】和【拉长】等命令的应用。

7.5.1 绘制端盖

本例将结合前面所学的绘图和编辑命令绘制端盖主视图，主要掌握偏移、复制等编辑命令的应用，本例完成后的效果如图7-56所示。

绘制本例端盖主视图的具体操作步骤如下。

01 执行【构造线(XL)】命令，绘制一条水平和一条垂直构造线作为中心线，效果如图7-57所示。

02 在【特性】面板中设置构造线的线型为DIVIDE，如图7-58所示。

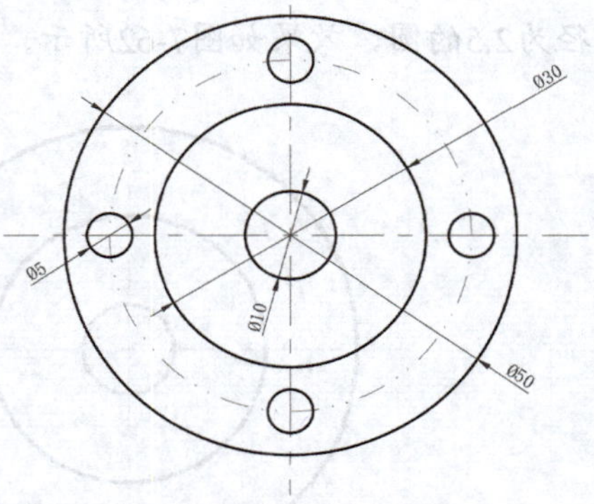

图7-56 绘制端盖

图7-57　绘制中心线

图7-58　设置线型

03 执行【圆(C)】命令，以中心线的交点为圆心，绘制一个半径为25的圆，效果如图7-59所示。

04 执行【偏移(O)】命令，设置偏移距离为10。选择圆并将其向内偏移一次，继续将偏移的圆向内偏移一次，效果如图7-60所示。

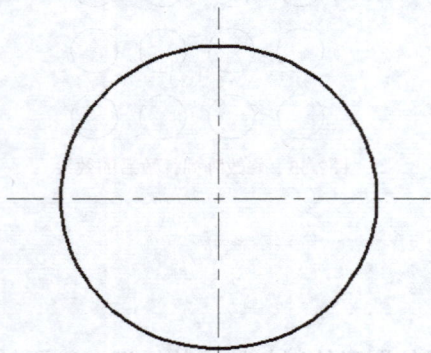

图7-59　绘制圆

图7-60　偏移圆

05 执行【圆(C)】命令，以中心线的交点为圆心，绘制一个半径为20的圆，并将该圆的线型改为DIVIDE，效果如图7-61所示。

06 重复执行【圆(C)】命令，以半径为20的圆和水平中心线的左侧交点为圆心，绘制半径为2.5的圆，效果如图7-62所示。

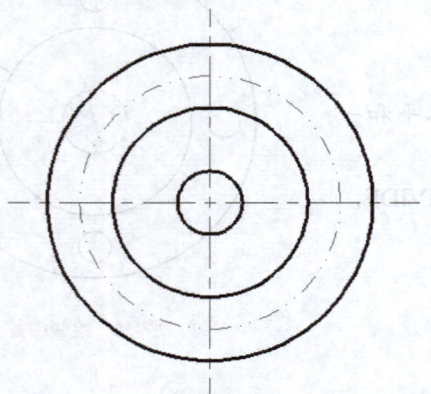

图7-61　绘制半径为20的圆

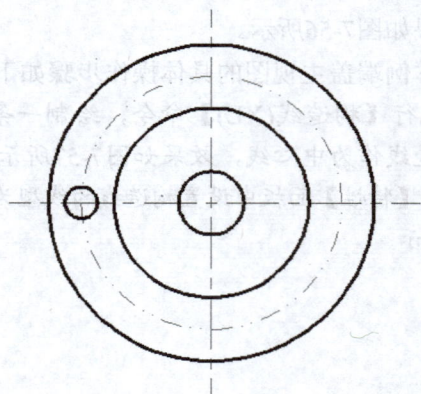

图7-62　绘制半径为2.5的圆

07 执行【复制(CO)】命令，选择绘制的小圆，然后在该圆的圆心处指定复制的基点，如图7-63所示。

08 移动光标到半径为20的圆与垂直中心线的上方交点处指定复制的第二点，如图7-64所示。

09 继续在其他位置指定复制的第二点，对小圆进行复制，完成本例图形的绘制。

图7-63　指定复制的基点　　　　　　　　　　　图7-64　指定复制的第二点

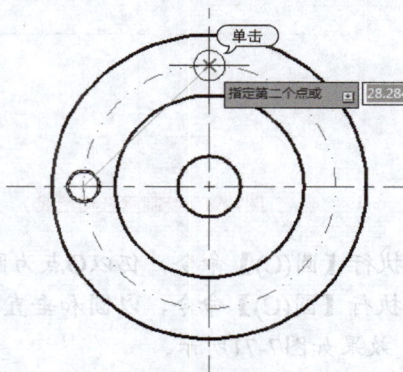

7.5.2　绘制球轴承

本例将结合前面所学的绘图和编辑命令绘制球轴承图形，完成后的效果如图7-65所示。首先创建图层，然后使用【构造线】和【偏移】命令绘制辅助线，再参照辅助线绘制各个圆，最后使用【修剪】和【环形阵列】命令对滚珠图形进行修剪和阵列操作。

绘制本例球轴承图形的具体操作步骤如下。

01 执行【图层(LA)】命令，打开【图层特性管理器】选项板，创建并设置【中心线】【隐藏线】【轮廓线】图层，再将【中心线】图层设置为当前图层，如图7-66所示。

02 执行【构造线(XL)】命令，绘制一条水平构造线。

03 执行【偏移(O)】命令，将构造线向上偏移6次，偏移距离依次为35、22.5、8、4.5、4.5、8，效果如图7-67所示。

图7-65　绘制球轴承

图7-66　创建图层　　　　　　　　　　　图7-67　偏移构造线

04 执行【构造线(XL)】命令，绘制一条垂直构造线，效果如图7-68所示。

05 设置【轮廓线】为当前图层，执行【圆(C)】命令，参照如图7-69所示的效果，以O点为圆心，以线段OL为半径绘制一个圆。

图7-68 绘制垂直构造线　　　　　　　　图7-69 绘制圆

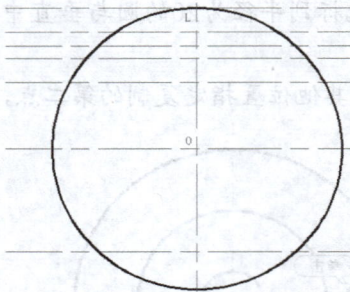

06 执行【圆(C)】命令，仍以O点为圆心，依次绘制如图7-70所示的各个圆。

07 执行【圆(C)】命令，以圆和垂直构造线的交点为圆心，绘制半径为6的圆，作为滚珠轮廓线，效果如图7-71所示。

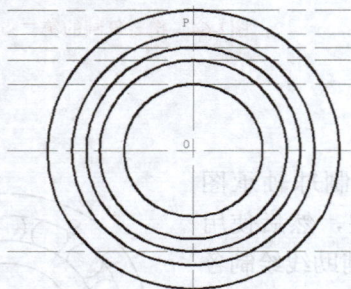

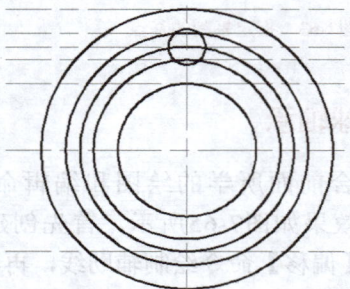

图7-70 绘制圆　　　　　　　　　图7-71 绘制小圆

08 执行【修剪(TR)】命令，参照如图7-72所示的效果，以圆1和圆2为修剪边界，对刚绘制的小圆进行修剪。

09 选择【修改】|【阵列】|【环形阵列】命令，选择修剪后的两段圆弧，以圆心O为阵列中心点，设置项目数为15，对选择的圆弧进行环形阵列，效果如图7-73所示。

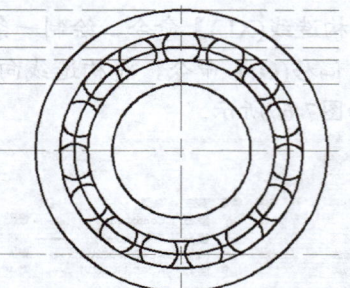

图7-72 修剪小圆　　　　　　　　图7-73 环形阵列圆弧

10 执行【删除(E)】命令，删除不需要的构造线。然后执行【修剪(TR)】命令，对构造线进行修剪，效果如图7-74所示。

11 选择半径为35的圆，然后将其放入【隐藏线】图层中，效果如图7-75所示。

图7-74 删除和修剪辅助线

图7-75 修改圆所在的图层

12 执行【拉长(LEN)】命令,将两条中心线的两端各拉长5个单位,完成本例图形的绘制。

7.6 习题

1. 为什么在对图形进行环形阵列时,阵列得到的数量为6?
2. 在绘制建筑剖面楼梯时,可以使用【复制】命令中的哪种功能绘制楼梯的梯步?
3. 对图形进行镜像复制,可以使其镜像复制后的图形与原图形对象呈90°的角吗?
4. 应用所学的绘图和编辑知识,参照如图7-76所示的圆螺母尺寸和效果绘制该图形。
5. 应用所学的绘图和编辑知识,参照如图7-77所示的餐桌椅尺寸和效果绘制该图形。

图7-76 绘制圆螺母

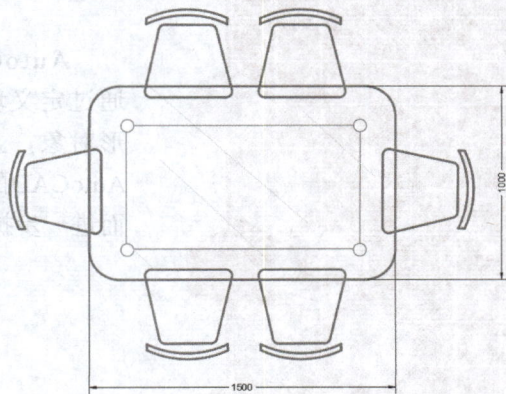

图7-77 绘制餐桌椅

第 **8** 章

块与设计中心

AutoCAD提供了高效的块操作功能，用户可以通过定义块和插入块的方式，快速创建重复使用的图形对象，显著提升绘图效率。此外，用户还可以通过AutoCAD的设计中心功能搜索并插入外部图形文件，从而进一步扩展设计资源的可用性。

8.1 创建块

块是一组图形实体的总称，是多个不同颜色、线型和线宽特性的对象的组合。块是一个独立的、完整的对象。用户可以根据需要按一定比例和角度将图块插入任意指定位置。

8.1.1 创建内部块

创建内部块是将对象组合在一起，存储在当前图形文件内部，可以对其进行移动、复制、缩放或旋转等操作。

执行创建块的命令有以下3种方法。

- 选择【绘图】|【块】|【创建】命令。
- 单击【块】面板中的【创建】按钮 。
- 执行BLOCK(B)命令。

执行【块(B)】命令，将打开【块定义】对话框，如图8-1所示。在该对话框中可进行定义内部块的操作，其中主要选项的含义如下。

- 名称：在该文本框中输入将要定义的图块名。单击列表框右侧的下拉按钮 ，系统显示图形中已定义的图块名，如图8-2所示。
- 拾取点：在绘图中拾取一点作为图块插入基点。
- 选择对象：选取组成块的实体。
- 转换为块：创建块以后，将选定对象转换成图形中的块引用。
- 删除：生成块后将删除源实体。
- 快速选择 ：单击该按钮，将打开【快速选择】对话框，可以定义选择集。
- 按统一比例缩放：选中该复选框，在对块进行缩放时将按统一的比例进行缩放。
- 允许分解：选中该复选框，可以对创建的块进行分解；如果取消选中该复选框，将不能对创建的块进行分解。

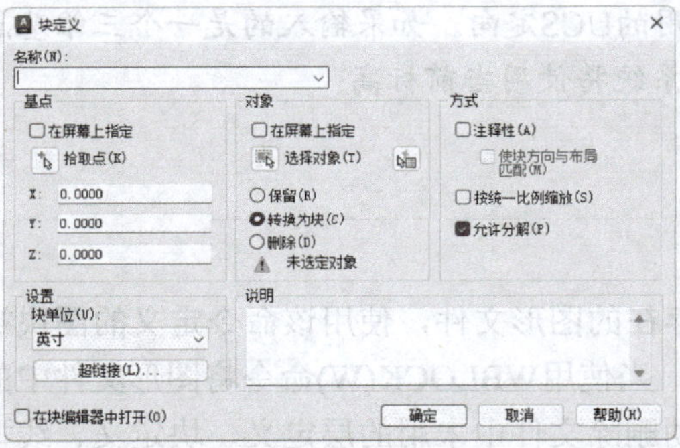

图8-1 【块定义】对话框

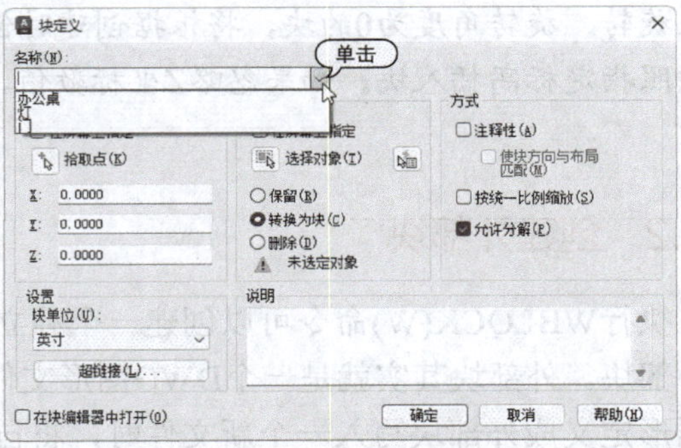

图8-2 已定义的图块

【动手练】创建平开门块对象。 视频

01 使用矩形和圆弧命令绘制一个宽度为800的平开门，如图8-3所示。

02 执行【块(B)】命令，打开【块定义】对话框。在该对话框的【名称】文本框中输入图块的名称"平开门"，然后单击【选择对象】按钮 ，如图8-4所示。

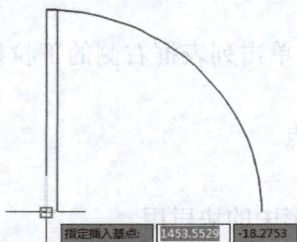

图8-3　绘制平开门　　　　　　　　　　图8-4　【块定义】对话框

03 进入绘图区使用窗交方式选择平开门图形，按空格键确定后返回【块定义】对话框，在其中单击【拾取点】按钮⃞。

04 进入绘图区指定块的基点，如图8-5所示。

05 按空格键确认后返回【块定义】对话框，然后单击【确定】按钮，完成块的创建。

06 将光标移到块对象上，显示块的信息，如图8-6所示。

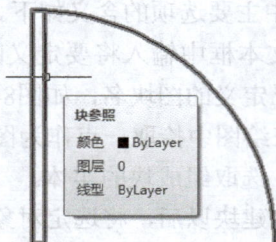

图8-5　指定基点　　　　　　　　　　图8-6　显示块的信息

提示

通常情况下，都是选择块的中心点或左下角点为块的基点。块在插入过程中，可以围绕基点旋转。旋转角度为0的块，将根据创建时使用的UCS定向。如果输入的是一个三维基点，则按照指定标高插入块。如果忽略Z坐标数值，系统将使用当前标高。

8.1.2　创建外部块

执行WBLOCK(W)命令可以创建一个独立存在的图形文件，使用该命令定义的图块被称作外部块。外部块其实就是一个DWG图形文件，当使用WBLOCK(W)命令将图形文件中的整个图形定义成外部块写入一个新文件时，将自动删除文件中未用的层定义、块定义、线型定义等。

执行【写块(W)】命令，将打开【写块】对话框，如图8-7所示。【写块】对话框中主要选项的含义如下。

○ 块：指定要存为文件的现有图块。

○ 整个图形：将整个图形写入外部块文件。

○ 对象：指定存为文件的对象。

○ 保留：将选定对象存为文件后，在当前图形中仍将它保留。

○ 转换为块：将选定对象存为文件后，从当前图形中将它转换为块。

○ 从图形中删除：将选定对象存为文件后，从当前图形中将它删除。

○ 选择对象🔲：选择一个或多个保存至该文件的对象。

○ 文件名和路径：在列表框中可以指定保存块或对象的文件名。单击列表框右侧的浏览按钮...，在打开的【浏览图形文件】对话框中可以选择合适的文件路径，如图8-8所示。

○ 插入单位：指定新文件插入块时所使用的单位。

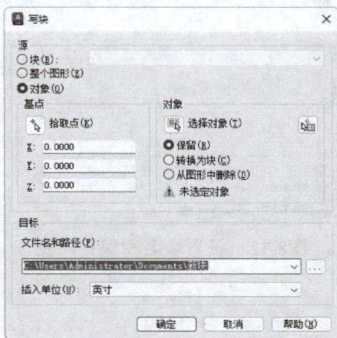

图8-7 【写块】对话框　　　　图8-8 【浏览图形文件】对话框

提示

所有的DWG图形文件都可以视为外部块插入其他的图形文件中，不同的是，使用WBLOCK命令定义的外部块文件的插入基点是用户设置好的，而用NEW命令创建的图形文件，在插入其他图形中时将以坐标原点(0,0,0)作为其插入点。

【动手练】创建台灯外部块。 视频

01 打开【灯具.dwg】素材文件，如图8-9所示。

02 执行【写块(W)】命令，然后在打开的【写块】对话框中单击【选择对象】按钮🔲，如图8-10所示。

图8-9 打开素材　　　　图8-10 【写块】对话框

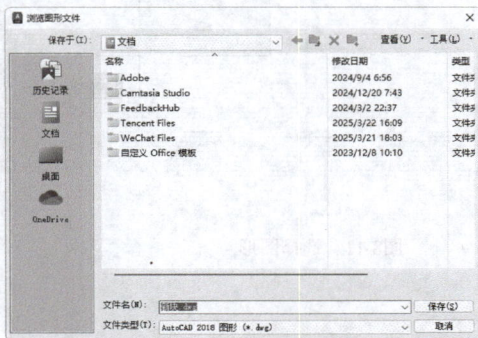

03 在绘图区中选择右上角的台灯作为要组成外部块的图形，如图8-11所示，然后按下空格键返回【写块】对话框。

04 单击【写块】对话框中【文件名和路径】列表框右侧的【浏览】按钮，打开【浏览图形文件】对话框，设置块的保存路径和块名称，如图8-12所示。

05 单击【保存】按钮，返回【写块】对话框，单击【拾取点】按钮，进入绘图区指定外部块的基点位置，然后单击【确定】按钮，完成定义外部块的操作。

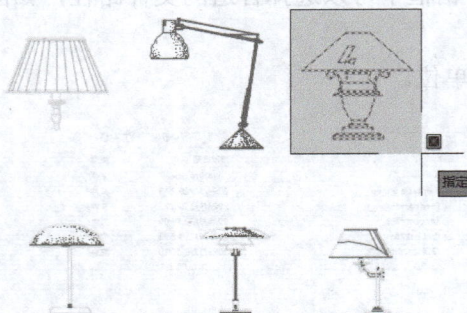

图8-11　选择图形

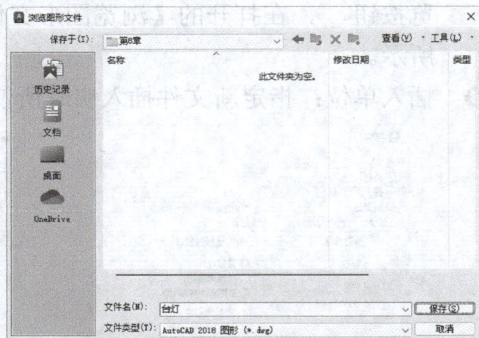

图8-12　设置块名和保存路径

8.2　插入块

在绘图过程中，如果要多次使用相同的图块，可以使用插入块的方法提高绘图效率。用户可以通过【块】选项板直接插入块，还可以使用【定数等分】命令等分插入块、使用【定距等分】命令等距插入块、使用【阵列插入块】命令阵列插入块。

8.2.1　直接插入块

用户可以根据需要，执行【插入】命令，在打开的【块】选项板中按一定比例和角度将需要的图块插入指定位置。

打开【块】选项板包括以下3种常用方法。

○ 选择【插入】|【块选项板】命令。

○ 单击【块】面板中的【插入】下拉按钮，再选择【最近使用的块】或【收藏块】选项，如图8-13所示。

○ 执行INSERT(I)命令。

执行【插入(I)】命令，将打开【块】选项板，在该选项板中可以选择并设置插入的对象，如图8-14所示。

✎ 提示

当库中没有添加图块时，单击【块】面板中的【插入】下拉按钮，再选择【库中的块】选项时，将打开【为块库选择文件夹或文件】对话框。

图8-13 【插入】下拉按钮

图8-14 打开【块】选项板

【块】选项板中包括【库】【收藏夹】【最近使用】和【当前图形】4个选项卡，分别用于插入库中的图块、收藏夹中的图块、最近使用的图块和当前图形中存在的图块。【库】【收藏夹】【最近使用】和【当前图形】选项卡中的选项基本相同，其中主要选项的含义如下。

- 浏览按钮 ⬚：单击该按钮，将打开【选择要插入的文件】对话框，用户可在该对话框中选择要插入的外部块文件，如图8-15所示。
- 比例：选中该复选框，可以在插入块时显示指定比例的提示，否则将直接以设置的比例进行插入。在【比例】下拉列表中可以选择【比例】和【统一比例】两种方式，【统一比例】用于统一X、Y、Z这3个轴方向上的缩放比例，如图8-16所示。
- 旋转：选中该复选框，可以在插入块时显示指定旋转角度的提示。用户也可以在后面的【角度】文本框中输入旋转角度值。
- 重复放置：选中该复选框，可以在插入块时显示重复插入块的提示，该选项在需要连续插入多个相同块时有用。
- 分解：该复选框用于确定是否将图块在插入时分解成原有组成实体。

图8-15 【选择要插入的文件】对话框

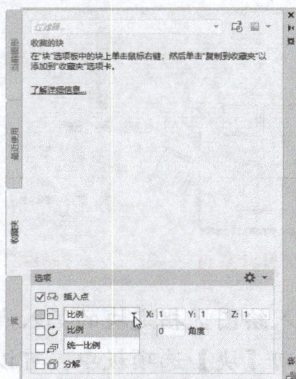

图8-16 选择比例方式

首次在【块】选项板中选择【库】选项卡，单击【打开块库】按钮(如图8-17所示)，在打开的【为块库选择文件夹或文件】对话框中选择图形文件(如图8-18所示)，可以将该图形添加到当前库中，如图8-19所示。

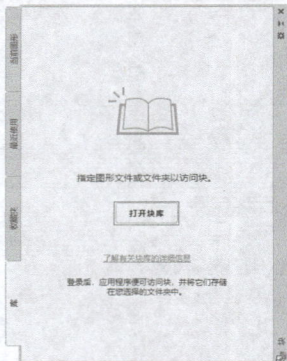

图8-17　单击【打开块库】按钮　　　　图8-18　选择图形文件　　　　图8-19　将图形图块添加到库中

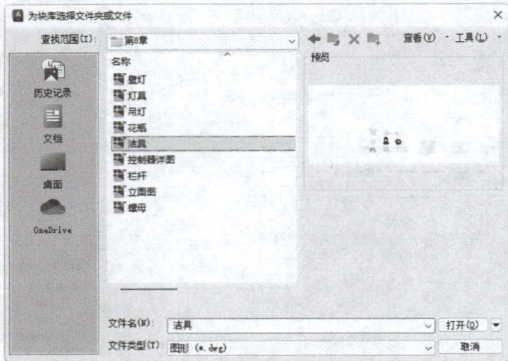

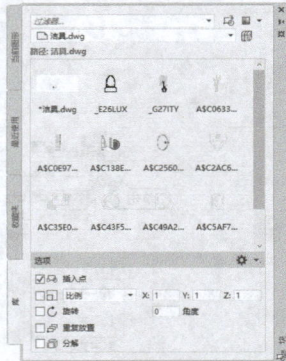

提示

　　将外部块文件插入当前图形后，其包含的所有块定义(外部嵌套块)也同时带入当前图形，并生成同名的内部块，以后在该图形中可以随时调用。当外部块文件中包含的块定义与当前图形中已有的块定义同名，则当前图形中的块定义将自动覆盖外部块包含的块定义。

　　【动手练】在茶几上插入花瓶。🎬视频

　　01 打开【沙发.dwg】图形文件，如图8-20所示。
　　02 执行【插入(I)】命令，打开【块】选项板，然后单击浏览按钮，如图8-21所示。
　　03 在打开的【选择要插入的文件】对话框中选择并打开【花瓶.dwg】图形文件，如图8-22所示。

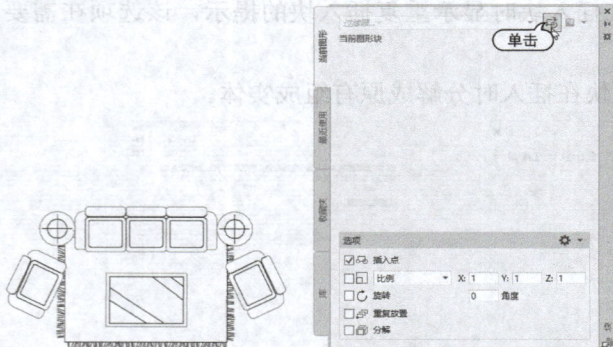

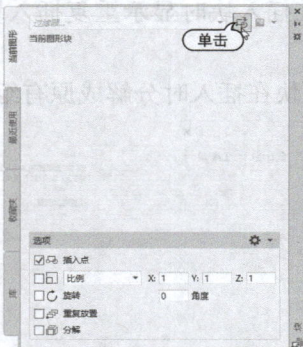

图8-20　打开素材　　　　图8-21　单击浏览按钮　　　　图8-22　选择并打开图形文件

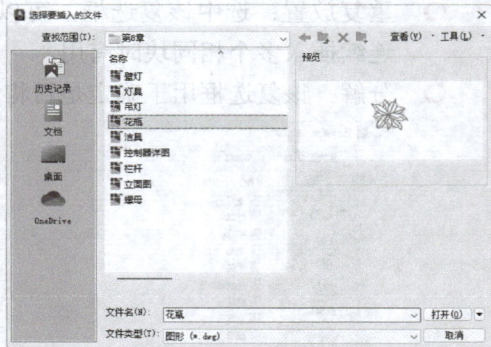

　　04 进入绘图区指定块的插入点位置(如图8-23所示)，插入花瓶后的效果如图8-24所示。
　　05 返回【块】选项板中，可以看到加载到选项板中的【花瓶】图块，如图8-25所示。

提示

　　将图块作为一个实体插入当前图形的应用过程中，AutoCAD将其作为一个整体的对象来操作，其中的实体，如线、面和三维实体等均具有相同的图层和线型。

图8-23 指定插入点　　　　图8-24 插入花瓶后的效果　　　图8-25 加载到选项板中的图块

8.2.2 定数等分插入块

定数等分插入块的方法与创建定数等分点的方法相同。执行【定数等分(DIV)】命令，选择要定数等分的对象，然后根据系统提示信息【输入线段数目或[块(B)]:】，输入B并确定，以选择【块】选项，系统将提示【输入要插入的块名:】，此时输入要插入的块名并确定，再根据提示完成定数等分操作，即可按指定的数目对选择的对象进行等分。

【例8-1】创建吊灯。▶视频

01 打开【吊灯.dwg】素材图形，该图形中存在一个同心圆图块，如图8-26所示。

02 执行【定数等分(DIV)】命令，选择同心圆图块对象。

03 当系统提示【输入线段数目或[块(B)]:】时，输入b并确定，如图8-27所示。

04 当系统提示【输入要插入的块名:】时，输入要插入块的名称"同心圆"(该图形中已经创建好了该图块)，如图8-28所示。

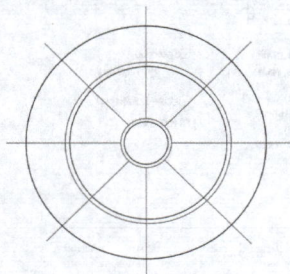

图8-26 打开素材图形　　　图8-27 输入b并确定　　　　图8-28 输入块名

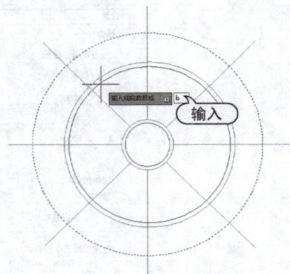

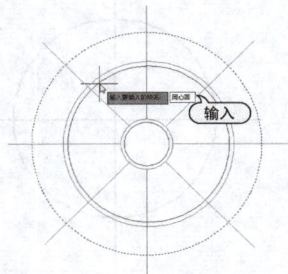

05 当系统提示【是否对齐块和对象？[是(Y)/否(N)] <Y>:】时，保持默认选项，如图8-29所示。

06 当系统提示【输入线段数目:】时，输入线段数目为8并确定，如图8-30所示。

07 删除辅助圆，等分插入块对象后的效果如图8-31所示。

> **提示**
>
> 使用【定数等分(DIV)】命令将图形等分，只是在等分点处插入点、图块等标记。被等分的图形依然是一个实体。修改被等分的实体不会影响插入的图块。

| 图8-29 选择对象 | 图8-30 设置线段数目 | 图8-31 插入块后的效果 |

8.2.3 定距等分插入块

定距等分插入块的方法与创建定距等分点的方法相同。执行【定距等分(ME)】命令，选择要定距等分的对象，然后根据系统提示信息【指定线段长度或[块(B)]:】，输入B并确定，以选择【块】选项。系统将提示【输入要插入的块名:】，此时输入要插入的块名并确定，再根据提示完成定距等分操作，即可按指定的长度对选择的对象进行等分。

【例8-2】创建拉线灯。 📹视频

01 绘制一个灯具，使用【圆】命令绘制一个半径为40的圆，然后使用【直线】命令通过圆心绘制两条长度均为120且相互垂直的直线，如图8-32所示。

02 执行【块(B)】命令，在打开的【块定义】对话框中设置块名称为"灯具"，然后选择刚绘制的灯具图形，将其创建为块对象，如图8-33所示。

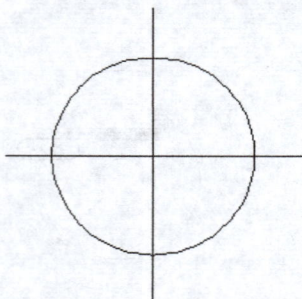

图8-32 绘制灯具图形

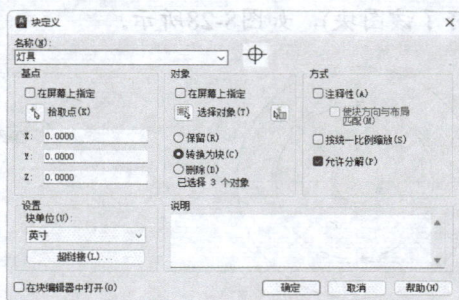

图8-33 创建块对象

03 使用【直线(L)】命令绘制一条长度为1800的直线作为拉线灯的支架。

04 执行【定距等分(ME)】命令，根据系统提示选择绘制的直线作为要定距等分的对象，如图8-34所示。

05 当系统提示【指定线段长度或[块(B)]:】时，输入b并确定，如图8-35所示。

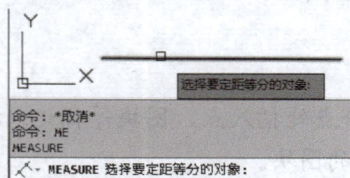

图8-34 选择对象

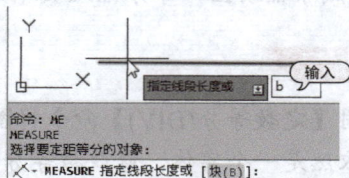

图8-35 输入b并确定

06 当系统提示【输入要插入的块名:】时，输入需要插入块的名称"灯具"并确定，如图8-36所示。

07 当系统提示【是否对齐块和对象？[是(Y)/否(N)] <Y>:】时，保持默认选项，然后进行确定，如图8-37所示。

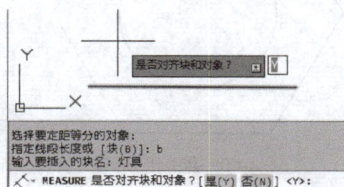

图8-36　输入块名　　　　　　　　　图8-37　保持默认选项

08 当系统提示【指定线段长度:】时，输入要插入块的间距为500，如图8-38所示。然后进行确定，等距插入块图形后的效果如图8-39所示。

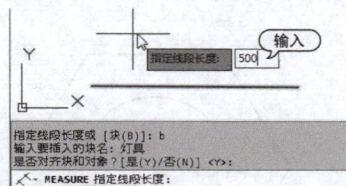

图8-38　设置插入块的间距　　　　　　　图8-39　插入等距块

8.2.4　阵列插入块

需要同时插入多个具有规律的图块时，使用阵列方式插入图块，可以快速完成绘图操作。使用【阵列插入块(MINSERT)】命令可以将图块以矩形阵列复制方式插入当前图形中，并将插入的矩形阵列视为一个实体。在建筑设计中常用此命令插入室内柱子和灯具等对象。

执行【阵列插入块(MINSERT)】命令后，可以根据系统提示输入要插入块的名称。系统将继续提示【指定插入点或[基点(B)/比例(S)/X/Y/Z/旋转(R)]:】，其中各选项的含义如下。

- 指定插入点：指定以阵列方式插入图块的插入点。
- 基点：指定以阵列方式插入图块的基点。
- 比例：输入X、Y、Z轴方向的图块缩放比例因子。
- 旋转：指定插入图块的旋转角度，控制每个图块的插入方向，同时也控制所有矩形阵列的旋转方向。

在确定插入点、比例和旋转角度后，用户可以根据系统提示输入阵列的行数和列数。如果输入的行数大于一行，系统将提示【输入行间距或指定单位单元(---):】，在该提示下可以输入矩形阵列行距；输入的列数大于一列，系统将提示【指定列间距(|||):】，在该提示下可以输入矩形阵列列距。

【动手练】创建矩形阵列图块。

01 绘制一个半径为5的圆和一个半径为8的外切于圆的六边形，如图8-40所示。

02 执行【块(B)】命令，在打开的【块定义】对话框中设置块名称为"螺母"。然后选择刚绘制的图形，将其创建为块对象，如图8-41所示。

153

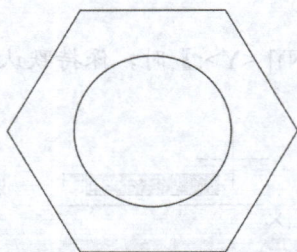

图8-40　绘制图形

图8-41　创建块对象

03 执行【阵列插入块(MINSERT)】命令，当系统提示【输入块名或】时，输入要插入的图块名称"螺母"并确定，如图8-42所示。

04 当系统提示【指定插入点或[基点(B)/比例(S)/X/Y/Z/旋转(R)]:】时，指定插入图块的基点位置，如图8-43所示。

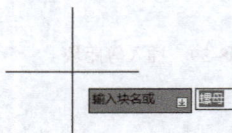

图8-42　输入要插入的图块名称

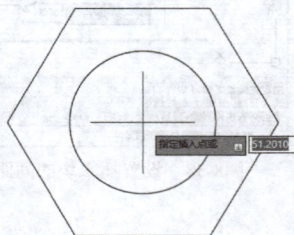

图8-43　指定插入点

05 当系统提示【输入X比例因子，指定对角点，或[角点(C)/XYZ(XYZ)] <当前>:】时，设置X比例因子为0.5，如图8-44所示。

06 当系统提示【输入Y比例因子或<使用X比例因子>:】时，直接进行确定，使用X比例因子，如图8-45所示。

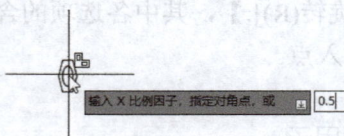

图8-44　设置X比例因子

图8-45　设置Y比例因子

07 当系统提示【指定旋转角度<当前>:】时，设置插入图块的旋转角度为45，如图8-46所示。

08 当系统提示【输入行数(---) <当前>:】时，设置行数为4，如图8-47所示。

图8-46　设置插入图块的旋转角度

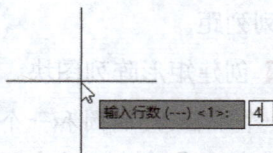

图8-47　设置行数

09 当系统提示【输入列数(||||)<当前>:】时，输入列数为5并确定，如图8-48所示。

10 根据系统提示输入行间距为10并确定，如图8-49所示。

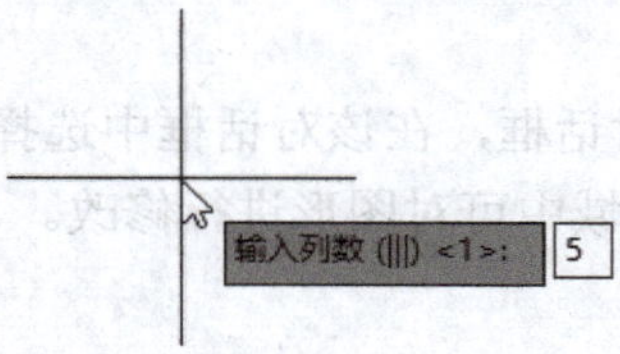

图8-48 设置列数 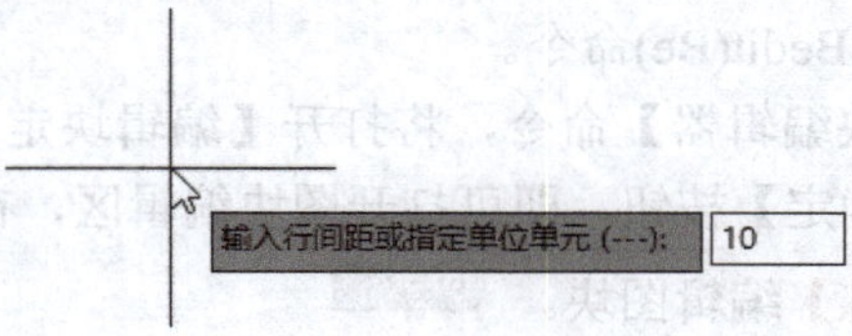　　　　　　　　　图8-49 输入行间距

11 根据系统提示输入列间距为10并确定，如图8-50所示，至此完成阵列插入矩形图块的操作，阵列插入图块的效果如图8-51所示。

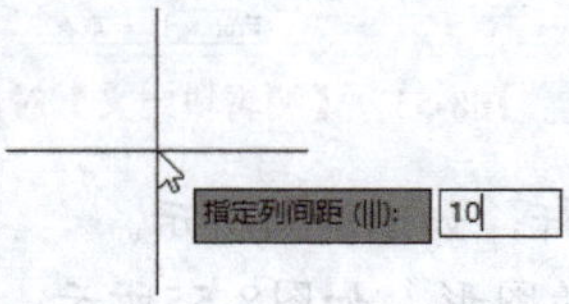

图8-50 输入列间距 　　　　　　　　图8-51 阵列插入图块的效果

8.3 修改块

创建好块对象后，用户可以根据需要对块进行修改，包括重命名块、分解块和编辑块定义等操作。

8.3.1 分解块

块作为一个整体进行操作，用户可以对其进行移动、旋转、复制等操作，但不能直接对其进行缩放、修剪、延伸等操作。如果想对图块中的元素进行编辑，可以先将块分解，然后对其中的对象进行编辑。

执行【分解(X)】命令，在弹出命令提示后选择要进行分解的块对象，按空格键即可将图块分解为多个图形对象。

8.3.2 编辑块定义

除了可以将图块进行分解，再对其进行编辑操作，用户还可以直接更改图块内容，如更改图块的大小、拉伸图块，以及修改图块中的线条等。

执行【块编辑器】命令包括以下两种常用方法。

- ○ 选择【工具】|【块编辑器】命令。
- ○ 执行Bedit(Be)命令。

执行【块编辑器】命令,将打开【编辑块定义】对话框,在该对话框中选择要编辑的块后,单击【确定】按钮,即可打开图块编辑区,在该区域中可对图形进行修改。

【**动手练**】编辑图块。 🎬 视频

01 打开【栏杆.dwg】素材图形,效果如图8-52所示。

02 执行【块编辑器(Be)】命令,打开【编辑块定义】对话框,在该对话框的【要创建或编辑的块】列表中选择要编辑的图块,然后单击【确定】按钮,如图8-53所示。

图8-52 素材图形

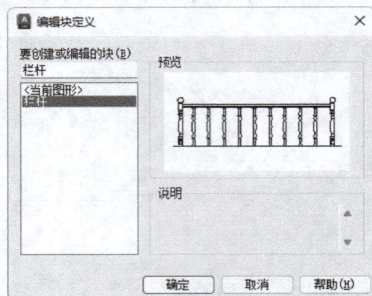

图8-53 【编辑块定义】对话框

03 在打开的图块编辑区中删除图形中右侧的4根栏杆,如图8-54所示。

04 执行【拉伸(S)】命令,使用窗交方式选择右侧的图形,如图8-55所示。

图8-54 删除右侧的4根栏杆

图8-55 选择右侧图形

05 在绘图区任意位置单击指定拉伸的基点,然后将光标向左移动,输入拉伸图形的距离为1100并确定,如图8-56所示,拉伸图形后的效果如图8-57所示。

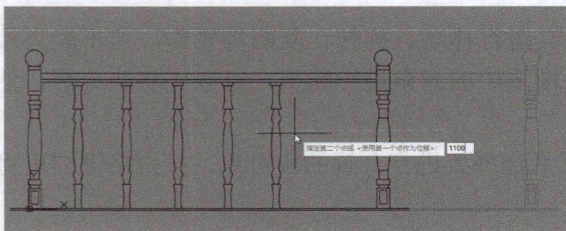

图8-56 输入拉伸距离

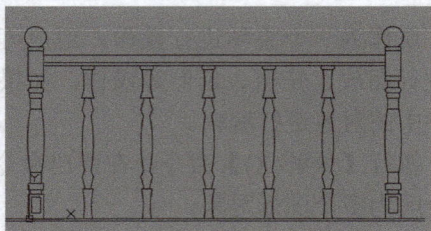

图8-57 拉伸图形后的效果

06 单击图块编辑区的【关闭块编辑器】按钮,如图8-58所示。

07 在打开的【块-未保存更改】对话框中选择【将更改保存到栏杆(S)】选项(如图8-59所示),即可完成图块的编辑。

图8-58　单击【关闭块编辑器】按钮　　　　图8-59　【块-未保存更改】对话框

8.3.3　重命名块

使用【重命名】命令可以根据需要对图块的名称进行修改，更改名称后的图块不会影响图块的组成元素。执行【重命名】命令有以下两种常用方法。

○ 选择【格式】|【重命名】命令。

○ 执行Rename命令。

【动手练】修改块名称。🔵视频

01 打开【栏杆.dwg】素材图形。选择【格式】|【重命名】命令，打开【重命名】对话框。

02 在该对话框的【命名对象】列表框中选择【块】选项，在【项数】列表框中选择要更改的块名称，在【旧名称】选项中将显示选中块的名称，然后在【重命名为】按钮后的文本框中输入新的块名称，如图8-60所示。

03 单击【确定】按钮即可修改块名，并在命令行显示已重命名的提示，如图8-61所示。

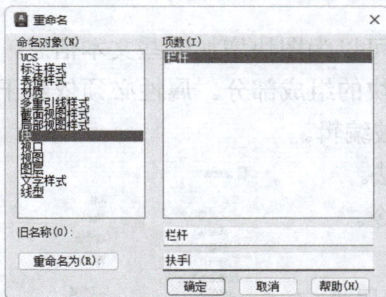

图8-60　重命名图块　　　　　　　　　　　图8-61　系统提示

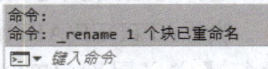

8.3.4　清理未使用的块

绘制图形的过程中，如果当前图形文件中定义了某些图块，但是没有插入当前图形中，则可以将这些块清除。

【动手练】清理图形中未使用的块。🔵视频

01 选择【文件】|【图形实用工具】|【清理】命令，打开【清理】对话框，如图8-62所示。

02 在该对话框中单击【可清除项目】按钮，选中【所有项目】复选框，就可以选中所有可清除的项目。

03 单击【清除选中的项目】按钮或【全部清理】按钮，将打开【清理-确认清理】对话框，如图8-63所示，单击相应按钮即可根据需要清除多余的块。然后单击【清理】对话框中的【关闭】按钮，结束清理操作。

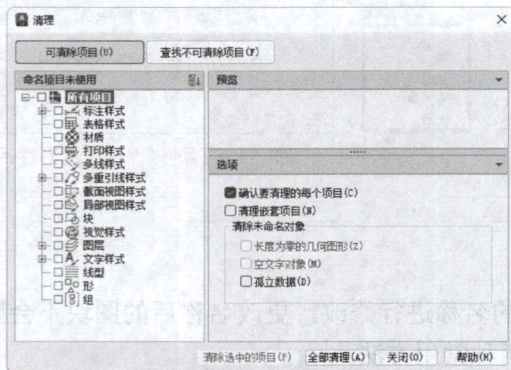

图8-62　【清理】对话框

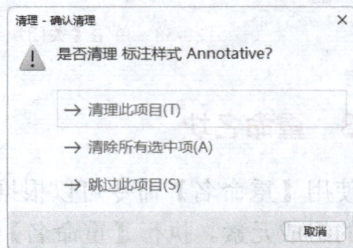

图8-63　【清理-确认清理】对话框

8.4　属性块

将带属性的图形定义为块，在插入块的同时，即可为其指定相应的属性值，从而节省了为图块进行多次重复文字标注的操作。

8.4.1　定义图形属性

在AutoCAD中，为了增强图块的通用性，可以为图块增加一些文本信息，这些文本信息被称为属性。属性是从属于块的文本信息，是块的组成部分。属性必须依赖于块而存在，当用户对块进行编辑时，包含在块中的属性也将被编辑。

执行【定义属性】命令有以下两种常用方法。

- 选择【绘图】|【块】|【定义属性】命令。
- 执行ATTDEF(ATT)命令。

执行【定义属性(ATT)】命令，将打开【属性定义】对话框，在该对话框中可定义块属性，如图8-64所示。

【属性定义】对话框中主要选项的含义如下。

- 不可见：选中该复选框，属性将不在屏幕上显示。

图8-64　【属性定义】对话框

- 固定：选中该复选框后，属性值被设置为常量。
- 标记：可以输入所定义属性的标志。
- 提示：在该文本框中，可以输入插入属性块时要提示的内容。
- 默认：可以输入块属性的默认值。
- 对正：在该下拉列表中，可以设置块文本的对齐方式。

○ 文字样式：在该下拉列表中，可以选择块文本的字体。

○ 文字高度：单击右侧的按钮，可在绘图区中指定文本的高度，也可直接在右侧的文本框中输入高度值。

○ 旋转：单击右侧的按钮，可在绘图区中指定文本的旋转角度，也可直接在右侧的文本框中输入旋转角度值。

【动手练】为图形定义属性。 视频

01 打开【壁灯.dwg】图形文件，如图8-65所示。

02 执行【定义属性(ATT)】命令，在打开的【属性定义】对话框中设置标记值为200，在【提示】文本框中输入"壁灯"，设置文字高度为20并确定，如图8-66所示。

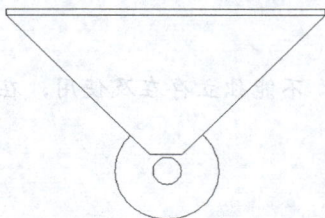

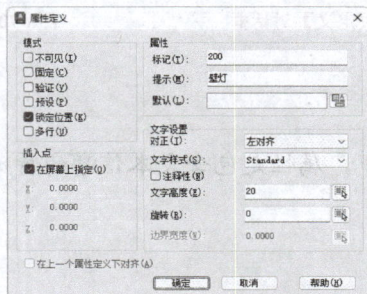

图8-65 打开图形　　　　　　　图8-66 【属性定义】对话框

03 在绘图区中指定插入属性的位置，如图8-67所示，即可为图形创建属性信息，效果如图8-68所示。

图8-67 指定插入属性的位置　　　　图8-68 创建属性信息

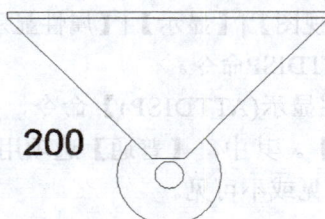

8.4.2 创建带属性的块

要使用具有属性的块，首先必须对属性进行定义，然后使用BLOCK或WBLOCK命令将属性定义成块后，才能将其以指定的属性值插入图形中。

【动手练】创建属性块。 视频

01 打开【壁灯.dwg】图形文件，参照前面的内容为图形创建属性信息。

02 执行【块(B)】命令，在打开的【块定义】对话框中设置块的名称(如"壁灯")，然后单击【选择对象】按钮，如图8-69所示。

03 在绘图区中选择灯具和创建的属性对象并确定，如图8-70所示。

04 返回【块定义】对话框中，单击【确定】按钮，然后在打开的【编辑属性】对话框中对属性进行编辑，或直接单击【确定】按钮，即可完成属性块的创建，如图8-71所示。

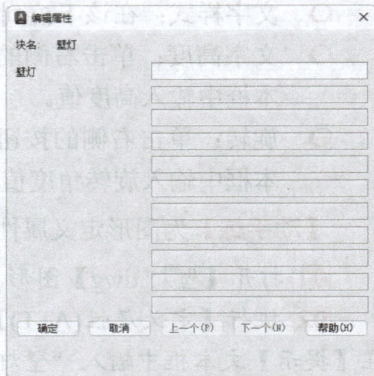

图8-69 【块定义】对话框　　　　图8-70 选择对象　　　　图8-71 编辑属性或进行确定

提示

在块对象中，属性是包含文本信息的特殊实体，不能独立存在及使用，在插入块时才会出现。

8.4.3 显示块属性

在创建属性块后，可以执行【属性显示】命令，控制属性的显示状态，执行【属性显示】命令有如下两种方法。

○ 选择【视图】|【显示】|【属性显示】命令，然后选择其中的子命令。
○ 执行ATTDISP命令。

执行【属性显示(ATTDISP)】命令，系统将提示【输入属性的可见性设置[普通(N)/开(ON)/关(OFF)]:】。其中，【普通】选项用于恢复属性定义时设置的可见性；ON/OFF用于控制块属性暂时可见或不可见。

8.4.4 编辑块属性值

在AutoCAD中，每个图块都有自己的属性，如颜色、线型、线宽和层特性。执行【编辑属性】命令可以编辑块中的属性定义，可以通过增强属性编辑器修改属性值。

执行【编辑属性】命令包括以下两种常用方法。

○ 选择【修改】|【对象】|【属性】|【单个】命令。
○ 执行EATTEDIT命令。

【动手练】编辑块的属性值。 📹视频

01 创建一个带属性的块对象，如前面介绍的灯具属性块。

02 执行EATTEDIT命令，然后选择创建的属性块，打开【增强属性编辑器】对话框，在该对话框的【属性】列表框中选择要修改的属性项，在【值】文本框中输入新的属性值，或保留原属性值，如图8-72所示。

03 选择【文字选项】选项卡，可以重新设置文字的属性，如图8-73所示。

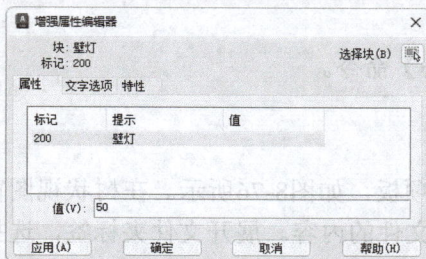

图8-72 修改属性值

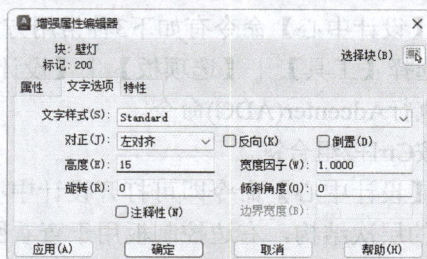

图8-73 修改文字属性

04 选择【特性】选项卡，可以重新设置对象的特性，如图8-74所示。单击【确定】按钮完成编辑，效果如图8-75所示。

图8-74 修改特性

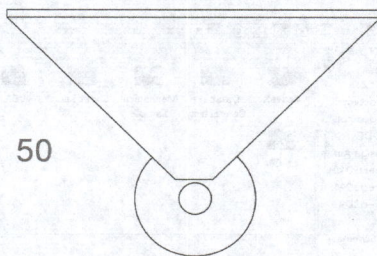

图8-75 编辑后的效果

8.5 设计中心

AutoCAD的制图人员通常会通过设计中心进行图形的浏览、搜索、插入等操作，下面将介绍AutoCAD设计中心的作用和应用。

8.5.1 设计中心的作用

通过设计中心可以方便地浏览计算机或网络上任何图形文件中的内容。其中包括图块、标注样式、图层、布局、线型、文字样式和外部参照。另外，使用设计中心可以从任意图形中选择图块，或从AutoCAD图元文件中选择填充图案，然后将其置于工具选项板上以便使用。

AutoCAD设计中心主要包括以下3个方面的作用。

- ○ 浏览图形内容，包括从经常使用的文件图形到网络上的符号。
- ○ 在本地硬盘和网络驱动器上搜索和加载图形文件，可将图形从设计中心拖到绘图区域并打开图形。
- ○ 查看文件中的图形和图块定义，并可将其直接插入或复制粘贴到目前的文件中。

8.5.2 认识【设计中心】选项板

若要在AutoCAD中应用设计中心进行图形的浏览、搜索、插入等操作，首先需要打开【DESIGNCENTER(设计中心)】选项板。

执行【设计中心】命令有如下3种常用方法。

○ 选择【工具】|【选项板】|【设计中心】命令。

○ 执行Adcenter(ADC)命令。

○ 按Ctrl+2组合键。

执行【设计中心】命令即可打开设计中心选项板，如图8-76所示。在树状视图窗口中显示了图形的层次结构，右边控制板用于查看图形文件的内容。展开文件夹标签，选择指定文件的块选项，在右边控制板中便显示该文件中的图块文件。在设计中心界面的上方有一系列工具栏按钮，选取任意一个图标，即可显示相关的内容。

【设计中心】选项板中常用选项的作用如下。

○ 📂加载：用于打开【加载】对话框，向控制板中加载内容，如图8-77所示。

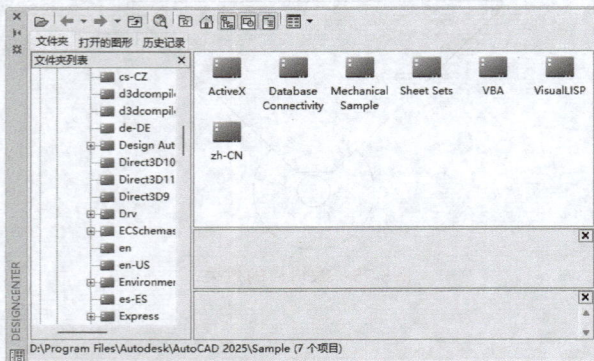

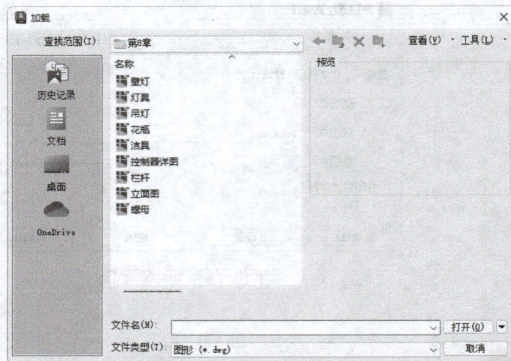

图8-76　设计中心　　　　　　　　　　图8-77　【加载】对话框

○ ⇦上一页：单击该按钮，进入上一次浏览的页面。

○ ⇨下一页：在选择浏览上一页操作后，可以单击该按钮返回后来浏览的页面。

○ 📁上一级目录：回到上级目录。

○ 🔍搜索：搜索文件内容。

○ 🖼树状图切换：扩展或折叠子层次。

○ 🗐▾显示：控制图标显示形式，单击右侧的下拉按钮可调出大图标、小图标、列表和详细内容4种显示方式。

8.5.3　搜索文件

使用AutoCAD设计中心的搜索功能，可以搜索文件、图形、块和图层定义等。从AutoCAD设计中心的工具栏中单击【搜索】按钮🔍，打开【搜索】对话框，在该对话框的搜索栏中可以选择要查找的内容类型，包括标注样式、布局、块、填充图案、图层和图形等。

【动手练】使用设计中心搜索图形。　🎬视频

01 执行【设计中心(ADC)】命令，打开【设计中心】选项板。单击该选项板工具栏中的【搜索】按钮🔍，打开【搜索】对话框。然后单击【搜索】对话框中的【浏览】按钮，如图8-78所示。

02 在打开的【浏览文件夹】对话框中选择搜索的位置，然后单击【确定】按钮，如图8-79所示。

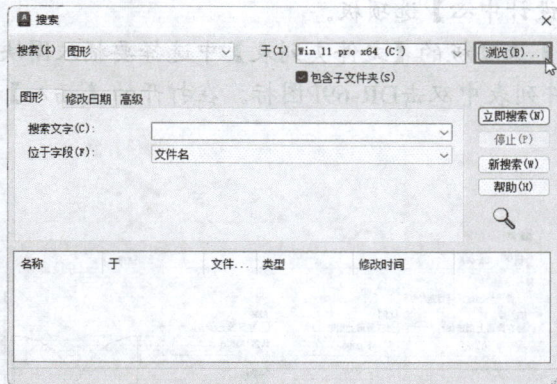

图8-78 单击【浏览】按钮

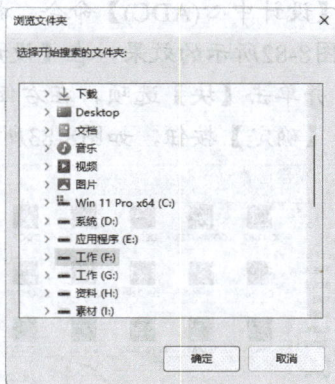

图8-79 选择搜索的位置

03 返回【搜索】对话框并输入搜索的图形名称。然后单击【立即搜索】按钮，即可开始搜索指定的文件，其结果显示在对话框的下方列表中，如图8-80所示。

04 双击搜索到的文件，可以将其加载到【设计中心】选项板中，如图8-81所示。

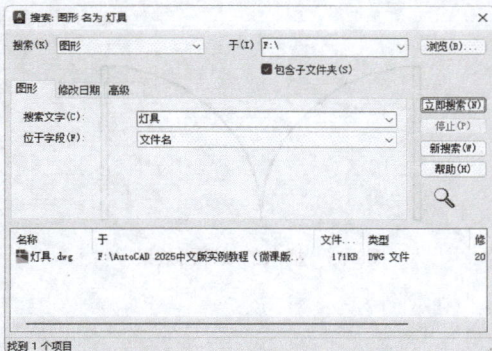

图8-80 搜索文件

图8-81 加载文件

提示

单击【立即搜索】按钮即可开始进行搜索，其结果显示在对话框的下方列表中。如果在完成全部搜索前就已经找到所要的内容，可单击【停止】按钮停止搜索；单击【新搜索】按钮可清除当前的搜索内容，重新进行搜索。在搜索到所需要的内容后，双击该对象即可直接将其加载到【设计中心】选项板上。

8.5.4 在图形中添加对象

应用AutoCAD设计中心不仅可以搜索需要的文件，还可以向图形中添加内容。在【设计中心】选项板中将块对象拖到打开的图形中，即可将该内容加载到图形中。如果在【设计中心】选项板中双击块对象，可以打开【插入】对话框，然后将指定的块对象插入图形中。

【动手练】使用设计中心插入双开门。 🎬视频

01 执行【设计中心(ADC)】命令，打开【设计中心】选项板。

02 参照图8-82所示的效果，在【设计中心】选项板的【文件夹列表】中选择要插入图块文件的位置，并单击【块】选项，在右侧的文件列表中双击DR-69P图标。在打开的【插入】对话框中单击【确定】按钮，如图8-83所示。

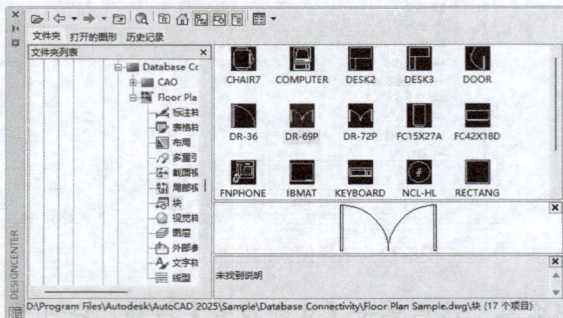

图8-82 双击块对象的图标 　　　　　　　　图8-83 单击【确定】按钮

03 进入绘图区指定图块的插入点，如图8-84所示，即可将指定的双开门图块插入绘图区中，如图8-85所示。

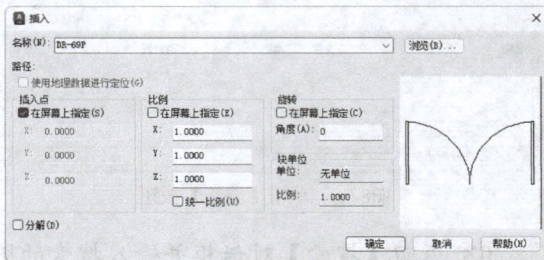

图8-84 指定图块插入点 　　　　　　　　图8-85 插入的双开门效果

✈ 提示

使用【设计中心】命令不仅可以插入AutoCAD自带的图块，也可以插入其他文件中的图块。在【设计中心】选项板中找到并展开要打开的图块，双击该图块打开【插入】对话框，将其插入绘图区中，也可以将图块从【设计中心】选项板直接拖到绘图区中。

8.6 课堂案例

本节练习绘制平面图的平开门和建筑标高图形，巩固所学的创建块、插入块与属性块的知识和具体应用。

8.6.1 绘制平开门

本例将结合前面所学的创建块和插入块命令，在图8-86所示的平面图中绘制门图形，完成后的效果如图8-87所示。

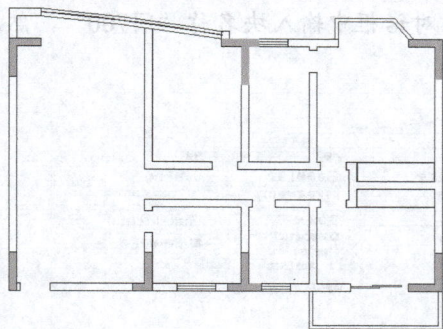

图8-86　平面图素材

图8-87　绘制门图形

绘制本例平开门的具体操作步骤如下。

01 打开【平面图.dwg】图形文件，使用【矩形(REC)】和【圆弧(A)】命令在右上方的卧室内门洞处绘制一个厚度为40、宽为800的平开门，如图8-88所示。

02 执行【块(B)】命令，在打开的【块定义】对话框中输入块名称"门800"，然后单击【选择对象】按钮，如图8-89所示。

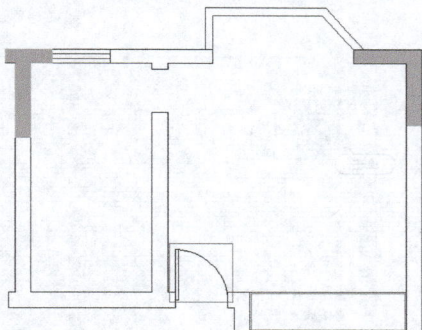

图8-88　绘制平开门

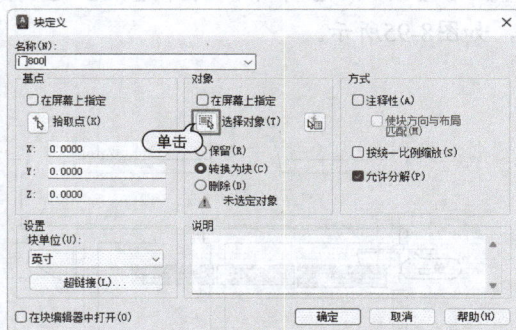

图8-89　【块定义】对话框

03 在绘图区中选择平开门图形，再返回【块定义】对话框并单击【拾取点】按钮，在门的左下方端点处指定块的基点，如图8-90所示，然后按Enter键确定，创建门图块。

04 执行【镜像(MI)】命令，对门图块进行两次镜像复制，效果如图8-91所示。

图8-90　指定基点

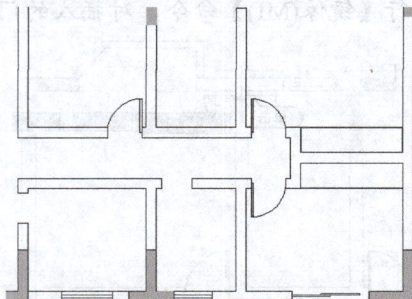

图8-91　镜像复制平开门

05 使用【矩形(REC)】命令绘制一个长为700、宽为40的矩形，再使用【圆弧(A)】命令绘制一段圆弧，在左下方的厨房门洞处创建平开门，如图8-92所示。

06 执行【块(B)】命令,在打开的【块定义】对话框中输入块名称"门700",然后单击【选择对象】按钮⬚,如图8-93所示。

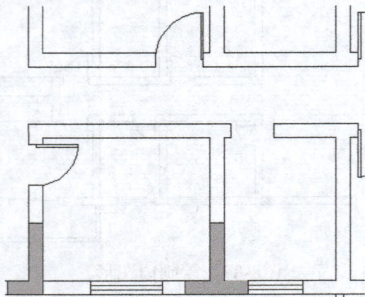

图8-92　绘制平开门

图8-93　【块定义】对话框

07 在绘图区中选择长度为700的平开门图形并按Enter键确定,返回【块定义】对话框,单击【拾取点】按钮⬚,然后在门的左上方端点处指定块的基点,如图8-94所示,再按Enter键确定。

08 执行【插入(I)】命令,打开【块】选项板,在【当前图形】选项卡中单击【门700】块对象,如图8-95所示。

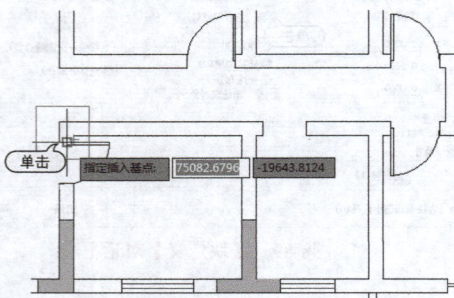

图8-94　指定基点

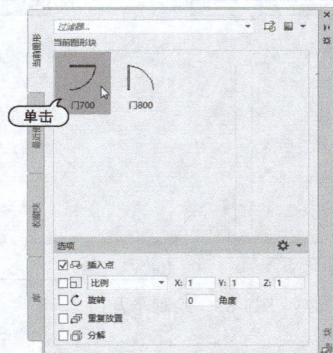

图8-95　单击图块

09 在绘图区卫生间门洞的中点处指定图块的插入点,如图8-96所示。

10 执行【镜像(MI)】命令,对插入的门图块进行镜像操作,效果如图8-97所示。

图8-96　指定插入点

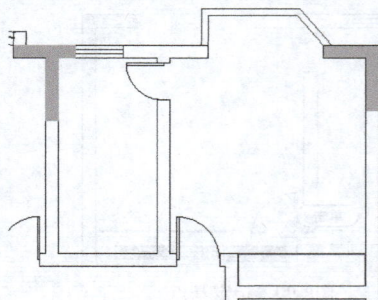

图8-97　镜像门图块

11 执行【插入(I)】命令,将【门700】图块插入下方次卫生间的门洞中,如图8-98所示。

12 执行【旋转(RO)】命令，将刚插入的门图块逆时针旋转90°，再执行【镜像(MI)】命令，将旋转的门图块镜像一次，效果如图8-99所示。

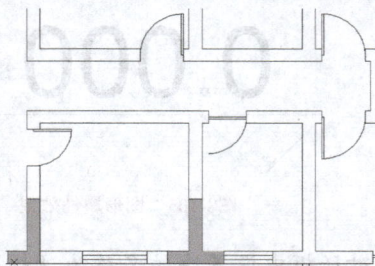

图8-98 插入【门700】图块　　　　　图8-99 旋转并镜像门图块

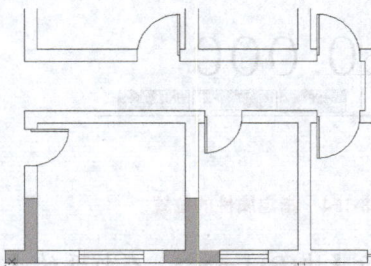

13 使用【矩形(REC)】和【圆弧(A)】命令在进门处绘制一个宽度为900、厚度为40的平开门，完成本例图形的绘制。

8.6.2 绘制建筑标高

本例将结合前面所学的创建属性块和插入块命令，在图8-100所示的建筑立面图中绘制标高图形，完成后的效果如图8-101所示。

图8-100 素材图形　　　　　　　图8-101 绘制标高

01 打开【立面图.dwg】素材图形。

02 使用【直线(L)】命令绘制一条长度为1800的线段，然后绘制两条斜线作为标高符号，如图8-102所示。

03 执行【定义属性(ATT)】命令，在打开的【属性定义】对话框中设置标记为0.000、提示为"标高"、文字高度为200，如图8-103所示。

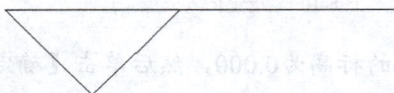

图8-102 创建标高符号　　　　　图8-103 设置属性参数

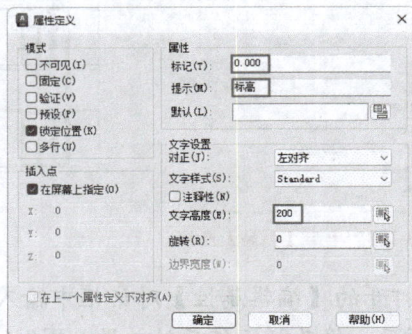

167

04 单击【属性定义】对话框中的【确定】按钮,进入绘图区指定创建图形属性的位置,如图8-104所示,效果如图8-105所示。

图8-104 指定属性的位置

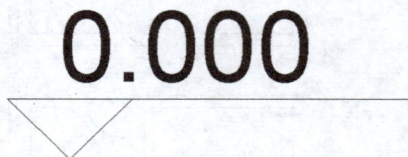

图8-105 图形属性效果

05 执行【块(B)】命令,在打开的【块定义】对话框中设置块的名称为"标高",然后单击【选择对象】按钮(如图8-106所示),在绘图区中选择绘制的标高和属性对象并确定。

06 返回【块定义】对话框并单击【拾取点】按钮。然后指定标高图块的基点位置,如图8-107所示。再返回【块定义】对话框进行确定,创建带属性的标高块。

图8-106 单击【选择对象】按钮

图8-107 指定基点位置

07 选择【插入】|【块选项板】命令,打开【块】选项板,在【当前图形】选项卡中单击【标高】图块,如图8-108所示。

08 在一楼地平线右侧指定插入标高属性块的位置,如图8-109所示。

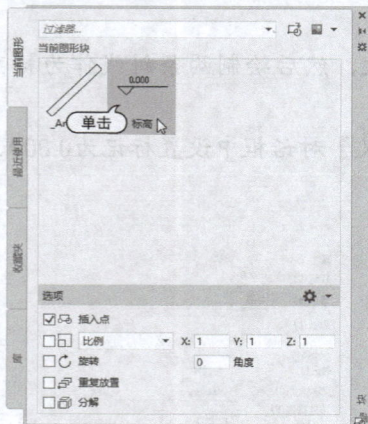

图8-108 单击【标高】图块

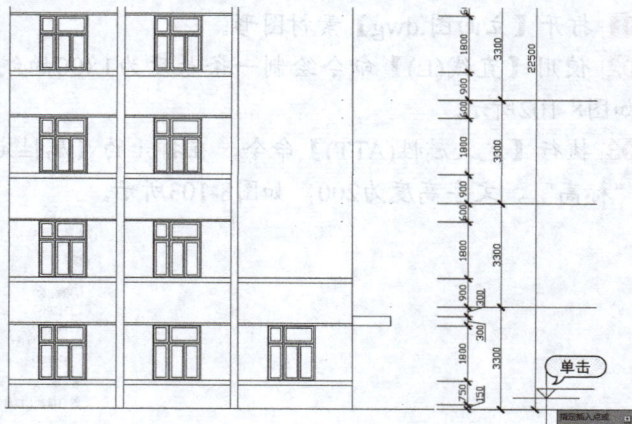

图8-109 指定插入位置

09 在打开的【编辑属性】对话框中输入此处的标高为0.000,然后单击【确定】按钮,如图8-110所示。修改标高值后的效果如图8-111所示。

图8-110 设置标高属性值

图8-111 修改标高值后的效果

10 继续在【块】选项板中选择【标高】图块，然后在二楼右侧的水平线上指定插入块的位置，如图8-112所示。

11 在打开的【编辑属性】对话框中输入此处的标高为3.300，然后单击【确定】按钮，如图8-113所示。得到的二楼的标高效果如图8-114所示。

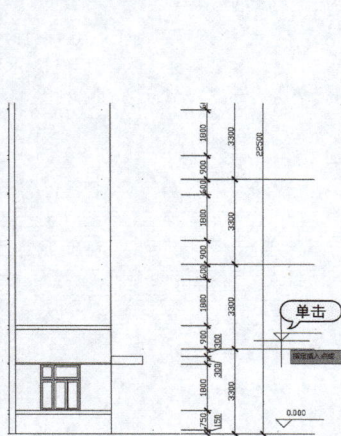

图8-112 指定插入位置

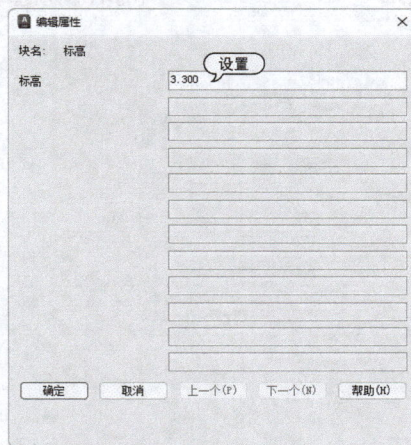

图8-113 修改标高值

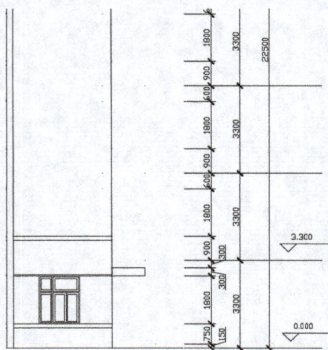

图8-114 标高效果

12 使用相同的方法，在各层中插入标高属性块，并修改各层的标高值，完成本例的绘制。

8.7 习题

1. 为什么有时将图形创建为块后，图块不能够分解？

2. 当内部图块是随图形一同保存时，外部图块插入图形中之后，该图块是否能够随图形保存？

3. 打开【控制器.dwg】素材图形。执行Adcenter(ADC)命令，在【设计中心】选项板中依次展开Sample\zh-CN\DesignCenter\Fasteners-US.dwg文件中的图块，将六角螺母图块插入当前图形中，效果如图8-115所示。

4. 打开【剖面图.dwg】素材图形。通过创建标高图形，并使用创建和插入属性块的方法，快速完成剖面图标高的绘制，效果如图8-116所示。

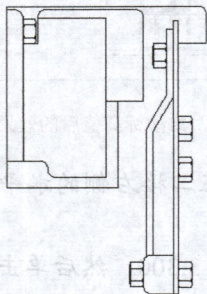

图8-115　插入螺母　　　　　　　　　　　图8-116　创建标高

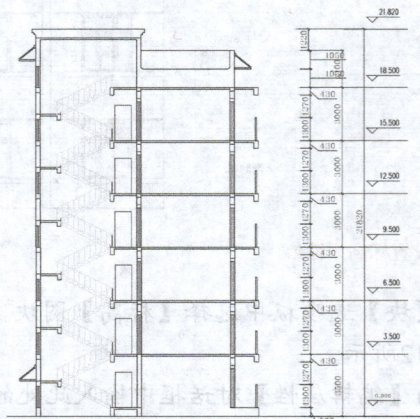

第 **9** 章

面域与填充

在AutoCAD制图中，为了区别图形中不同形体的组成部分，增强图形的表现效果，可以使用填充图案和渐变色功能对图形进行图案和渐变色填充。在填充复杂图形的图案时，通过创建和编辑面域，可以快速、准确地确定填充的边界。本章将讲解面域与图案填充的具体应用。

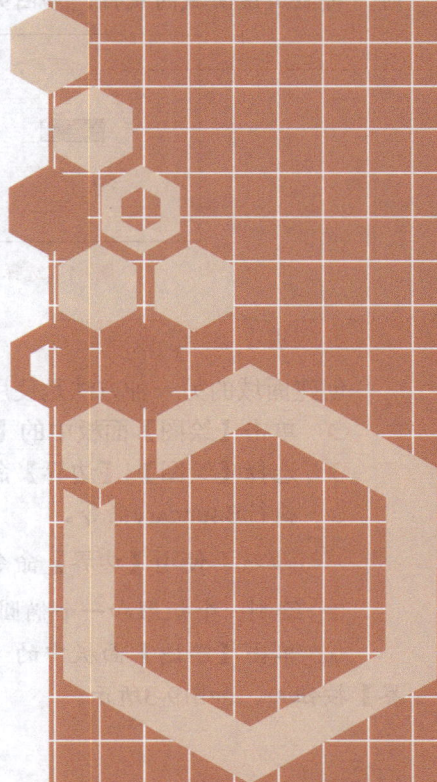

9.1　面域

在AutoCAD中，面域是由封闭区域所形成的二维实体对象，其边界可以由直线、多段线、圆、圆弧或椭圆等对象形成。在创建好面域对象后，用户可以对面域进行布尔运算，创建出各种形状的实体对象。

9.1.1　建立面域

使用【面域】命令可以将封闭的图形创建为面域对象，也可以使用【边界】命令创建面域。在创建面域对象之前，首先应确定存在封闭的图形，如多边形、圆形或椭圆等。

1. 应用【面域】命令

执行【面域】命令，选择封闭图形并确定，即可将选择的图形创建为面域对象。执行【面域】命令包括以下3种常用方法。

- 选择【绘图】|【面域】命令。
- 展开【绘图】面板，单击其中的【面域】按钮◎。
- 执行Region(REG)命令。

【动手练】将图形创建为面域对象。　📹视频

01 使用【矩形】和【圆】命令绘制一个矩形和一个圆。

02 执行Region(REG)命令，选择圆作为创建面域的对象，如图9-1所示。

03 按空格键进行确定，即可将选择的对象转换为面域对象。将光标移到面域对象上时，将显示该面域的属性，如图9-2所示。

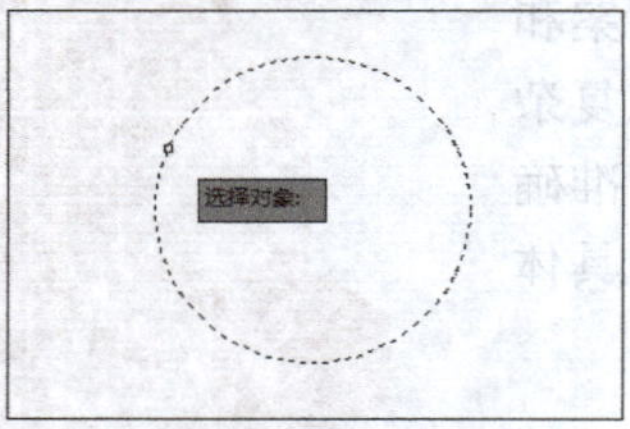

图9-1　选择图形 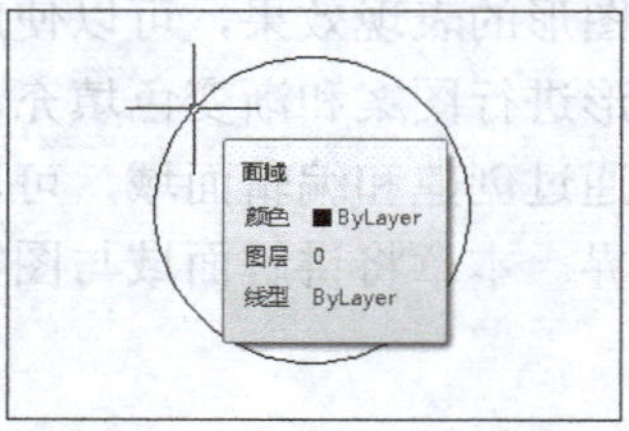　　　　　　　　图9-2　显示面域属性

2. 应用【边界】命令

创建面域的另一种方法是使用【边界】命令，执行【边界】命令的方法有如下3种。

- 单击【绘图】面板中的【边界】按钮□。
- 选择【绘图】|【边界】命令。
- 执行Boundary命令。

【动手练】使用【边界】命令创建面域。　📹视频

01 绘制一个矩形和一个椭圆作为创建面域的对象。

02 单击【绘图】面板中的【图案填充】下拉按钮▨ ▾，在弹出的下拉列表中单击【边界】按钮□，如图9-3所示。

03 在打开的【边界创建】对话框中单击【对象类型】下拉按钮，在弹出的下拉列表中选择【面域】选项，如图9-4所示。

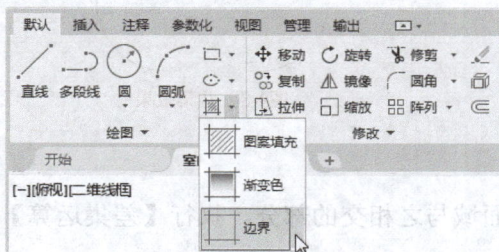

图9-3　单击【边界】按钮

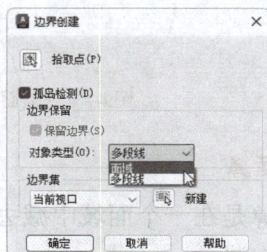

图9-4　选择【面域】选项

04 单击【边界创建】对话框上方的【拾取点】按钮，进入绘图区指定需要创建为面域的区域，如图9-5所示。

05 按空格键确定，即可完成面域的创建。此时系统将根据选取点创建一个或多个面域，并在命令行中给出相应的提示信息，如图9-6所示。

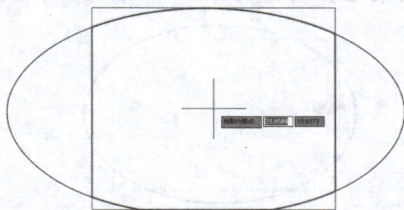

图9-5　指定区域

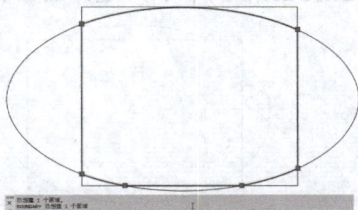

图9-6　提示信息

提示

使用【边界】命令创建面域时，除创建新的面域外，还将保留原对象。

9.1.2　运算面域

在AutoCAD中，面域可以进行并集、差集和交集这3种布尔运算，通过不同的组合来创建复杂的新面域。

1. 并集运算

在AutoCAD中，并集运算是将多个面域或实体对象相加合并成一个对象。执行【并集运算】命令包括以下两种常用方法。

- 选择【修改】|【实体编辑】|【并集】命令。
- 执行Union(UNI)命令。

【动手练】对面域对象进行并集运算。　🎬视频

01 使用【圆】命令绘制两个圆，然后将其创建为面域对象，如图9-7所示。

02 执行Union(UNI)命令，然后选择创建好的两个面域对象并确定，即可将两个面域进行并集运算。并集效果如图9-8所示。

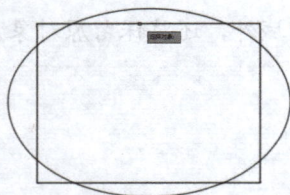

图9-7 创建面域   图9-8 并集效果

2. 差集运算

差集运算是在一个面域中减去其他面域与之相交的部分。执行【差集运算】命令包括以下两种常用方法。

- ○ 选择【修改】|【实体编辑】|【差集】命令。
- ○ 执行Subtract(SU)命令。

【动手练】对面域对象进行差集运算。 📹视频

01 绘制一个矩形和一个椭圆，然后将其创建为面域对象，如图9-9所示。

02 执行Subtract(SU)命令，选择椭圆作为差集运算的源对象，如图9-10所示。

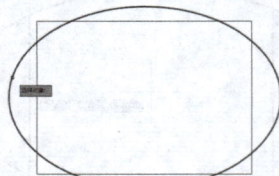

图9-9 创建面域   图9-10 选择源对象

03 选择矩形作为要减去的对象，如图9-11所示。按空格键确定，差集运算面域的效果如图9-12所示。

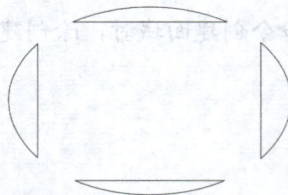

图9-11 选择减去的对象   图9-12 差集效果

3. 交集运算

交集运算将保留多个面域相交的公共部分，而除去其他部分。执行【交集运算】命令包括以下两种常用方法。

- ○ 选择【修改】|【实体编辑】|【交集】命令。
- ○ 执行Intersect (IN)命令。

【动手练】对面域对象进行交集运算。 📹视频

01 绘制一个多边形和一个圆，然后将其创建为面域对象，如图9-13所示。

02 执行【交集(IN)】命令，选择创建的两个面域并确定，即可对其进行交集运算。交集效果如图9-14所示。

图9-13 创建面域

图9-14 交集效果

9.2 图案填充

在进行图案填充之前，首先需要有填充图案的区域，然后通过【图案填充】命令对指定区域进行填充。对图形进行图案填充通常包括指定填充区域和设置填充图案两个过程。

执行【图案填充】命令包括以下几种常用方法。

- 选择【绘图】|【图案填充】命令。
- 单击【绘图】面板中的【图案填充】按钮。
- 执行Hatch(H)命令。

9.2.1 使用功能区填充图案

执行【图案填充】命令，将打开【图案填充创建】功能区，在该功能区中可以设置填充的边界和填充的图案等参数，如图9-15所示。

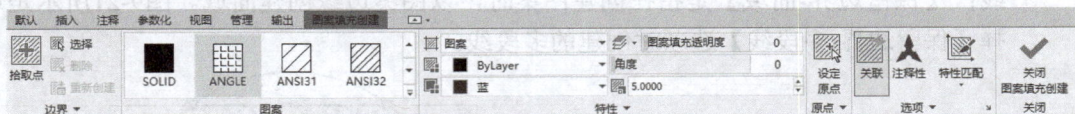

图9-15 【图案填充创建】功能区

1. 选择填充边界

在【边界】面板中可以通过单击【拾取点】按钮指定填充的区域，或单击【选择】按钮选择要填充的对象。单击【边界】面板下方的下拉按钮(如图9-16所示)，可以展开【边界】面板中隐藏的选项，如图9-17所示。

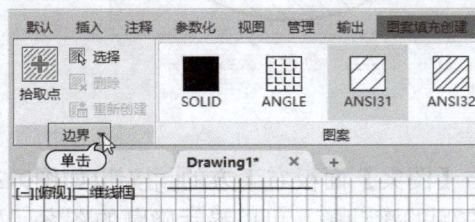

图9-16 单击【边界】下拉按钮

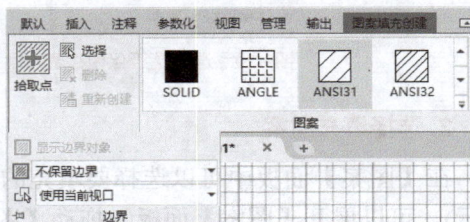

图9-17 展开【边界】面板

【边界】面板中常用选项的含义如下。

- 拾取点：在一个封闭区域内部任意拾取一点，AutoCAD将自动搜索包含该点的区域边界，如图9-18所示。
- 选择：用于选择实体，单击该按钮可选择组成区域边界的实体，如图9-19所示。

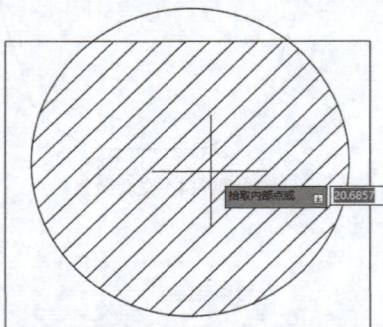

图9-18　在封闭区域内指定拾取点　　　　　图9-19　选择对象作为边界

- 删除：用于取消边界，边界即为在一个大的封闭区域内存在的一个独立的小区域。该选项只有在使用【拾取点】按钮来确定边界时才起作用，AutoCAD将自动检测和判断边界。单击该按钮后，AutoCAD将忽略边界的存在，从而对整个大区域进行图案填充。
- 重新创建：围绕选定的图案填充或填充对象创建多段线或面域，并使其与图案填充对象相关联。
- 不保留边界：在该下拉列表中可以选择【不保留边界】【保留边界-多段线】和【保留边界-面域】3种选项，如图9-20所示。其中，【不保留边界】是指在创建图案时，不创建边界对象；【保留边界-多段线】是指在创建图案时，以图案边缘创建多段线；【保留边界-面域】是指在创建图案时，以图案边缘创建面域。图9-21所示是选择【保留边界-多段线】选项时创建的多段线。

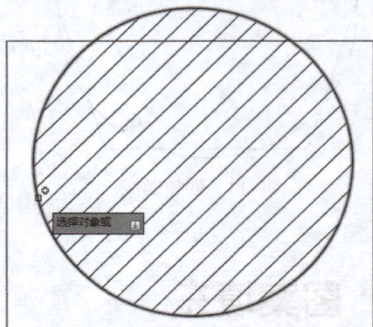

图9-20　选择是否保留边界　　　　　图9-21　创建多段线边界

2. 选择填充图案

在【图案】面板中可以选择要填充的图案。单击【图案】面板右下方的⬇按钮(如图9-22所示)，可以展开【图案】面板。拖动【图案】面板右侧的滚动条，可以显示隐藏的图案，如图9-23所示。

图9-22 单击【图案】下拉按钮

图9-23 显示隐藏的图案

提示

在【图案】面板中，用户可以选择填充的图案，但这些图案所使用的颜色和线型将使用当前图层的颜色和线型，用户也可以在【特性】面板中指定填充图案所使用的颜色和线型。

3. 设置图案特性

在【特性】面板中可以设置图案或渐变色的样式、颜色、角度和比例等特性。单击【特性】面板下方的下拉按钮(如图9-24所示)，可以展开【特性】面板中隐藏的选项，如图9-25所示。

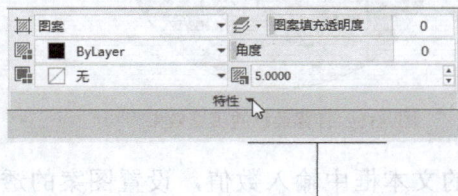

图9-24 单击【特性】下拉按钮　　　　图9-25 显示隐藏的特性

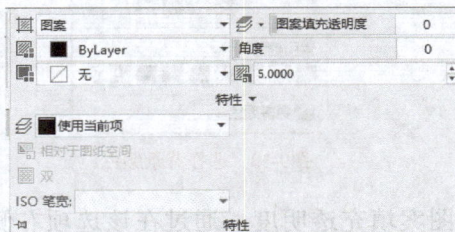

【特性】面板中常用选项的含义如下。

- 图案填充类型：在该下拉列表中可以选择图案的填充类型，包括【实体】【渐变色】【图案】和【用户定义】这4类，如图9-26所示。选择不同的填充类型时，在【图案】面板中将显示所选择类型的图案，图9-27所示是选择【用户定义】的图案类型。

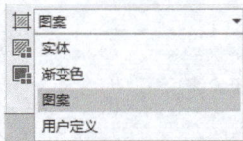

图9-26 选择图案填充类型　　　　图9-27 【用户定义】图案类型

- 图案填充颜色：单击【颜色】选项的颜色下拉按钮，可以在弹出的下拉列表中选择需要的图案颜色，如图9-28所示。在【颜色】下拉列表中选择【更多颜色】选项，可以打开【选择颜色】对话框，在此可以选择更多的颜色，如图9-29所示。

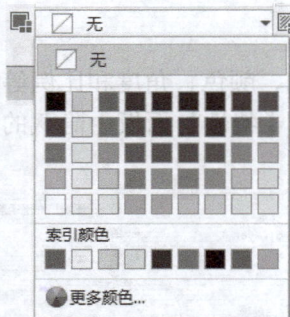

图9-28　选择图案颜色　　　　　　　　图9-29　【选择颜色】对话框

○ 背景色：默认状态下为无背景颜色。单击【背景色】下拉按钮，可以在弹出的下拉列表中选择图案填充的背景颜色，如图9-30所示。图9-31所示是设置背景色为灰色的填充效果。

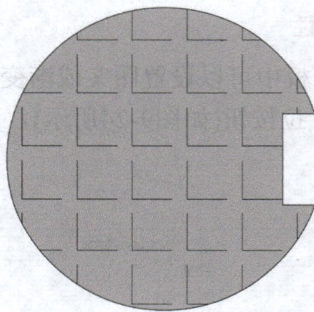

图9-30　选择背景颜色　　　　　　　图9-31　有背景色的填充效果

○ 图案填充透明度：通过在该选项右侧的文本框中输入数值，设置图案的透明度，图9-32所示是设置图案透明度为50的填充效果。

○ 图案填充角度：通过在该选项右侧的文本框中输入数值，设置图案的角度，图9-33所示是设置图案角度为45°的填充效果。

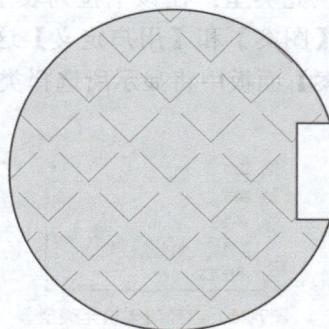

图9-32　图案透明度为50的填充效果　　　　图9-33　图案角度为45°的填充效果

○ 图案填充比例：通过在该选项右侧的文本框中输入数值，设置图案的比例，图9-34和图9-35所示分别是设置图案比例为0.5和2的填充效果。

图9-34 图案比例为0.5的填充效果   图9-35 图案比例为2的填充效果

4. 设置其他选项

【原点】面板用于控制填充图案生成的起始位置；【选项】面板用于控制填充图案的关联、特性匹配和注释性等选项；单击【关闭】面板中的【关闭图案填充创建】按钮，将完成图案填充操作，并关闭【图案填充创建】功能区。

【例9-1】填充法兰盘剖视图。 📀视频

01 打开【法兰盘剖视图.dwg】素材图形，如图9-36所示。

02 选择【绘图】|【图案填充】命令，打开【图案填充创建】功能区。展开【图案】面板，选择其中的ANSI31图案，如图9-37所示。

图9-36 素材图形   图9-37 选择ANSI31图案

03 单击【边界】面板中的【拾取点】按钮（如图9-38所示），然后进入绘图区指定要填充的区域，如图9-39所示。

图9-38 单击【拾取点】按钮   图9-39 指定填充区域

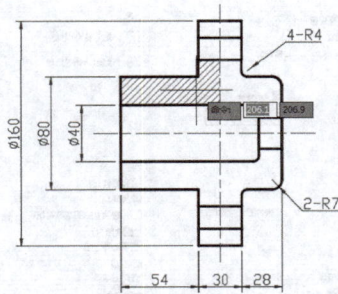

04 在【特性】面板中设置填充比例值为1.5，如图9-40所示。

05 单击【关闭】面板中的【关闭图案填充创建】按钮，完成图形的图案填充，效果如图9-41所示。

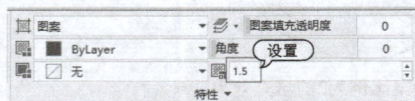

图9-40　设置填充比例

图9-41　填充效果

06 重复执行Hatch(H)命令，单击【边界】面板中的【拾取点】按钮，依次在剖视图的其他位置指定填充区域，如图9-42所示。按空格键确定后，得到的填充效果如图9-43所示，完成本例的制作。

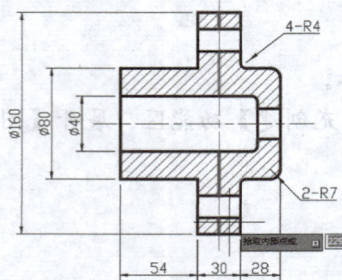

图9-42　指定其他填充区域

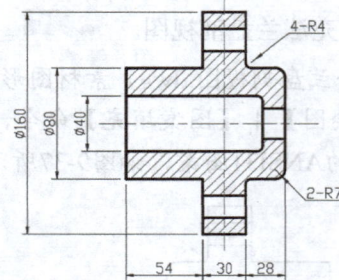

图9-43　图案填充效果

9.2.2　使用对话框填充图案

执行【图案填充(H)】命令后，根据提示输入T并确定，启用【设置(T)】选项，可以打开【图案填充和渐变色】对话框，在该对话框中可以对图案填充进行更详细的参数设置，如图9-44所示。在【图案填充】选项卡中单击对话框右下角的【更多选项】按钮，可以展开隐藏部分的选项内容，如图9-45所示。

图9-44　【图案填充和渐变色】对话框

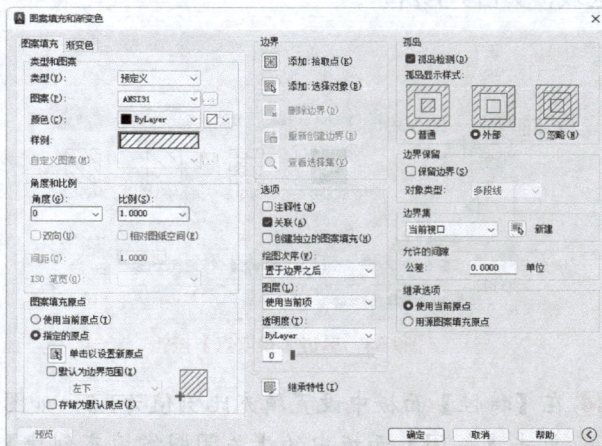

图9-45　展开更多选项

1. 图案填充类型

【类型和图案】选项组用于指定图案填充的类型和图案。

○ 类型：在该下拉列表中可以选择图案的类型，包括【预定义】【用户定义】和【自定义】这3类。

○ 图案：单击【图案】选项右侧的下拉按钮，可以在弹出的下拉列表中选择需要的图案，如图9-46所示；单击【图案】选项右侧的 按钮，将打开【填充图案选项板】对话框，其中显示各种预置的图案及效果，如图9-47所示。

图9-46　选择图案　　　　　　　　图9-47　【填充图案选项板】对话框

○ 颜色：单击【颜色】选项的颜色下拉按钮，可以在弹出的下拉列表中选择需要的图案颜色，如图9-48所示；单击【颜色】选项右侧的 下拉按钮，可以在弹出的下拉列表中选择图案的背景颜色，默认状态下为无背景颜色，如图9-49所示。

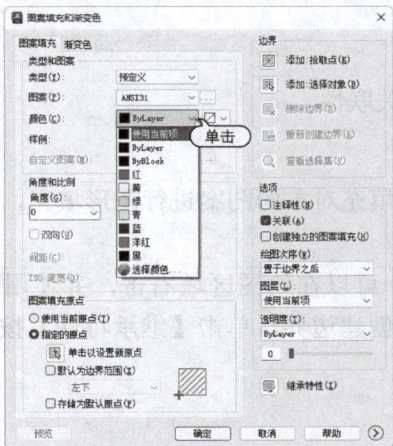

图9-48　选择图案颜色　　　　　　图9-49　选择背景颜色

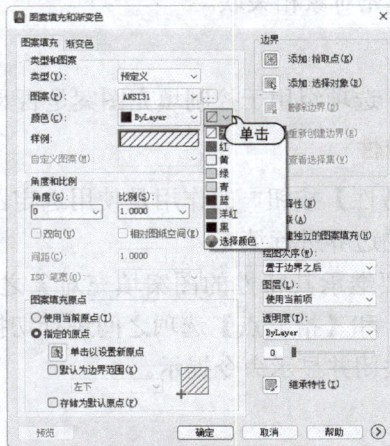

○ 样例：在该显示框中显示了当前使用的图案效果。单击该显示框，可以打开【填充图案选项板】对话框。

○ 自定义图案：该选项只有在选择【自定义】图案类型后才可用。单击右侧的【浏览】按钮 ，可以打开用于选择自定义图案的【填充图案选项板】对话框。

2. 角度和比例

在【角度和比例】选项组中可以指定图案填充的角度和比例。

- 角度：在该下拉列表中可以设置图案填充的角度。
- 比例：在该下拉列表中可以设置图案填充的比例。
- 双向：当使用【用户定义】方式填充图案时，此选项才可用。选择该项可自动创建两个方向相反并互成90°的图样。
- 间距：指定用户定义图案中的直线间距。

3. 图案填充原点

在【图案填充原点】选项组中可以控制填充图案生成的起始位置。某些图案填充(如地板图案)需要与图案填充边界上的一点对齐。

4. 边界

【边界】选项组主要用于设置填充图形的选区。

- 【添加：拾取点】按钮▣：在一个封闭区域内部任意拾取一点，AutoCAD将自动搜索包含该点的区域边界。
- 【添加：选择对象】按钮▣：用于选择实体，单击该按钮可选择组成区域边界的实体。
- 【删除边界】按钮▣：用于取消边界，边界即为在一个大的封闭区域内存在的一个独立的小区域。该选项只有在使用【添加：拾取点】按钮▣来确定边界时才起作用，AutoCAD将自动检测和判断边界。单击该按钮后，AutoCAD将忽略边界的存在，从而对整个大区域进行图案填充。
- 重新创建边界▣：围绕选定的图案填充或填充对象创建多段线或面域，并使其与图案填充对象相关联。

5. 选项

【选项】选项组用于控制填充图案是否具有关联性。

6. 继承特性

【继承特性】按钮▣的作用是使用选定图案填充对象的图案进行图形填充，或使用填充特性对指定的边界进行填充。

在选定要继承其特性的图案填充对象之后，可以在绘图区域右击，并使用快捷菜单在【选择对象】和【拾取点】选项之间进行切换以创建边界。单击【继承特性】按钮▣时，对话框将暂时关闭并显示命令提示。

7. 孤岛

【孤岛】选项组包括【孤岛检测】和【孤岛显示样式】这两个选项。下面以填充如图9-50所示的图形为例，对其中各选项的含义进行解释。

- 孤岛检测：控制是否检测内部闭合边界。
- 普通：用普通填充方式填充图形时，是从最外层的外边界向内边界填充，即第一层填充，第二层则不填充，如此交替进行填充，直到将选定边界填充完毕。普通填充效果如图9-51所示。

○ 外部：该方式只填充从最外边界向内第一边界之间的区域，效果如图9-52所示。

○ 忽略：该方式将忽略最外层边界包含的其他任何边界，从最外层边界向内填充全部图形，效果如图9-53所示。

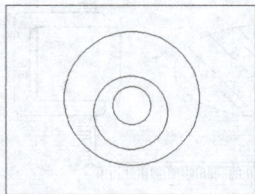

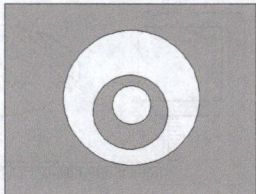

图9-50　原图　　　　图9-51　普通填充效果　　　　图9-52　外部填充效果　　　　图9-53　忽略填充效果

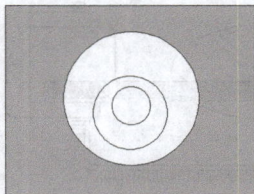

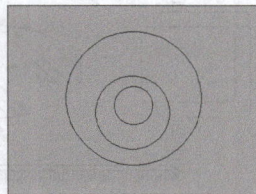

8. 预览

单击【预览】按钮将关闭对话框，并使用当前图案填充设置显示当前定义的边界。单击图形或按下Esc键返回对话框。右击或按Enter键接受图案填充。如果未指定用于定义边界的点，或未选择用于定义边界的对象，则此选项不可用。

9. 其他选项

在【图案填充和渐变色】对话框中还包含【边界保留】【边界集】【允许的间隙】等选项组，这些选项通常都不需要进行更改，在填充图形时保持默认状态即可。

【例9-2】填充茶几图案。　📹视频

01 打开【组合沙发.dwg】图形文件，如图9-54所示。

02 执行【图案填充(H)】命令，输入T并按空格键确定，打开【图案填充和渐变色】对话框，然后选择AR-RROOF图案，设置图案角度为45°、比例为400，如图9-55所示。

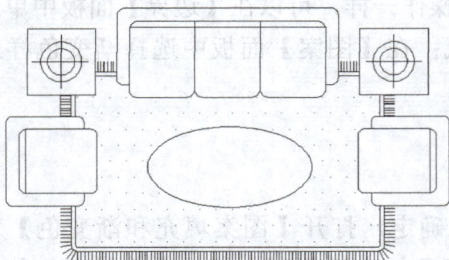

图9-54　打开图形文件　　　　　　　　图9-55　设置图案参数

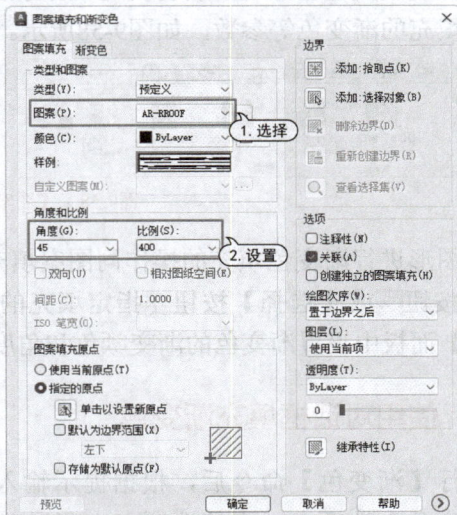

03 单击【添加：拾取点】按钮🔲，在沙发的椭圆茶几内指定填充图案的区域，如图9-56所示。

04 按Enter键进行确定，完成图形的填充，效果如图9-57所示。

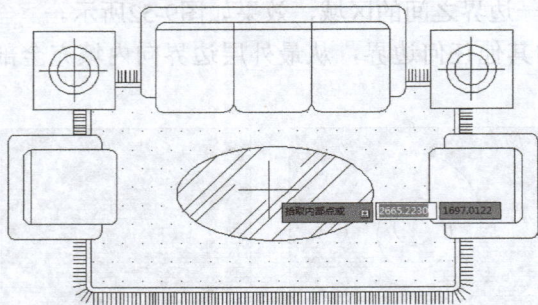

图9-56　指定填充区域　　　　　　　图9-57　为茶几填充图案

9.3　渐变色填充

在AutoCAD中，图形除了可以进行图案填充，还可以进行渐变色填充。同图案填充操作一样，用户可以通过功能区和对话框对图形进行渐变色填充。

执行【渐变色】命令包括以下几种常用方法。

○　选择【绘图】|【渐变色】命令。

○　单击【绘图】面板中的【渐变色】按钮██。

○　执行Gradient命令。

9.3.1　使用功能区填充渐变色

执行【渐变色】命令，将打开【图案填充创建】功能区，在该功能区中可以设置填充的边界和填充的渐变色等参数，如图9-58所示。

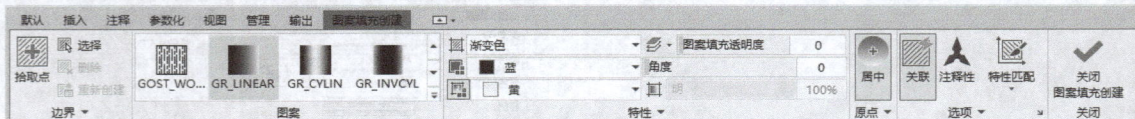

图9-58　【图案填充创建】功能区

对图形进行渐变色填充的操作同图案填充的操作一样，可以在【边界】面板中单击【拾取点】按钮██或【选择】按钮██指定填充的区域；在【图案】面板中选择渐变色样式；在【特性】面板中设置渐变色的渐变颜色和角度等。

9.3.2　使用对话框填充渐变色

执行【渐变色】命令后，根据提示输入T并确定，打开【图案填充和渐变色】对话框的【渐变色】选项卡，在该选项卡中可以对渐变色填充进行更详细的参数设置，如图9-59所示。

在【渐变色】选项卡中单击对话框右下角的【更多选项】按钮⊙，可以展开隐藏部分的选项内容，如图9-60所示。

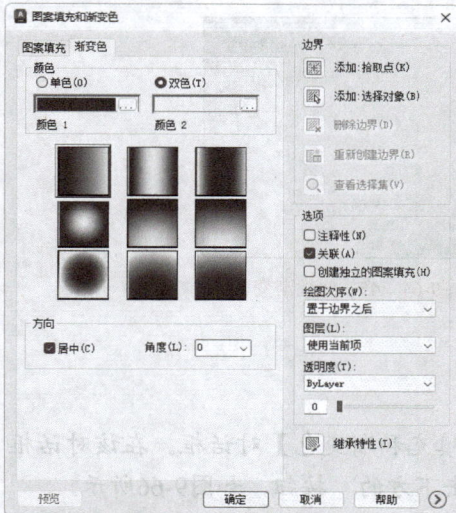

图9-59 【图案填充和渐变色】对话框

图9-60 展开更多选项

除了与【图案填充】选项卡中相同的选项，在【渐变色】选项卡中还包括渐变色填充特有的选项，其含义如下。

1. 颜色

【颜色】选项组用于设置渐变色填充的颜色，用户可以根据需要选择单色渐变填充或双色渐变填充。

- ○ 单色：选择此选项，渐变的颜色将从单色到透明进行过渡。
- ○ 双色：选择此选项，渐变的颜色将从第一种颜色到第二种颜色进行过渡。
- ○ 颜色样本：通过设置【颜色1】和【颜色2】的颜色，指定填充的渐变颜色。
- ○ 渐变样式：在渐变样式区域可以选择渐变的样式，如径向渐变、线性渐变等。

2. 方向

【方向】选项组用于设置渐变色的填充方向，还可以根据需要设置渐变的填充角度。

- ○ 居中：选中该复选框，颜色将从中心开始渐变，如图9-61所示；取消选中该复选框，颜色将呈不对称渐变，如图9-62所示。

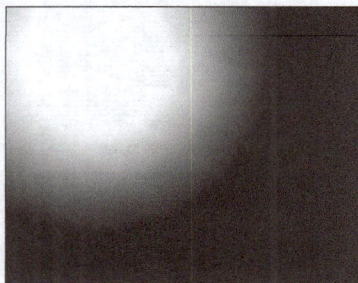

图9-61 从中心开始渐变

图9-62 不对称渐变

- ○ 角度：用于设置渐变色填充的角度。图9-63所示是0°线性渐变效果；图9-64所示是45°线性渐变效果。

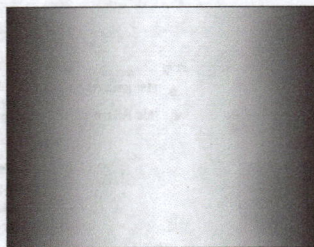

图9-63　0°线性渐变

图9-64　45°线性渐变

【例9-3】 为壁灯填充渐变色。 ● 视频

01 打开【壁灯.dwg】图形文件，如图9-65所示。

02 执行Gradient命令，输入T并确定，打开【图案填充和渐变色】对话框。在该对话框的【渐变色】选项卡中选中【单色】单选按钮，然后单击下方的 按钮，如图9-66所示。

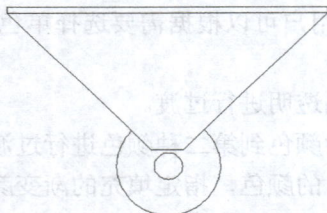

图9-65　打开素材文件

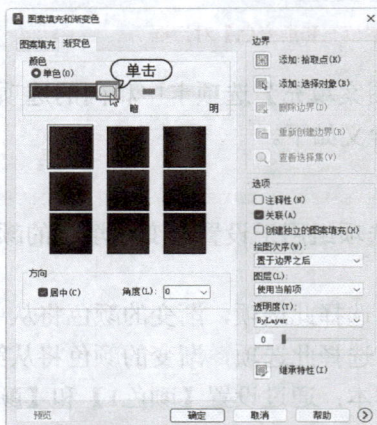

图9-66　选中【单色】单选按钮

03 在打开的【选择颜色】对话框中选择索引颜色为8的浅灰色，如图9-67所示，然后单击【确定】按钮。

04 返回【图案填充和渐变色】对话框，选择对称渐变样式，如图9-68所示。

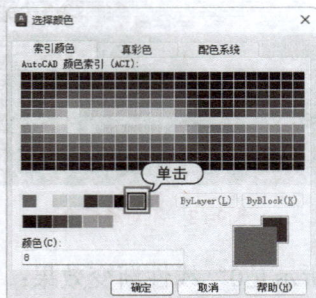

图9-67　设置颜色

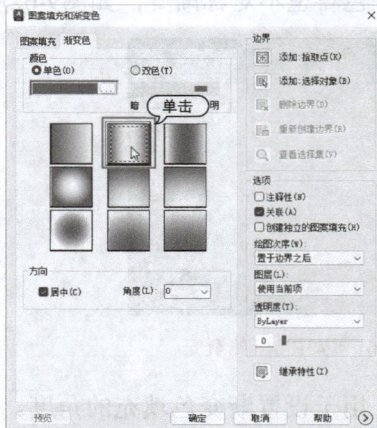

图9-68　选择对称渐变样式

05 单击【添加：拾取点】按钮 ⊞，进入绘图区，在图形中指定填充渐变色的区域，如图9-69所示。按空格键确定，完成渐变色的填充，效果如图9-70所示。

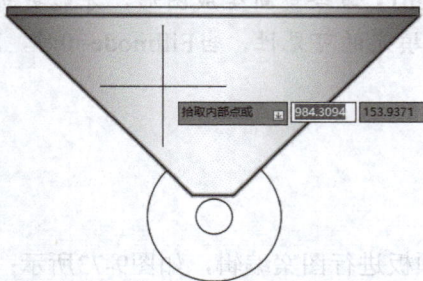

图9-69 指定填充区域

图9-70 渐变色填充效果

06 重复执行Gradient命令，输入T并确定，打开【图案填充和渐变色】对话框。在该对话框的【渐变色】选项卡中选择径向渐变样式，如图9-71所示，然后分别对图形下方的同心圆进行渐变色填充，效果如图9-72所示。

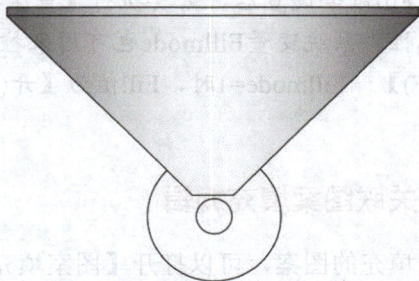

图9-71 选择径向渐变样式

图9-72 渐变色填充效果

9.4 图案填充编辑

在AutoCAD中，用户可以对填充好的图形图案进行编辑，如控制填充图案的可见性、关联图案填充编辑，以及夹点编辑关联图案填充等。

9.4.1 控制填充图案的可见性

执行Fill命令，可以控制填充图案的可见性。执行Fill命令后，系统将提示【输入模式[开(ON)/关(OFF)]<开>:】。将Fill命令设为【开(ON)】时，填充图案可见；设为【关(OFF)】时，则填充图案不可见。

更改Fill命令设置后，需要执行【重生成(Regen)】命令重新生成图形，才能更新填充图案的可见性。系统变量Fillmode也可用来控制图案填充的可见性。当Fillmode=0时，Fill值为【关(OFF)】；Fillmode=1时，Fill值为【开(ON)】。

9.4.2　关联图案填充编辑

双击填充的图案，可以打开【图案填充】选项板进行图案编辑，如图9-73所示；或者执行Hatchedit命令，选择要编辑的图案，打开【图案填充编辑】对话框进行图案编辑。

无论关联填充图案还是非关联填充图案，都可以在该对话框中进行编辑，如图9-74所示。使用编辑命令修改填充边界后，如果其填充边界继续保持封闭，则图案填充区域自动更新，并保持关联性；如果边界不再保持封闭，则其关联性消失。

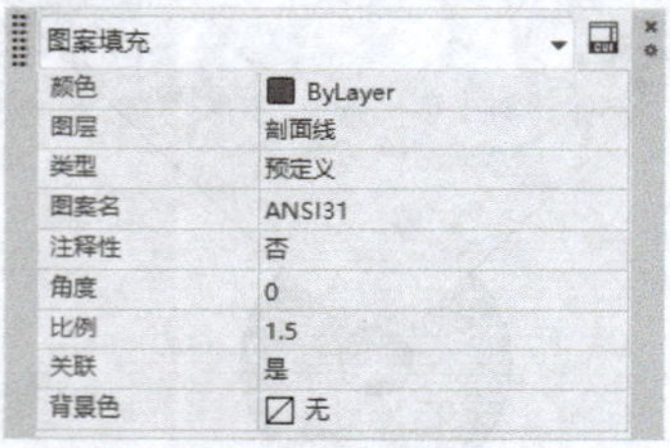

图9-73　【图案填充】选项板 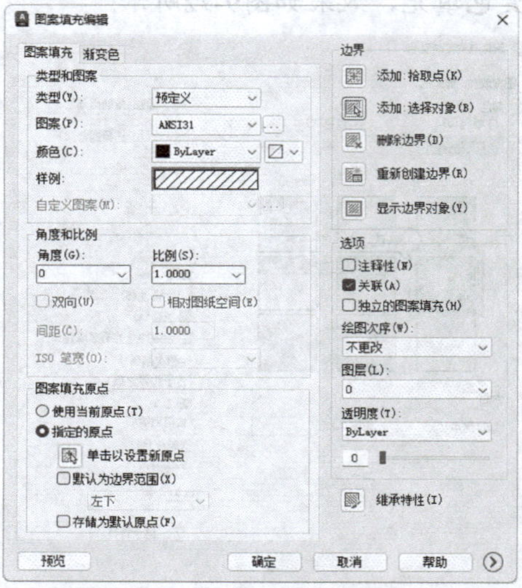　　　　图9-74　【图案填充编辑】对话框

关联图案填充的特点是图案填充区域与填充边界互相关联，当边界发生变动时，填充图形的区域随之自动更新。这一关联属性为已有图案填充编辑提供了方便。当填充图案对象所在的图层被锁定或冻结时，则在修改填充边界时其关联性消失。

9.4.3　夹点编辑关联图案填充

和其他实体对象一样，关联图案填充也可以用夹点方法进行编辑。AutoCAD将关联图案填充对象作为一个块处理，其夹点只有一个，位于填充区域的外接矩形的中心点上。

如果要对图案填充本身的边界轮廓直接进行夹点编辑，可以执行Ddgrips命令。在打开的【选项】对话框中选中【在块中显示夹点】复选框，即可选择边界进行编辑，如图9-75所示。

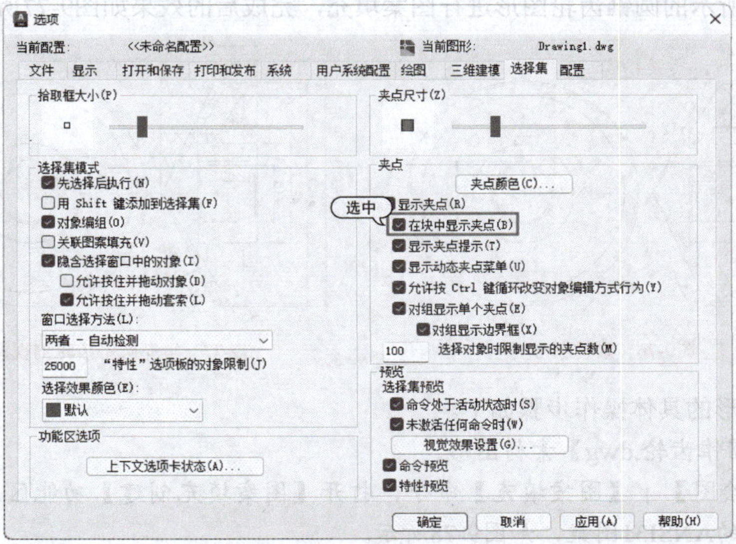

图9-75 选中【在块中显示夹点】复选框

> **提示**
>
> 使用夹点方式编辑填充图案时，如果编辑后填充边界仍然保持封闭，那么其关联性继续保持；如果编辑后填充边界不再封闭，那么其关联性消失，填充区域将不会自动改变。

9.4.4 分解填充图案

填充的图案是一种特殊的块，无论图案的形状多么复杂，都可以作为一个单独的对象。使用Explode(X)命令可以分解填充的图案，将一个填充图案分解后，填充的图案将分解成一组组成图案的线条。用户可以对其中的部分线条进行选择并编辑。

> **提示**
>
> 由于分解后的图案不再是单一的对象，而是一组组成图案的线条，因而分解后的图案不再具有关联，因此无法使用Hatchedit命令对其进行编辑。

9.5 课堂案例

本节将练习填充圆锥齿轮剖视图和吊灯图形，综合练习本章讲解的知识点，加深掌握图案填充和渐变色填充的具体应用。

9.5.1　填充圆锥齿轮剖视图

本例将结合前面所学的图案填充知识，通过设置图案填充的区域、设置填充图案及参数，对如图9-76所示的圆锥齿轮图形进行图案填充，完成后的效果如图9-77所示。

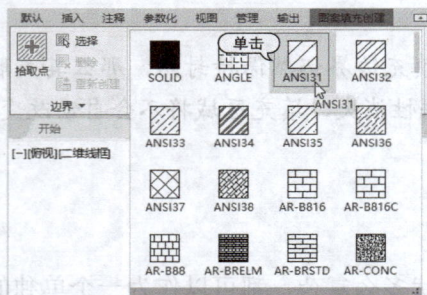

图9-76　素材图形　　　　　　　图9-77　填充圆锥齿轮剖视图

填充本例图形的具体操作步骤如下。

01 打开【圆锥齿轮.dwg】素材图形。

02 选择【绘图】|【图案填充】命令，打开【图案填充创建】功能区。展开【图案】面板，选择其中的ANSI31图案，如图9-78所示。

03 单击【边界】面板中的【拾取点】按钮进入绘图区，然后指定要填充的区域，如图9-79所示。

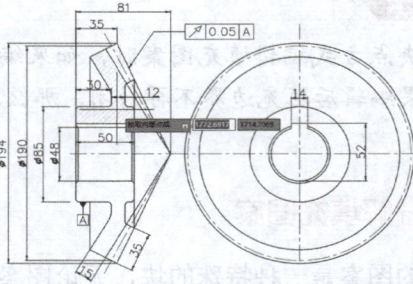

图9-78　选择ANSI31图案　　　　　　图9-79　指定填充区域

04 在【特性】面板中设置填充比例值为1.2，如图9-80所示。

05 单击【关闭】面板中的【关闭图案填充创建】按钮，完成图案填充操作，效果如图9-81所示。

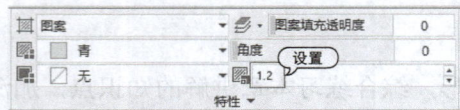

图9-80　设置填充比例　　　　　　　　　图9-81　填充效果

06 重复执行【图案填充(H)】命令，修改角度为90，如图9-82所示，然后对剖视图下方进行填充，完成本例的制作，效果如图9-83所示。

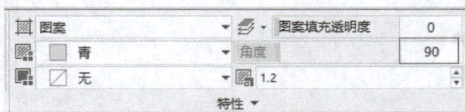

图9-82　修改填充角度

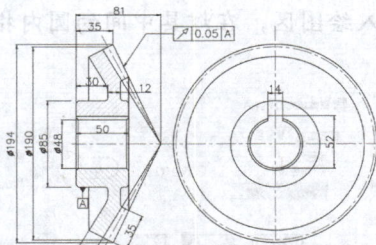

图9-83　图案填充效果

9.5.2　填充吊灯图形

本例将结合前面所学的渐变色填充知识，通过【渐变色】命令，设置填充渐变色的参数，对图9-84所示的灯具图形进行渐变色填充，完成后的效果如图9-85所示。

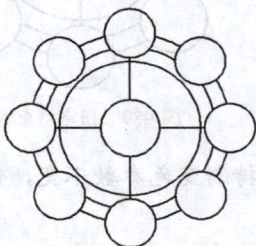

图9-84　吊灯素材图形

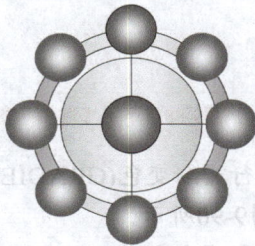

图9-85　填充渐变色

填充本例图形的具体操作步骤如下。

01 打开【吊灯.dwg】素材图形。

02 执行【渐变色(GRADIENT)】命令，输入T并确定，打开【图案填充和渐变色】对话框，在该对话框中选中【单色】单选按钮，然后单击下方的 按钮，如图9-86所示。

03 在打开的【选择颜色】对话框中选择红色并单击【确定】按钮，如图9-87所示。

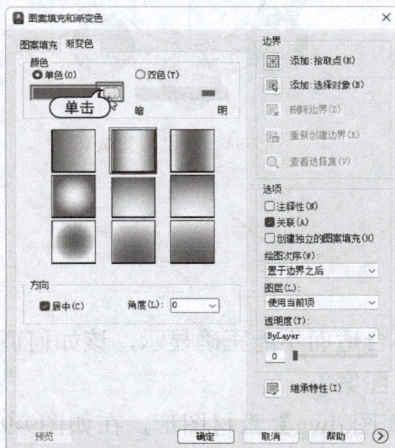

图9-86　选中【单色】单选按钮

图9-87　设置颜色

04 返回【图案填充和渐变色】对话框，选择径向渐变样式，然后单击【添加：拾取点】按钮，如图9-88所示。

05 进入绘图区，在灯具中间的圆内指定填充渐变色的区域，如图9-89所示，然后按空格键确定。

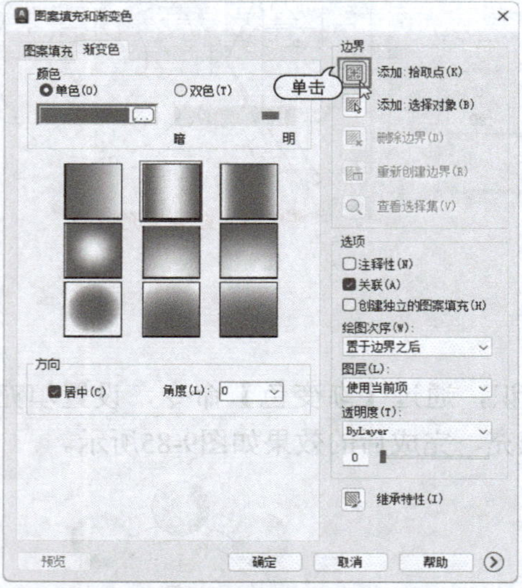

图9-88　单击【添加：拾取点】按钮

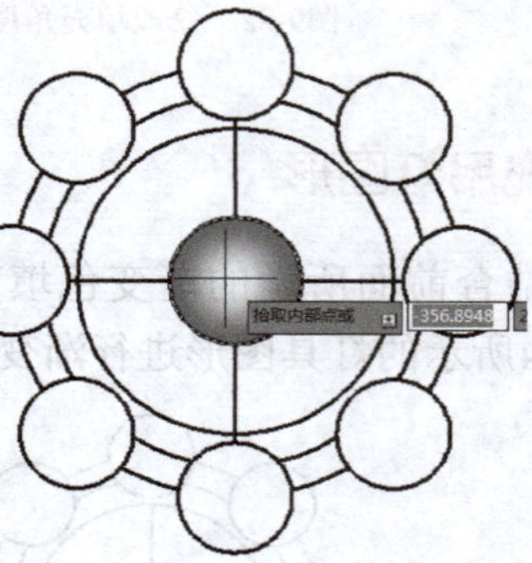

图9-89　指定填充区域

06 重复执行【渐变色(GRADIENT)】命令，保持渐变色参数不变，依次填充图形中的其他圆，效果如图9-90所示。

07 重复执行【渐变色(GRADIENT)】命令，设置渐变色为灰色渐变，然后参照图9-91所示的效果，对图形进行渐变色填充，完成本例图形的填充。

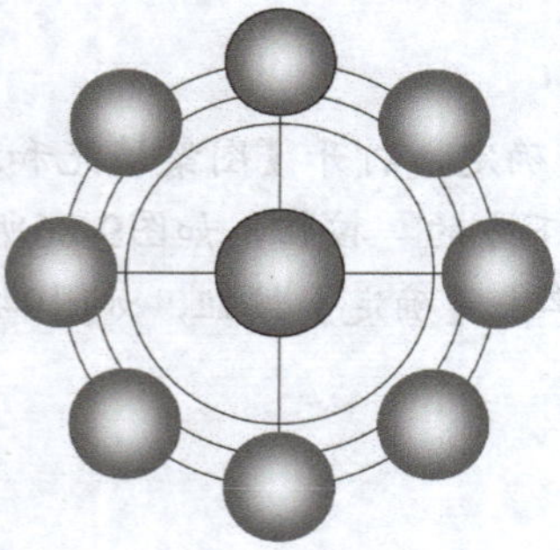

图9-90　渐变色填充效果

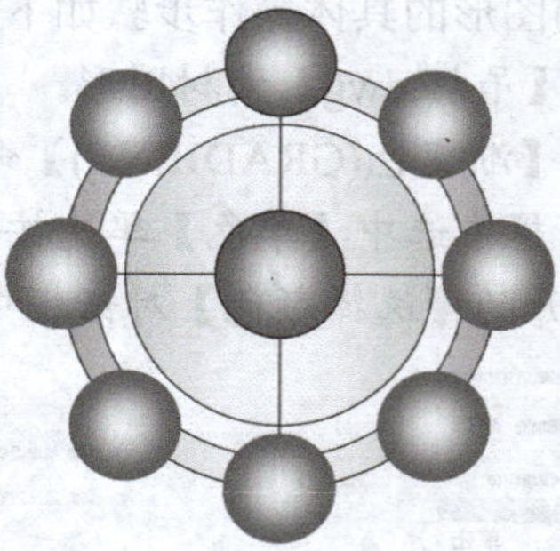

图9-91　灰色渐变填充

9.6　习题

1. 进行图案填充时，如果填充效果因为比例不合适而不能正确显示，该如何调整？

2. 在对图形进行图案填充时，应该如何自定义图案？

3. 应用所学的图案填充知识，打开【盘盖剖视图.dwg】素材图形，在如图9-92所示的盘盖剖视图的基础上进行图案填充，最终效果如图9-93所示。

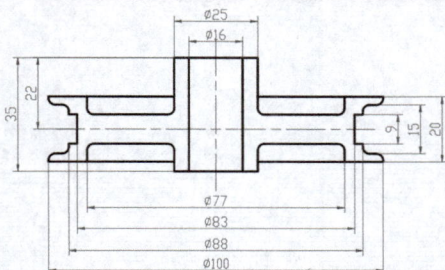

图9-92 盘盖剖视图素材图形

图9-93 填充盘盖剖视图

4. 应用所学的图案填充知识，打开【洗手池.dwg】素材图形，在如图9-94所示的洗手池图形的基础上进行渐变色填充，最终效果如图9-95所示。

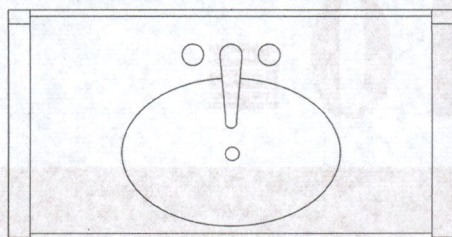

图9-94 洗手池素材图形

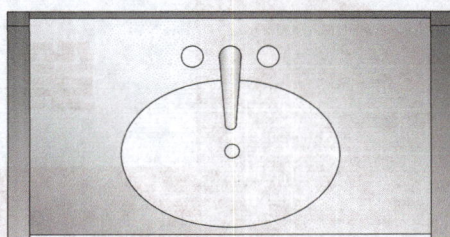

图9-95 填充渐变色

第 10 章

文字与表格

进行工程绘图的过程中，用户还需要对图形进行文字注释说明，如建筑结构的说明、建筑体的空间标注，以及机械的加工要求、零部件的名称等。本章将详细讲解文字注释与表格的创建等相关知识。

10.1　创建文字

在创建文字注释的操作中，包括创建多行文字和单行文字。当输入文字对象时，将使用默认的文字样式，用户也可以在创建文字之前，对文字样式进行设置。

10.1.1　设置文字样式

每一个AutoCAD文字都拥有其相应的文字样式。文字样式是用来控制文字基本形状的一组设置，包括文字的字体、字形和大小。

执行【文字样式】命令有以下3种常用方法。

○ 选择【格式】|【文字样式】命令。

○ 在【默认】功能区展开【注释】面板，单击【文字样式】按钮A，如图10-1所示。

○ 执行DDSTYLE命令。

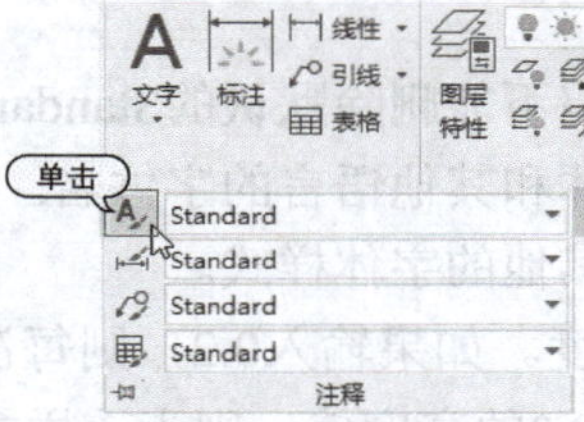

图10-1　单击【文字样式】按钮

【动手练】新建并设置文字样式。　视频

01 执行【文字样式(DDSTYLE)】命令，打开【文字样式】对话框，如图10-2所示。

02 单击【文字样式】对话框中的【新建】按钮，打开【新建文字样式】对话框，在该对话框的【样式名】文本框中输入新建文字样式的名称，如图10-3所示。

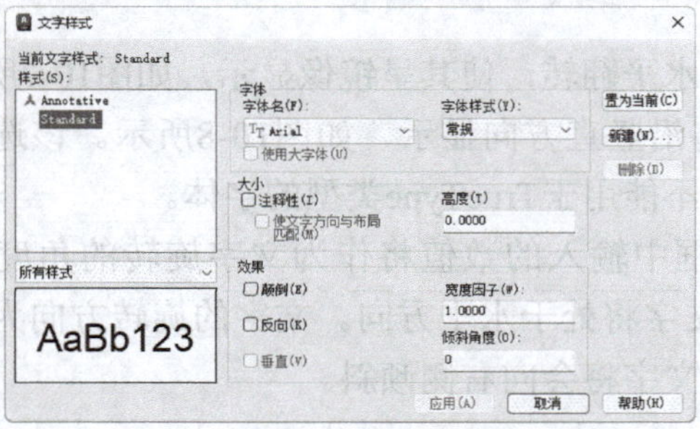

图10-2　打开【文字样式】对话框 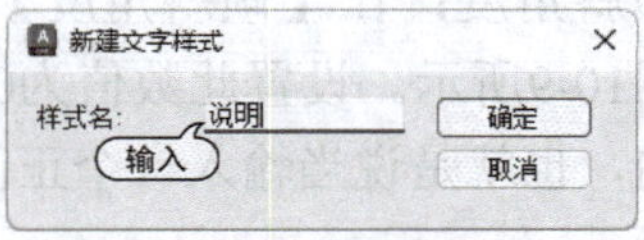　　　　图10-3　输入文字样式名称

提示

在【样式名】文本框中输入的新建文字样式的名称，不能与已经存在的样式名称相同。

03 单击【确定】按钮，即可创建新的文字样式。在样式名称列表框中将显示新建的文字样式，单击【字体名】下拉按钮，在弹出的下拉列表中选择文字的字体，如图10-4所示。

04 在【大小】选项组的【高度】文本框中输入文字的高度，如图10-5所示；在【效果】选项组中可以修改字体的效果、宽度因子、倾斜角度等，然后单击【应用】按钮。

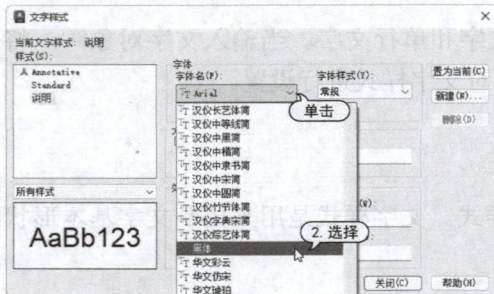

图10-4　设置文字字体　　　　　图10-5　设置文字高度

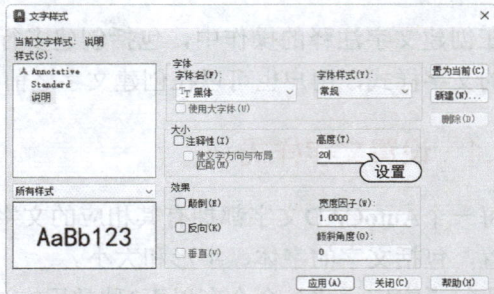

【文字样式】对话框中主要选项的含义如下。

- 置为当前：将选择的文字样式设置为当前样式，在创建文字时，将使用该样式。
- 新建：创建新的文字样式。
- 删除：将选择的文字样式删除，但不能删除默认的Standard样式和正在使用的样式。
- 字体名：列出所有注册的中文字体和其他语言的字体名。
- 字体样式：在该列表中可以选择其他的字体样式。
- 高度：根据输入的值设置文字高度。如果输入0.2，则每次用该样式输入文字时，文字高度的默认值为0.2。输入大于0.0的高度值，则为该样式所设置的固定文字高度。
- 颠倒：选中此复选框，在使用该文字样式标注文字时，文字将被垂直翻转，效果如图10-6所示。
- 宽度因子：在【宽度因子】文本框中可以输入文字宽度与高度的比例值。系统在标注文字时，会以该文字样式的高度值与宽度因子相乘来确定文字的高度。当宽度因子为1时，文字的高度与宽度相等；当宽度因子小于1时，文字将变得细长；当宽度因子大于1时，文字将变得粗短。
- 反向：选中此复选框，可以将文字水平翻转，使其呈镜像显示，如图10-7所示。
- 垂直：选中此复选框，标注文字将沿竖直方向显示，如图10-8所示。该选项只有当字体支持双重定向时才可用，并且不能用于TrueType类型的字体。
- 倾斜角度：在【倾斜角度】文本框中输入的数值将作为文字旋转的角度，效果如图10-9所示。设置此数值为0时，文字将处于水平方向。文字的旋转方向为顺时针方向，也就是说当输入一个正值时，文字将会向右侧倾斜。

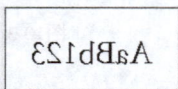

图10-6　颠倒文字　　　图10-7　反向文字　　　图10-8　垂直排列　　　图10-9　倾斜文字

10.1.2　创建单行文字

在AutoCAD中，单行文字主要用于制作不需要使用多种字体的简短内容，用户可以对单行文字进行样式、大小、旋转、对正等设置。

执行【单行文字】命令有以下3种常用方法。

○ 选择【绘图】|【文字】|【单行文字】命令。

○ 单击【注释】面板中的【文字】下拉按钮，选择【单行文字】工具 A，如图10-10所示。

○ 执行TEXT(DT)命令。

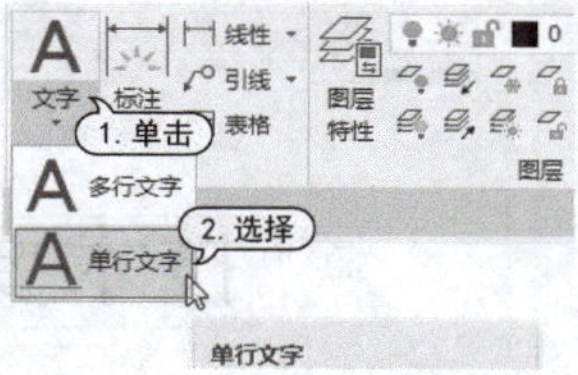

图10-10 选择【单行文字】工具

执行TEXT(DT)命令，系统将提示【指定文字的起点或[对正(J)/样式(S)]:】，其中的【对正(J)】选项用于设置标注文本的对齐方式；【样式(S)】选项用于设置标注文本的样式。

选择【对正(J)】选项后，系统将提示【[左(L)/居中(C)/右(R)/对齐(A)/中间(M)/布满(F)/左上(TL)/中上(TC)/右上(TR)/左中(ML)/正中(MC)/右中(MR)/左下(BL)/中下(BC)/右下(BR)]:】。其中主要选项的含义如下。

○ 居中(C)：从基线的水平中心对齐文字，此基线是由用户给出的点指定的。

○ 对齐(A)：通过指定基线端点来指定文字的高度和方向。

○ 中间(M)：文字在基线的水平中点和指定高度的垂直中点上对齐。

【例10-1】书写【技术要求】。 📹视频

01 执行TEXT(DT)命令，在绘图区单击鼠标确定输入文字的起点，如图10-11所示。

02 当系统提示【指定高度<>:】时，输入文字的高度为20并确定，如图10-12所示。

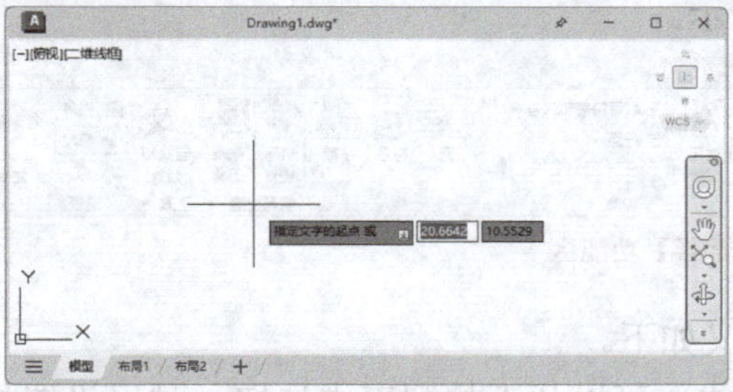

图10-11 指定文字的起点

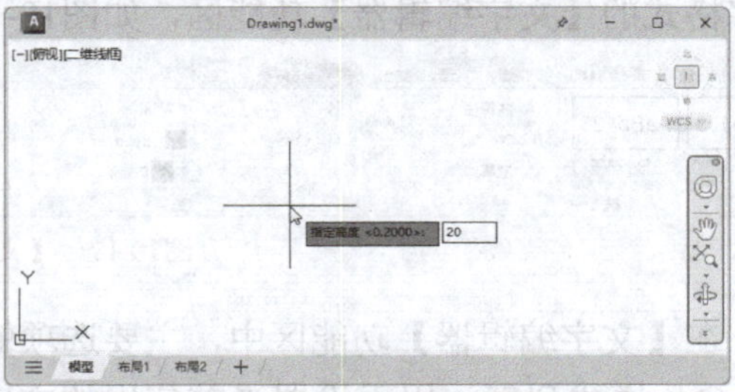

图10-12 输入文字的高度

03 当系统提示【指定文字的旋转角度<>:】时，输入文字的旋转角度为0并确定，如图10-13所示，此时将出现闪烁的光标，如图10-14所示。

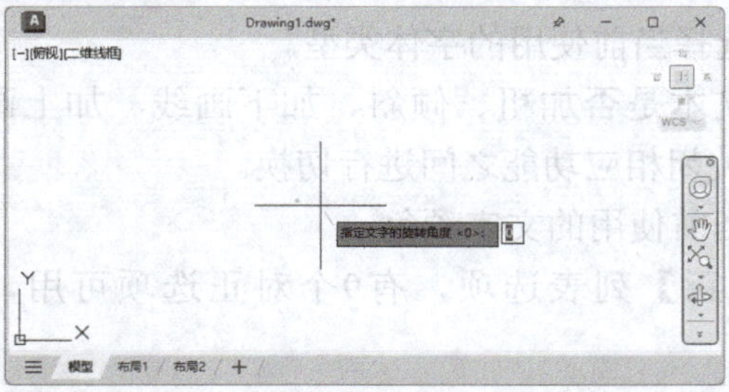

图10-13 指定文字旋转的角度

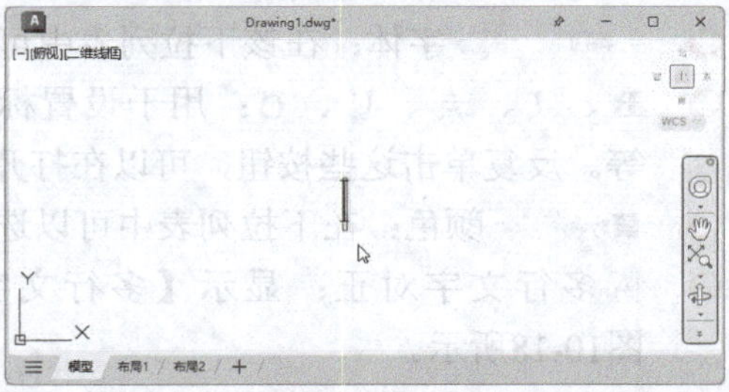

图10-14 出现闪烁的光标

04 输入单行文字内容【技术要求】，如图10-15所示。

05 连续两次按下Enter键，或在文字区域外单击，即可完成文字的创建，效果如图10-16所示。

图10-15 输入文字

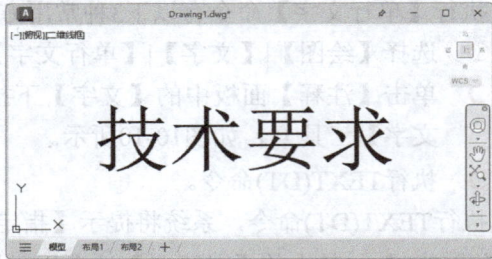

图10-16 创建单行文字

10.1.3 创建多行文字

在AutoCAD中，多行文字由沿垂直方向任意数目的文字行或段落构成，可以指定文字行或段落的水平宽度，主要用于制作一些复杂的说明性文字。

执行【多行文字】命令有以下3种常用方法。

○ 选择【绘图】|【文字】|【多行文字】命令。

○ 单击【注释】面板中的【多行文字】按钮**A**。

○ 执行MTEXT(T)命令。

执行【多行文字(T)】命令，然后在绘图区进行拖动指定一个文字区域，系统将弹出设置文字格式的【文字编辑器】功能区，如图10-17所示。

图10-17 【文字编辑器】功能区

在【文字编辑器】功能区中，主要选项的含义如下。

○ 样式列表：用于设置当前使用的文字样式，可以从下拉列表中选取一种已设置好的文字样式作为当前样式。

○ 文字高度：用于设置当前使用的文字高度，可以在下拉列表中选取一种合适的高度，也可直接输入数值。

○ 字体：在该下拉列表中可以选择当前使用的字体类型。

○ **B**、*I*、Ā、U、ō：用于设置标注文本是否加粗、倾斜、加下画线、加上画线等。反复单击这些按钮，可以在打开与关闭相应功能之间进行切换。

○ 颜色：在下拉列表中可以选择当前使用的文字颜色。

○ A多行文字对正：显示【多行文字对正】列表选项，有9个对正选项可用，如图10-18所示。

○ 分别为默认、左对齐、居中、右对齐、对正和分散对齐：用于设置当前段落或选定段落的默认、左、中或右文字边界的对正和对齐方式，包含在行的末尾输入的空格，并且这些空格会影响行的对正。

○ 项目符号和编号：显示【项目符号和编号】菜单，显示用于创建列表的选项。

○ 行距：显示建议的行距选项，用于在当前段落或选定段落中设置行距。

○ 【查找和替换】按钮 ⊕：单击该按钮，将打开【查找和替换】对话框，在该对话框中可以进行查找和替换文本的操作。

○ 标尺：单击该按钮，将在文字编辑框顶部显示标尺，如图10-19所示。拖动标尺末尾的箭头可快速更改多行文字对象的宽度。

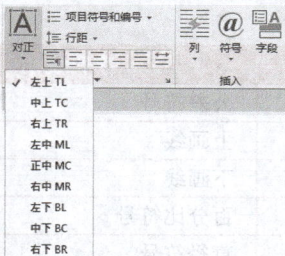

图10-18 【对正】列表

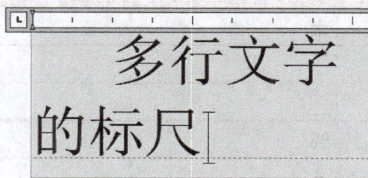

图10-19 显示标尺

○ 放弃：单击该按钮用于撤销上一步操作。

○ 重做：单击该按钮用于恢复上一步操作。

提示

使用MTXET创建的文本，无论是多少行文本，都将作为一个实体对待，可以对它进行整体选择和编辑；而使用TEXT命令输入多行文字时，每一行文本都是一个独立的实体。

【动手练】创建段落文字。 视频

01 执行MTEXT(T)命令，在绘图区指定文字区域的第一个角点，然后进行拖动指定对角点，确定创建文字的区域，如图10-20所示。

02 在文字输入窗口中输入文字内容，如图10-21所示。

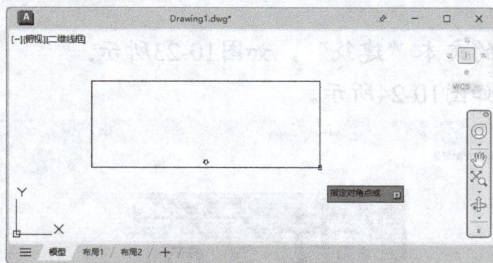

图10-20 指定文字的输入区域

图10-21 输入文字

03 选中创建的文字，然后在【文字编辑器】功能区中设置文字的高度、字体和颜色等参数，如图10-22所示。

04 单击【文字编辑器】功能区中的【关闭文字编辑器】按钮，完成多行文字的创建。

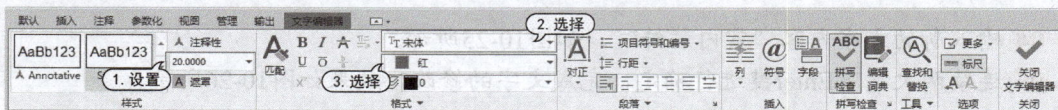

图10-22 设置文字参数

199

10.1.4 创建特殊字符

在文本标注的过程中，有时需要输入一些控制码和专用字符，AutoCAD根据用户的需要提供了一些特殊字符的输入方法。AutoCAD提供的特殊字符内容如表10-1所示。

表10-1 特殊字符

特殊字符	输入方式	字符说明
±	%%p	公差符号
‾	%%o	上画线
_	%%u	下画线
%	%%%	百分比符号
ϕ	%%c	直径符号
°	%%d	度

10.2 编辑文字

用户在书写文字内容时，难免会出现一些错误，或者后期对文字的参数进行修改时，都需要对文字进行编辑操作。

10.2.1 编辑文字内容

选择【修改】|【对象】|【文字】命令，或者执行TEXTEDIT(ED)命令，可以增加或替换字符，以实现修改文本内容的目的。

【动手练】修改文字内容。 📹视频

01 创建一个内容为"建筑"的单行文字。

02 执行【文字编辑(ED)】命令，选择要编辑的文本"建筑"，如图10-23所示。

03 在激活文字内容后，选取文字"建筑"，如图10-24所示。

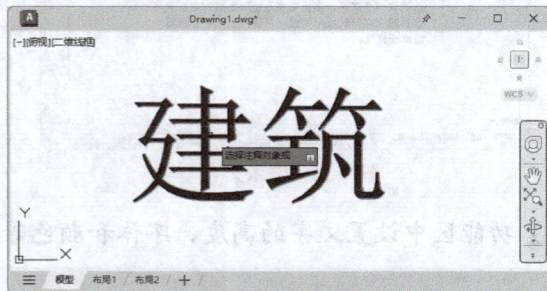

图10-23 选择对象   图10-24 选取文字

04 输入新的文字内容"室内装饰"，如图10-25所示。

05 连续两次按下Enter键进行确定，完成文字的修改，效果如图10-26所示。

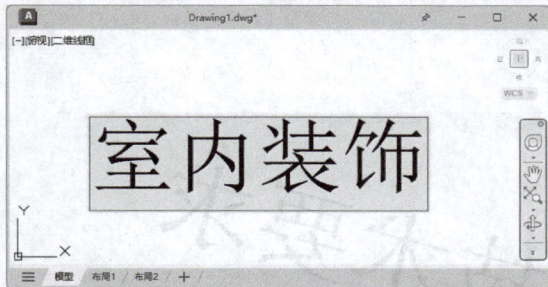

图10-25　修改文字内容

图10-26　修改后的效果

10.2.2　编辑文字特性

使用【多行文字】命令创建的文字对象，可以通过执行TEXTEDIT(ED)命令，在打开的【文字编辑器】功能区中修改文字的特性。TEXTEDIT(ED)命令不能修改单行文字的特性，单行文字的特性需要在【特性】选项板中进行修改。

打开【特性】选项板可以使用以下两种方法。

- 选择【修改】|【特性】命令。
- 执行PROPERTIES(PR)命令。

【动手练】修改文字高度和角度。 视频

01 使用【单行文字(DT)】命令创建【技术要求】文字内容，设置文字的高度为30，如图10-27所示。

02 执行【特性(PR)】命令，打开【特性】选项板，选择创建的文字，在该选项板中将显示文字的特性，如图10-28所示。

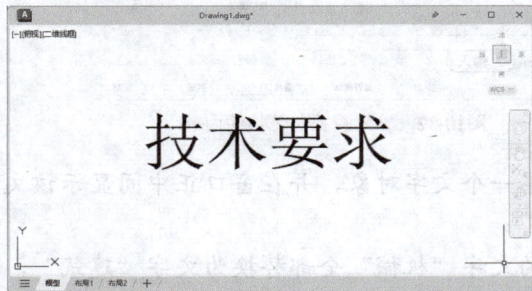

图10-27　创建文字并设置高度

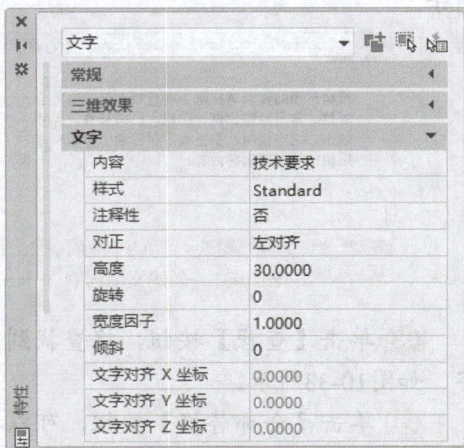

图10-28　【特性】选项板

03 在【特性】选项板中设置文字高度为50、文字旋转角度为15°，如图10-29所示。修改后的文字效果如图10-30所示。

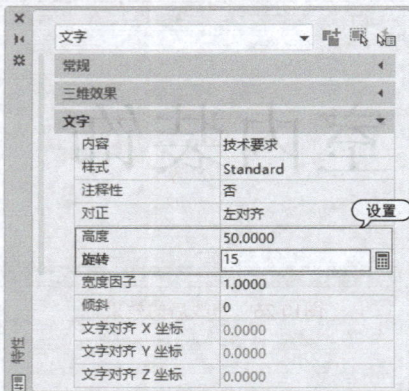

图10-29　设置文字特性

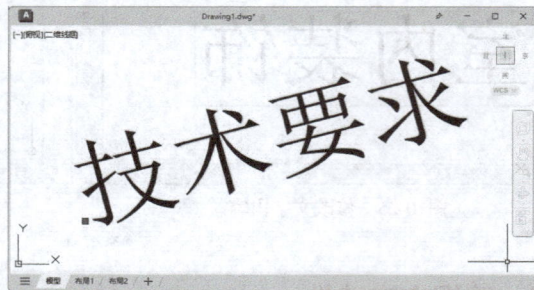

图10-30　修改后的文字效果

10.2.3　查找和替换文字

在AutoCAD中可以对文本内容进行查找和替换操作。执行【查找】命令有如下两种常用方法。

- 选择【编辑】|【查找】命令。
- 执行FIND命令。

【动手练】替换文字。 🔘视频

01 使用【多行文字(T)】命令，创建一段如图10-31所示的文字内容。

02 执行【查找(FIND)】命令，打开【查找和替换】对话框，在该对话框的【查找内容】文本框中输入文字"机械"，然后在【替换为】文本框中输入文字"建筑"，如图10-32所示。

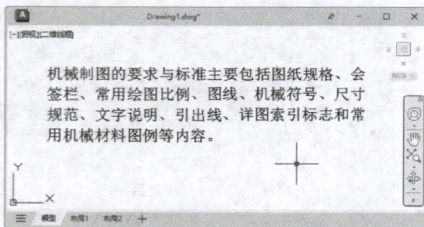

图10-31　创建文字内容

图10-32　输入查找与替换的内容

03 单击【查找】按钮，将查找到图形中的第一个文字对象，并在窗口正中间显示该文字，如图10-33所示。

04 单击【全部替换】按钮，可以将图形中的文字"机械"全部替换为文字"建筑"，单击【完成】按钮，结束查找和替换操作，效果如图10-34所示。

✈ 提示

在【查找和替换】对话框中单击【更多】按钮 🔽，可以显示更多选项内容，用户可以根据需要应用【区分大小写】【使用通配符】和【半/全角】等选项。

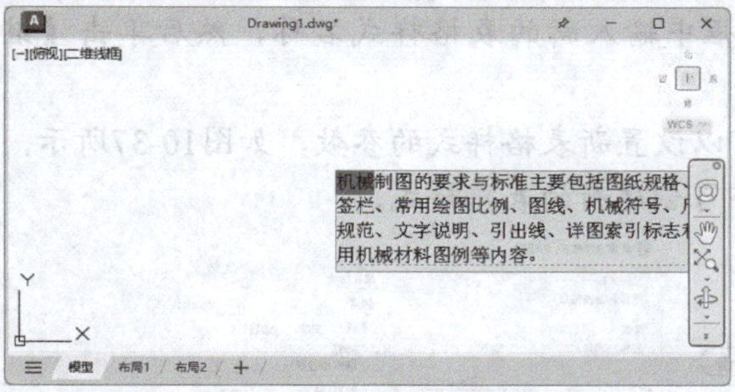

图10-33　选择对象

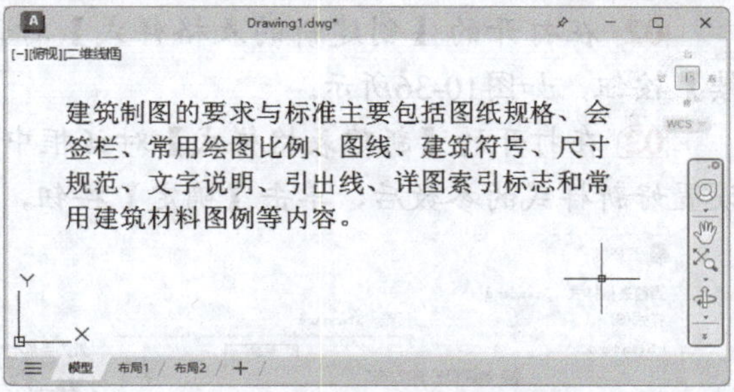

图10-34　替换后的文字

10.3　创建表格

表格是在行和列中包含数据的复合对象，可用于绘制图纸中的标题栏和装配图明细栏。用户可以通过空表格或表格样式创建表格对象。

10.3.1　表格样式

用户在创建表格之前可以先根据需要设置表格的样式，执行【表格样式】命令的常用方法有如下3种。

○ 选择【格式】|【表格样式】命令。

○ 单击【注释】面板中的【表格样式】按钮▦。

○ 执行TABLESTYLE命令。

执行【表格样式(TABLESTYLE)】命令，打开【表格样式】对话框。在该对话框中可以修改当前表格样式，也可以新建和删除表格样式，如图10-35所示。

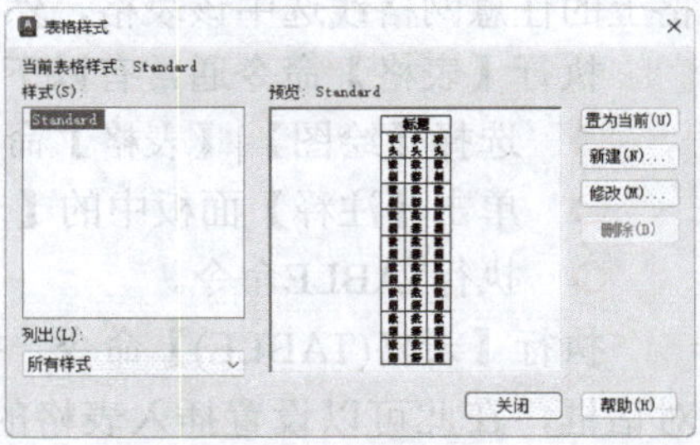

图10-35　【表格样式】对话框

【表格样式】对话框中主要选项的含义如下。

○ 当前表格样式：显示应用于所创建表格的表格样式的名称，Standard为默认的表格样式。

○ 样式：显示表格样式列表，当前样式被亮显。

○ 置为当前：将【样式】列表中选定的表格样式设置为当前样式，所有新表格都将使用此表格样式创建。

○ 新建：单击该按钮，将打开【创建新的表格样式】对话框，从中可以定义新的表格样式。

○ 修改：单击该按钮，将打开【修改表格样式】对话框，从中可以修改表格样式。

○ 删除：单击该按钮，将删除【样式】列表中选定的表格样式，但不能删除图形中正在使用的样式。

【动手练】新建表格样式。　📹视频

01 执行【表格样式(TABLESTYLE)】命令，打开【表格样式】对话框，在该对话框中单击【新建】按钮。

02 在打开的【创建新的表格样式】对话框中输入新的表格样式名称，然后单击【继续】按钮，如图10-36所示。

03 在打开的【新建表格样式】对话框中可以设置新表格样式的参数，如图10-37所示。设置好新样式的参数后，单击【确定】按钮，即可创建新的表格样式。

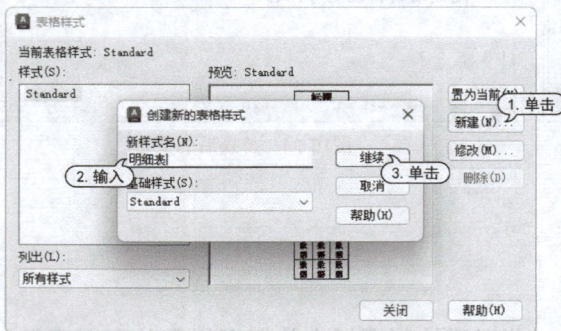

图10-36　创建新的表格样式

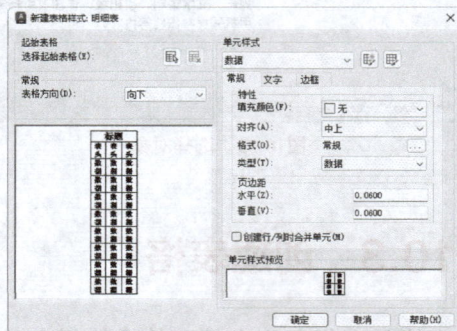

图10-37　设置表格样式

10.3.2　插入表格

用户可以通过空表格或表格样式插入表格对象。完成表格的插入后，用户可以单击该表格上的任意网格线选中该表格，然后通过【特性】选项板或夹点编辑该表格对象。

执行【表格】命令通常有以下3种常用方法。

- ○　选择【绘图】|【表格】命令。
- ○　单击【注释】面板中的【表格】按钮▦。
- ○　执行TABLE命令。

执行【表格(TABLE)】命令，打开【插入表格】对话框，在此可以设置插入表格的参数，如图10-38所示。

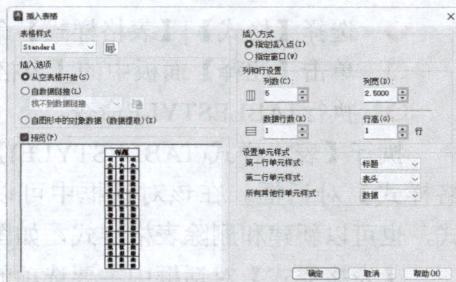

图10-38　【插入表格】对话框

【插入表格】对话框中主要选项的含义如下。

- ○　表格样式：选择表格样式。通过单击下拉列表旁边的按钮，用户可以创建新的表格样式。
- ○　从空表格开始：创建可以手动填充数据的空表格。
- ○　自数据链接：通过外部电子表格中的数据创建表格。
- ○　指定插入点：指定表格左上角的位置。可以指定插入位置，也可以在命令提示下输入坐标值。
- ○　指定窗口：指定表格的大小和位置。
- ○　列数：选中【指定窗口】单选按钮并指定列宽时，【自动】选项将被选定，且列数由表格的宽度控制。
- ○　列宽：指定列的宽度。
- ○　数据行数：选中【指定窗口】单选按钮并指定行高时，则选定了【自动】选项，且行数由表格的高度控制。带有标题行和表头行的表格样式最少应有三行。最小行高为一个文字行。如果已指定包含起始表格的表格样式，则可以选择要添加到此起始表格的其他数据行的数量。

- ○ 行高：按照行数指定行高。文字行高基于文字高度和单元边距，这两项均在表格样式中设置。
- ○ 第一行单元样式：指定表格中第一行的单元样式。在默认情况下，将使用标题单元样式。
- ○ 第二行单元样式：指定表格中第二行的单元样式。在默认情况下，将使用表头单元样式。
- ○ 所有其他行单元样式：指定表格中所有其他行的单元样式。默认情况下，使用数据单元样式。

【例10-2】绘制装修材料表。 视频

01 选择【绘图】|【表格】命令，打开【插入表格】对话框，在该对话框中设置【列数】为2、【数据行数】为3，然后单击【确定】按钮，如图10-39所示。

02 在绘图区指定插入表格的位置，即可创建一个表格，如图10-40所示。

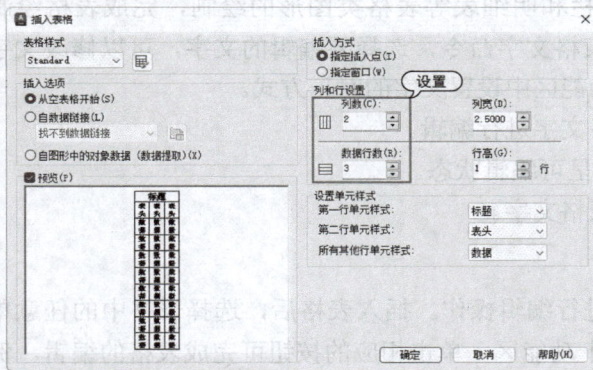

图10-39 设置表格参数

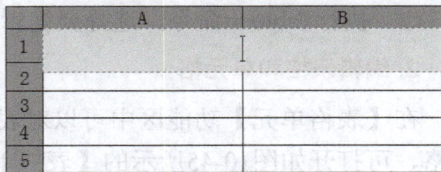

图10-40 插入表格

提示

在【插入表格】对话框中，虽然设置的数据行数为3，但是第一行和第二行分别为标题和表头对象。因此，加上3行数据行，插入的表格拥有5行对象。

03 输入标题内容为"基层材料"，然后在表格以外的区域进行单击，完成插入表格的操作，效果如图10-41所示。

04 单击表格中的单元格将其选中，如图10-42所示。

图10-41 输入标题内容

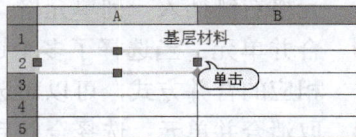

图10-42 选中单元格

05 双击单元格可以在其中输入文字“水泥”，如图10-43所示。然后在表格以外的地方单击，即可结束表格文字的输入操作。

06 继续在其他单元格中输入其他相应的文字，完成后的表格效果如图10-44所示。

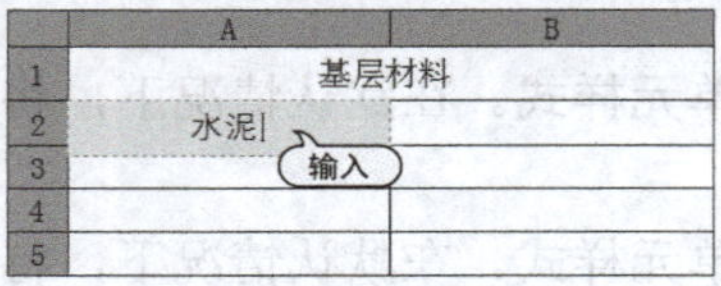

图10-43　输入数据内容

基层材料	
水泥	10 包
河沙	3 吨
腻子	10 包
乳胶漆	2 桶

图10-44　创建表格

10.3.3　编辑表格

创建好表格后，用户还可以对表格进行编辑，包括编辑表格中的数据、编辑表格和单元格。例如，在表格中插入行和列，或将相邻的单元格进行合并等。

1. 编辑表格文字

使用表格功能，可以快速完成如标题栏和明细表等表格类图形的绘制，完成表格绘制后，可以对表格内容进行编辑。执行编辑表格文字命令，选择要编辑的文字，可以修改文字的内容，还可以在打开的【文字编辑器】功能区中设置文字的对正方式。

用户可以使用如下两种常用方法对表格文字进行编辑。

- 双击要进行编辑的表格文字，使其呈可编辑状态。
- 执行Tabledit命令，选择要编辑的表格文字。

2. 编辑表格和单元格

在【表格单元】功能区中可以对表格进行编辑操作。插入表格后，选择表格中的任意单元格，可打开如图10-45所示的【表格单元】功能区。单击相应的按钮可完成表格的编辑。例如，选中多个相邻的单元格，单击【合并单元】按钮，可以合并选择的单元格。

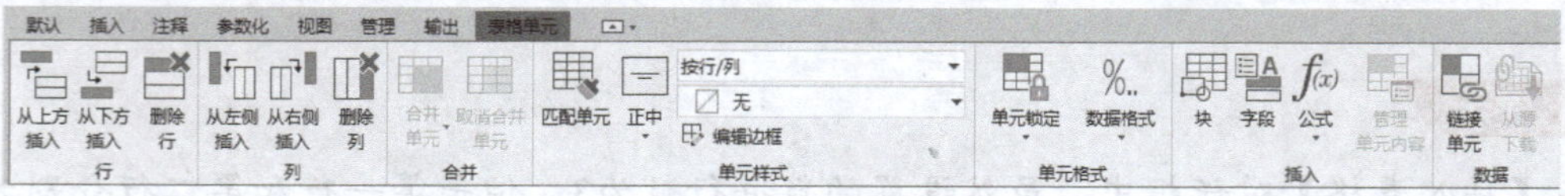

图10-45　【表格单元】功能区

【表格单元】功能区中主要选项的作用如下。

- 行：单击按钮，将在当前单元格上方插入一行单元格；单击按钮，将在当前单元格下方插入一行单元格；单击按钮，将删除当前单元格所在的行。
- 列：单击按钮，将在当前单元格左侧插入一列单元格；单击按钮，将在当前单元格右侧插入一列单元格；单击按钮，将删除当前单元格所在的列。
- 合并单元：当选择了多个连续的单元格时，单击按钮，在弹出的下拉列表中选择相应的合并方式，可以对选择的单元格进行全部合并。
- 取消合并单元：选择合并后的单元格，单击按钮可取消合并的单元格。
- 公式：单击该按钮，在弹出的下拉列表中可以选择一种运算方式对所选单元格中的数据进行运算。

10.4　课堂案例

本节将练习创建技术要求说明文字和产品明细表，综合练习本章讲解的知识点，加深掌握文字与表格的创建和编辑的具体应用。

10.4.1　创建技术要求

本例将结合前面所学的创建文字知识，通过设置文字样式、使用【多行文字】命令在如图10-46所示的零件图中书写技术要求文字内容，完成后的效果如图10-47所示。

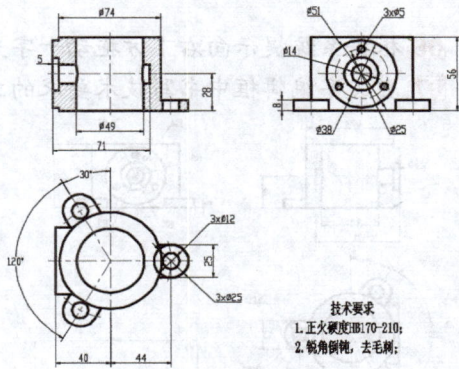

| 图10-46　素材图形 | 图10-47　创建技术要求文字 |

创建本例技术要求说明文字的具体操作步骤如下。

01 打开【壳体三视图.dwg】素材图形。

02 选择【格式】|【文字样式】命令，打开【文字样式】对话框。在该对话框中单击【新建】按钮，如图10-48所示。

03 在打开的【新建文字样式】对话框中输入【技术要求】并确定，如图10-49所示。

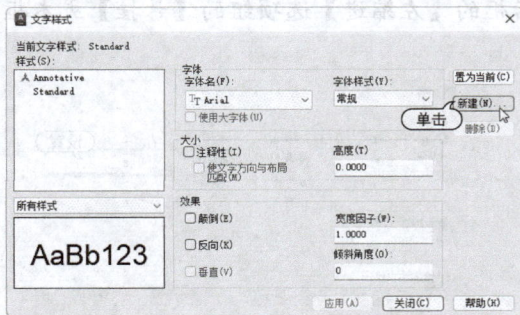

| 图10-48　单击【新建】按钮 | 图10-49　新建文字样式 |

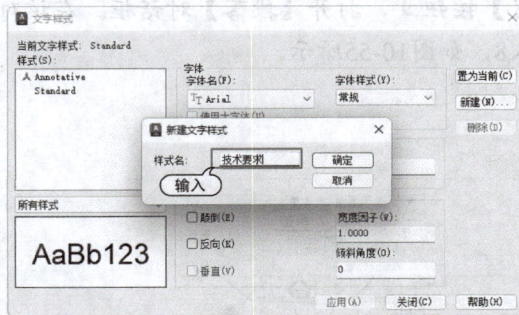

04 返回【文字样式】对话框，在【字体】选项组的【字体名】下拉列表中选择【仿宋】选项，在【大小】选项组的【高度】文本框中输入8，然后单击【应用】按钮，如图10-50所示。再关闭【文字样式】对话框。

05 执行【多行文字(T)】命令，在绘图区中拾取一点，指定多行文字的起点，如图10-51所示。

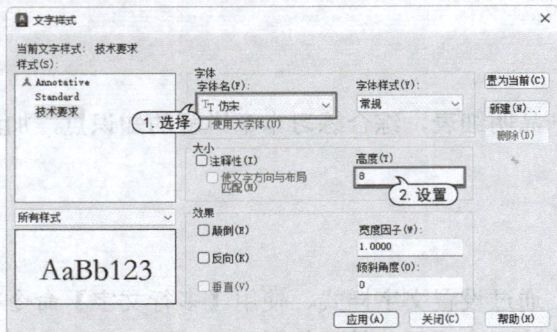

图10-50　设置文字样式

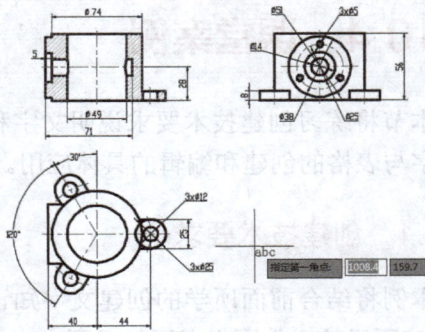

图10-51　指定多行文字起点

06 根据系统提示向右下方拖动十字光标，指定文字区域的对角点，如图10-52所示。

07 在文字编辑框中书写技术要求的文字内容，如图10-53所示。

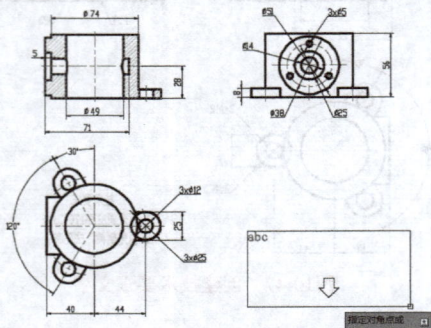

图10-52　指定多行文字对角点

图10-53　输入文字内容

08 选择【技术要求】标题内容，单击【文字编辑器】功能区中的【居中】按钮，将标题文字居中显示，如图10-54所示。

09 在文字编辑框中选择文字"技术要求"，再单击【文字编辑器】功能区中的【段落设置】按钮 ＼，打开【段落】对话框。在该对话框的【左缩进】选项组的【悬挂】文本框中输入8，如图10-55所示。

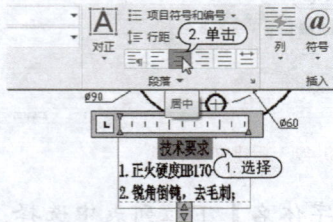

图10-54　将标题居中显示

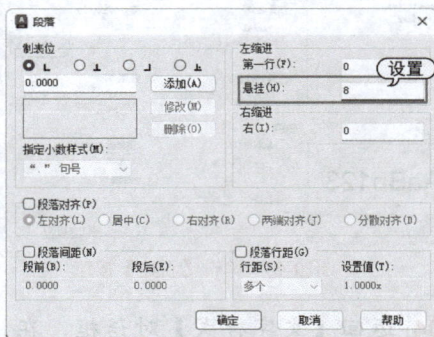

图10-55　设置左缩进

10 返回【文字编辑器】功能区，单击【关闭文字编辑器】按钮，结束多行文字的创建，完成壳体三视图技术要求的书写操作。

10.4.2 创建产品明细表

本例将结合前面所学的表格知识，创建变压器产品明细表，完成后的效果如图10-56所示。首先设置表格的样式，然后插入表格，最后添加表格的文字内容。

创建本例产品明细表的具体操作步骤如下。

01 选择【格式】|【表格样式】命令，打开【表格样式】对话框，在该对话框中单击【新建】按钮，如图10-57所示。

02 在打开的【创建新的表格样式】对话框中输入新样式名为"变压器"，然后单击【继续】按钮，如图10-58所示。

变压器产品明细表			
编号	名称	型号	说明
1	矿用隔爆型干式变压器	KBSG-100/6	
2	矿用隔爆型干式变压器	KBSG-100/10	
3	矿用隔爆型干式变压器	KBSG-200/6	
4	矿用隔爆型干式变压器	KBSG-200/10	
5	矿用隔爆型干式变压器	KBSG-315/6	
6	矿用隔爆型干式变压器	KBSG-315/10	
7	矿用隔爆型干式变压器	KBSG-400/6	
8	矿用隔爆型干式变压器	KBSG-400/10	
9	矿用隔爆型干式变压器	KBSG-630/6	
10	矿用隔爆型干式变压器	KBSG-630/10	

图10-56 变压器产品明细表

图10-57 【表格样式】对话框

图10-58 输入新样式名

03 打开【新建表格样式：变压器】对话框，在【单元样式】下拉列表中选择【标题】选项，如图10-59所示。

04 单击【文字】选项卡，在【文字高度】文本框中输入6，如图10-60所示。

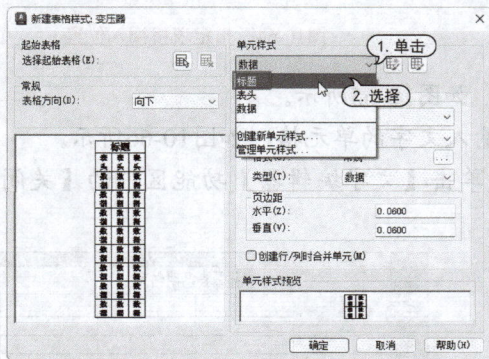

图10-59 选择【标题】选项

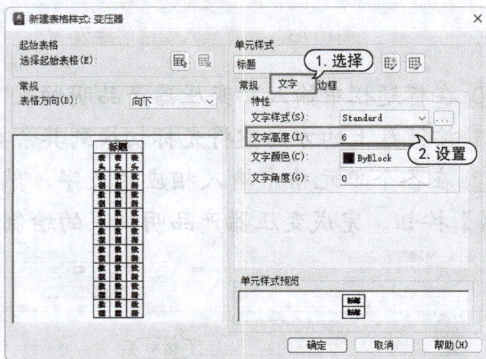

图10-60 设置标题文字高度

05 在【单元样式】下拉列表中选择【表头】选项，并选择【文字】选项卡，在【文字高度】文本框中输入5，如图10-61所示。

06 在【单元样式】下拉列表中选择【数据】选项，并选择【文字】选项卡，在【文字高度】文本框中输入4，如图10-62所示。

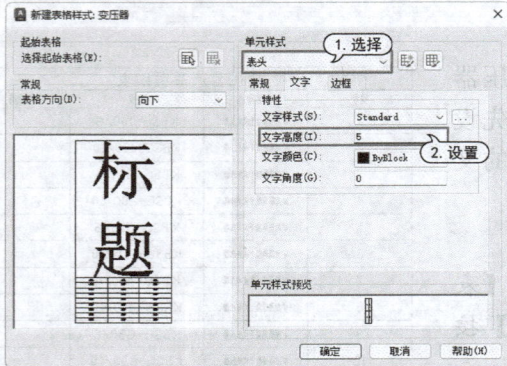

图10-61　设置表头文字高度

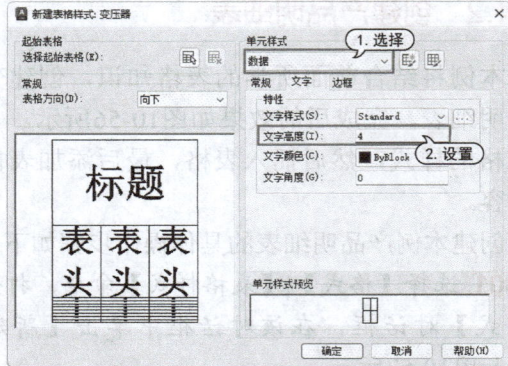

图10-62　设置数据文字高度

07 单击【确定】按钮，返回【表格样式】对话框，在该对话框中单击【关闭】按钮，结束表格样式的创建。

08 选择【绘图】|【表格】命令，打开【插入表格】对话框。在该对话框中设置【列数】为4、【列宽】为28、【数据行数】为10、【行高】为1，其他参数设置如图10-63所示。

09 单击【确定】按钮，在绘图区中拾取一点，指定表格插入点，如图10-64所示。

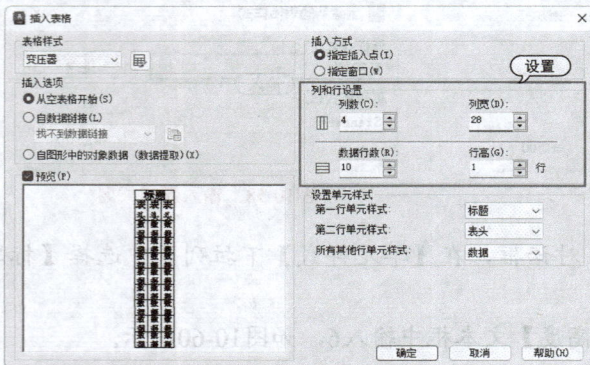

图10-63　设置插入表格的参数

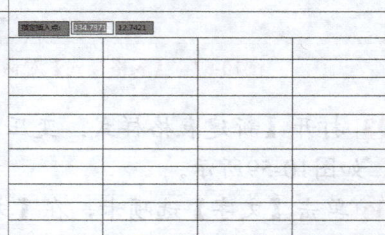

图10-64　指定表格插入位置

10 在标题栏中输入"变压器产品明细表"，如图10-65所示。

11 按键盘上的方向键将光标切换到其余要输入文字的单元格，如图10-66所示。

12 在各个单元格中输入相应的文字，然后单击【文字编辑器】功能区中的【关闭文字编辑器】按钮，完成变压器产品明细表的绘制。

图10-65　输入标题文字

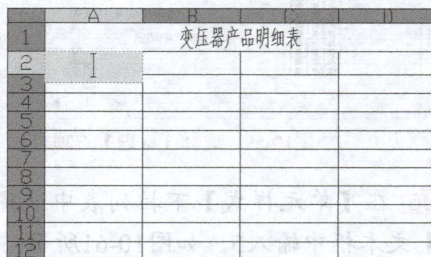

图10-66　切换单元格

10.5　习题

1. 使用【多行文字】命令和【单行文字】命令创建的文本内容有什么区别？

2. 如何调整表格行、列的宽度？

3. 为什么设置的表格行数为6，而在绘图区中插入的表格却有8行？

4. 应用所学的创建文字知识，打开【图纸框.dwg】素材图形，在该图纸框基础上书写施工说明文字，最终效果如图10-67所示。

5. 应用所学的创建表格知识，通过设置表格样式、插入表格和输入表格文字操作，创建如图10-68所示的窗户统计表。

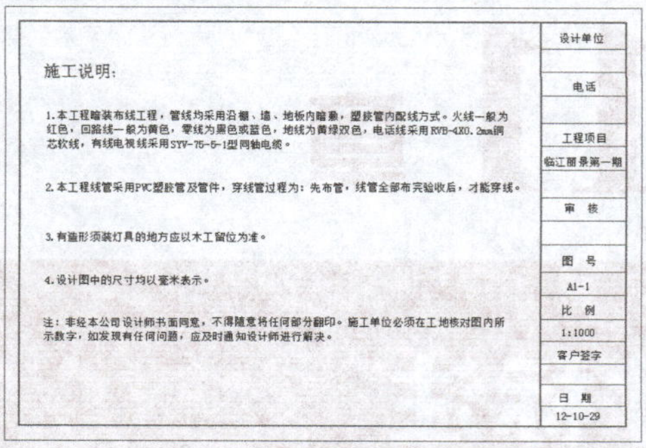

图10-67　创建施工说明

窗户统计表				
编号	宽度	高度	数量	安装位置
SGC0909	900	900	2	洗衣房
SGC0915	900	1500	6	卫生间
SGC1221	1200	2100	2	门厅
SGC1509	1500	900	2	仓库
SGC1515	1500	1500	4	书房、厨房
SGC1815	1800	1500	6	卧室
SGC2021	3000	2100	2	客厅

图10-68　窗户统计表

第**11**章

尺寸标注

　　尺寸标注是制图中非常重要的一个环节，通过尺寸标注，能准确地反映物体的形状、大小和相互关系，它是识别图形和现场施工的主要依据，对图形进行具体的尺寸标注，才能让用户全面掌握图形需要表达的内容。本章将详细讲解尺寸标注的相关知识和方法。

11.1 标注样式

尺寸标注样式决定着尺寸各组成部分的外观形式。在没有改变尺寸标注样式时，当前尺寸标注样式将作为预设的标注样式。系统预设标注样式为STANDARD，有时可以根据实际情况重新创建并设置尺寸标注样式。

11.1.1 标注的组成

一般情况下，尺寸标注由尺寸线、尺寸界线、尺寸箭头、尺寸文本和圆心标记组成，如图11-1所示。

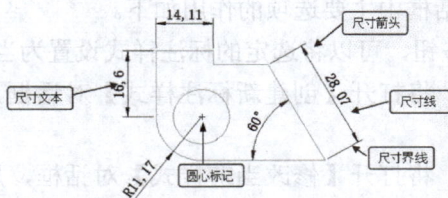

图11-1 尺寸标注的组成

- 尺寸线：在图纸中使用尺寸来标注距离或角度。在预设状态下，尺寸线位于两条尺寸界线之间，尺寸线的两端有两个箭头，尺寸文本沿着尺寸线显示。
- 尺寸界线：这是由测量点引出的延伸线。通常尺寸界线用于直线型及角度型尺寸的标注。在预设状态下，尺寸界线与尺寸线是互相垂直的，用户也可以将其调整为自己所需的角度。AutoCAD可以将尺寸界线隐藏起来。
- 尺寸箭头：尺寸箭头位于尺寸线与尺寸界线相交处，表示尺寸线的终止端。在不同的情况下使用不同样式的箭头符号来表示尺寸箭头。
- 尺寸文本：尺寸文本用来标明图纸中的距离或角度等数值及说明文字。标注时可以使用AutoCAD中自动给出的尺寸文本，也可以输入新的文本。
- 圆心标记：其通常用来标示圆或圆弧的中心。

11.1.2 创建标注样式

AutoCAD默认的标注格式是STANDARD，用户可以根据有关规定及所标注图形的具体要求，使用【标注样式】命令新建标注样式。

执行【标注样式】命令有以下3种常用方法。

- 选择【格式】|【标注样式】命令。
- 展开【注释】面板，单击【标注样式】按钮，如图11-2所示。
- 执行DIMSTYLE(D)命令。

执行【标注样式(D)】命令后，打开【标注样式管理器】对话框，如图11-3所示。在该对话框中可以新建一种标注格式，还可以对原有的标注格式进行修改。

图11-2　单击【标注样式】按钮

图11-3　【标注样式管理器】对话框

【标注样式管理器】对话框中主要选项的作用如下。

- ○ 置为当前：单击该按钮，可以将选定的标注样式设置为当前标注样式。
- ○ 新建：单击该按钮，将打开【创建新标注样式】对话框，用户可以在该对话框中创建新的标注样式。
- ○ 修改：单击该按钮，将打开【修改当前样式】对话框，用户可以在该对话框中修改标注样式。
- ○ 替代：单击该按钮，将打开【替代当前样式】对话框，用户可以在该对话框中设置标注样式的临时替代样式。

【动手练】创建标注样式。　🎬视频

01 新建一个acad模板图形文档。

02 执行【标注样式(D)】命令，打开【标注样式管理器】对话框，单击【新建】按钮，在打开的【创建新标注样式】对话框中输入新样式名"汇宇一品"，如图11-4所示。

03 单击【继续】按钮，可以在打开的【新建标注样式：汇宇一品】对话框中设置新建标注的样式，如图11-5所示。

✈ 提示

创建新标注样式时，可以在【基础样式】下拉列表中选择一种基础样式，然后在该样式的基础上进行修改，从而快速建立新样式。

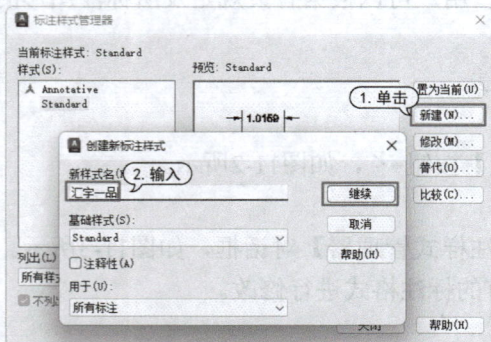

图11-4　输入新样式名

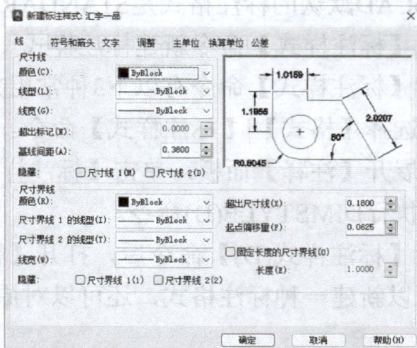

图11-5　设置新标注样式

04 在【新建标注样式：汇宇一品】对话框中单击
【确定】按钮，即可新建一个标注样式，该样式将显示
在【标注样式管理器】对话框中，并自动设置为当前标
注样式，如图11-6所示。

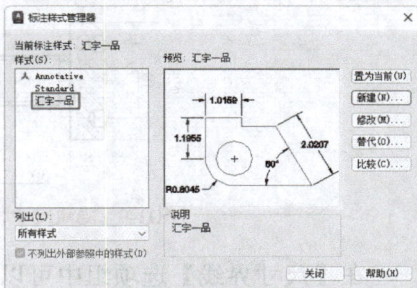

图11-6 新建的标注样式

11.1.3 设置标注样式

在创建新标注样式的过程中，在打开的【新建标注样式】对话框中可以设置新的尺寸标
注样式，设置的内容包括线、符号和箭头、文字、调整、主单位、换算单位以及公差等。

> **提示**
>
> 在【标注样式管理器】对话框中选择要修改的样式，单击【修改】按钮，可以在【修改
> 标注样式】对话框中修改尺寸标注样式，其参数与【新建标注样式】对话框中的参数相同。

1. 设置标注尺寸线

在【线】选项卡中，可以设置尺寸线和尺寸界线的颜色、线型、线宽，以及尺寸界线
超出尺寸线的距离、起点偏移量的距离等内容。其中，【尺寸线】选项组中主要选项的含义
如下。

- 颜色：单击【颜色】列表框右侧的下拉按钮，可以在打开的【颜色】下拉列表中
  选择尺寸线的颜色。
- 线型：在【线型】下拉列表中，可以选择尺寸线的线型样式。
- 线宽：在【线宽】下拉列表中，可以选择尺寸线的线宽。
- 超出标记：当使用箭头倾斜、建筑标记、积分标记或无箭头标记时，使用该文本框
  可以设置尺寸线超出尺寸界线的长度。图11-7所示是没有超出标记的样式，图11-8所
  示是超出标记长度为3个单位的样式。

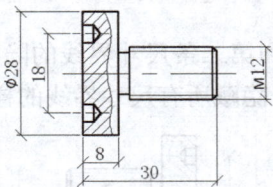

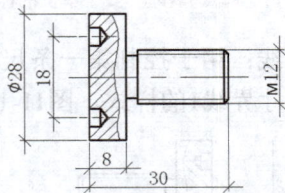

图11-7 没有超出标记的样式   图11-8 超出标记的样式

- 基线间距：设置在进行基线标注时尺寸线之间的距离。
- 隐藏尺寸线：用于控制第一条和第二条尺寸线的隐藏状态。图11-9所示是隐藏尺寸
  线1的样式，图11-10所示是隐藏所有尺寸线的样式。

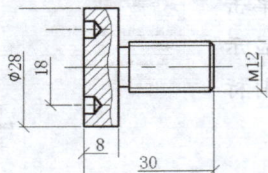

图11-9　隐藏尺寸线1的样式　　　　图11-10　隐藏所有尺寸线的样式

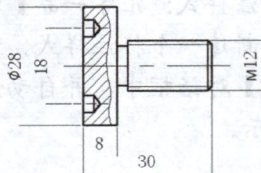

在【尺寸界线】选项组中可以设置尺寸界线的颜色、线型和线宽等，也可以隐藏某条尺寸界线，其中主要选项的含义如下。

- 颜色：在该下拉列表中，可以选择尺寸界线的颜色。
- 尺寸界线1的线型：可以在相应下拉列表中选择第一条尺寸界线的线型。
- 尺寸界线2的线型：可以在相应下拉列表中选择第二条尺寸界线的线型。
- 线宽：在该下拉列表中，可以选择尺寸界线的线宽。
- 超出尺寸线：用于设置尺寸界线超出尺寸线的长度。图11-11所示是尺寸界线超出尺寸线长度为2个单位的样式，图11-12所示是超出尺寸线长度为5个单位的样式。

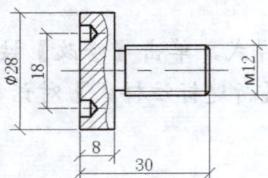

图11-11　超出2个单位　　　　图11-12　超出5个单位

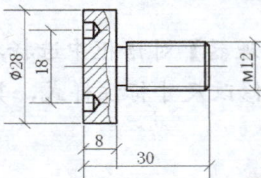

- 起点偏移量：用于设置标注点到尺寸界线起点的偏移距离。图11-13所示是起点偏移量为2个单位的样式，图11-14所示是起点偏移量为5个单位的样式。
- 固定长度的尺寸界线：选中该复选框后，可以在下方的【长度】文本框中设置尺寸界线的固定长度。

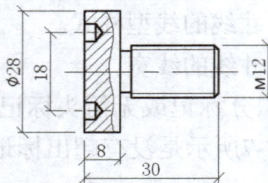

图11-13　起点偏移量为2个单位的样式　　　图11-14　起点偏移量为5个单位的样式

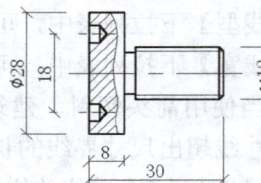

- 隐藏尺寸界线：用于控制第一条尺寸界线和第二条尺寸界线的隐藏状态。图11-15所示是隐藏尺寸界线1的样式，图11-16所示是隐藏所有尺寸界线的样式。

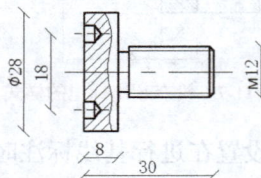

图11-15　隐藏尺寸界线1的样式　　　　图11-16　隐藏所有尺寸界线的样式

2. 设置标注符号和箭头

选择【符号和箭头】选项卡，可以在该选项卡中设置符号和箭头的样式与大小、圆心标记的大小、弧长符号，以及半径与线性折弯标注等，如图11-17所示。

【符号和箭头】选项卡中主要选项的含义如下。

- 第一个：在该下拉列表中，可以选择第一条尺寸线的箭头样式。在改变第一个箭头的样式时，第二个箭头将自动改变成与第一个箭头相匹配的箭头样式。
- 第二个：在该下拉列表中，可以选择第二条尺寸线的箭头样式。
- 引线：在该下拉列表中，可以选择引线的箭头样式。
- 箭头大小：用于设置箭头的大小。
- 圆心标记：该选项组用于控制直径标注和半径标注的圆心标记以及中心线的外观。
- 折断标注：该选项组用于控制折断标注的间距宽度。

3. 设置标注文字

选择【文字】选项卡，可以在该选项卡中设置文字的外观、位置和对齐方式，如图11-18所示。

【文字外观】选项组中主要选项的含义如下。

- 文字样式：在该下拉列表中，可以选择标注文字的样式。单击右侧的 … 按钮，打开【文字样式】对话框，在该对话框中可以设置文字样式。
- 文字颜色：在该下拉列表中，可以选择标注文字的颜色。
- 填充颜色：在该下拉列表中，可以选择标注文字的背景颜色。
- 文字高度：用于设置标注文字的高度。
- 分数高度比例：用于设置相对于标注文字的分数比例，只有当选择了【主单位】选项卡中的【分数】作为【单位格式】时，此选项才可用。

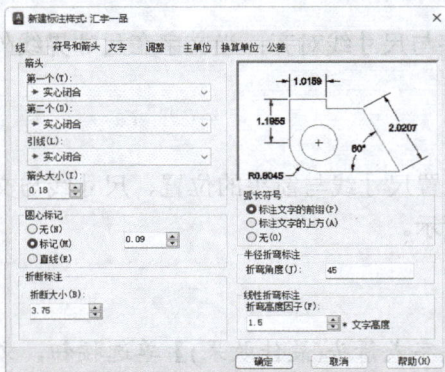

图11-17　【符号和箭头】选项卡　　　　图11-18　【文字】选项卡

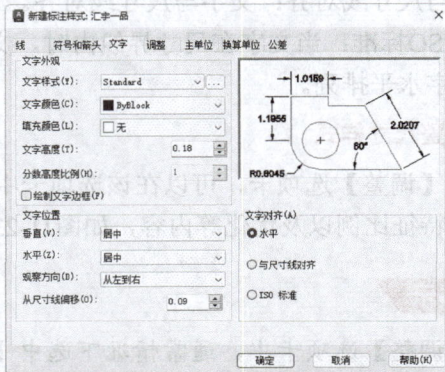

【文字位置】选项组用于控制标注文字的位置，其中主要选项的含义如下。

- 垂直：在该下拉列表中，可以选择标注文字相对于尺寸线的垂直位置，如图11-19所示。
- 水平：在该下拉列表中，可以选择标注文字相对于尺寸线和尺寸界线的水平位置，如图11-20所示。

文字位置

垂直(V):	居中
水平(Z):	居中
观察方向(D):	左右
从尺寸线偏移(O):	0.0900

居中
上
外部
JIS
下

文字位置

垂直(V):	居中
水平(Z):	居中
观察方向(D):	居中
从尺寸线偏移(O):	

居中
第一条尺寸界线
第二条尺寸界线
第一条尺寸界线上方
第二条尺寸界线上方

图11-19　选择垂直位置　　　　图11-20　选择水平位置

○ 从尺寸线偏移：用于设置标注文字与尺寸线的距离。图11-21所示是文字从尺寸线偏移1个单位的样式，图11-22所示是文字从尺寸线偏移4个单位的样式。

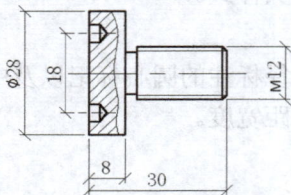

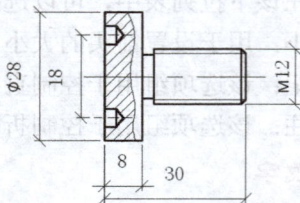

图11-21　文字从尺寸线偏移1个单位　　　图11-22　文字从尺寸线偏移4个单位

提示

在对图形进行尺寸标注时，注意设置一定的文字偏移距离，这样能够更清楚地显示文字内容。

【文字对齐】选项组用于控制标注文字放在尺寸界线里面或外面时的方向是保持水平还是与尺寸界线平行，其中各选项的含义如下。

○ 水平：水平放置文字。
○ 与尺寸线对齐：文字与尺寸线对齐。
○ ISO标准：当文字在尺寸界线内时，文字与尺寸线对齐；当文字在尺寸界线外时，文字水平排列。

4. 调整尺寸样式

选择【调整】选项卡，可以在该选项卡中设置尺寸线与箭头的位置、尺寸线与文字的位置、标注特征比例以及优化等内容，如图11-23所示。

提示

在【调整】选项卡中，通常情况下选中【文字或箭头(最佳效果)】单选按钮，文字或箭头将按照最佳布局进行移动。

5. 设置尺寸主单位

选择【主单位】选项卡，可以在该选项卡中设置线性标注和角度标注。线性标注包括单位格式、精度、舍入、测量单位比例和消零等内容。角度标注包括单位格式、精度和消零，如图11-24所示。

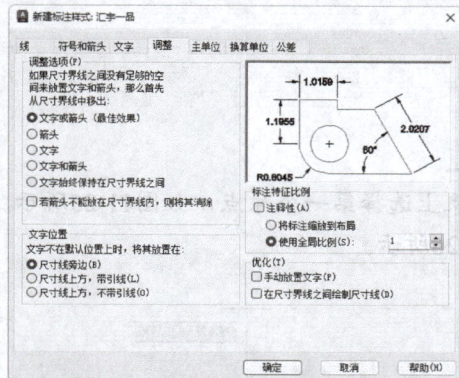

图11-23　【调整】选项卡　　　　　图11-24　【主单位】选项卡

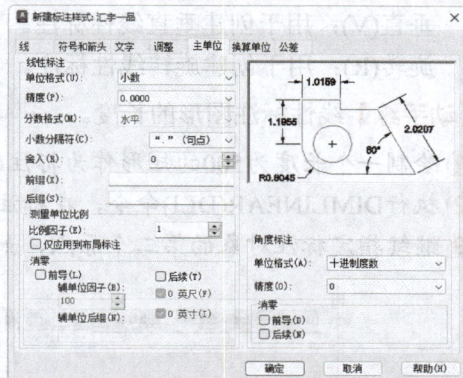

提示

　　在设置标注样式时，应根据行业标准设置小数的位数。在没有特定要求的情况下，可以将主单位的精度设置在一位小数内。这样有利于用户在标注中更清楚地查看数字内容。

11.2　标注图形

　　在AutoCAD制图中，针对不同的图形，可以使用不同的标注命令，其中包括线性标注、对齐标注、半径标注、直径标注、角度标注、弧长标注、圆心标注和折弯标注等。

11.2.1　线性标注

　　使用线性标注可以标注长度类型的尺寸，用于标注垂直、水平和旋转的线性尺寸。线性标注可以水平、垂直或对齐放置。创建线性标注时，可以修改文字内容、文字角度或尺寸线的角度。

　　执行【线性】标注命令有以下3种常用方法。

- ○　选择【标注】|【线性】命令。
- ○　单击【注释】面板中的【线性】按钮|┤。
- ○　执行DIMLINEAR(DLI)命令。

　　执行DIMLINEAR(DLI)命令，系统将提示信息【指定第一个尺寸界线原点或<选择对象>：】，选择对象后系统将提示信息【指定尺寸线位置或[多行文字(M)/文字(T)/角度(A)/水平(H)/垂直(V)/旋转(R)]：】，该提示中各选项的含义如下。

- ○　多行文字(M)：用于改变多行标注文字，或者给多行标注文字添加前缀、后缀。
- ○　文字(T)：用于改变当前标注文字，或者给标注文字添加前缀、后缀。
- ○　角度(A)：用于修改标注文字的角度。
- ○　水平(H)：用于创建水平线性标注。

○ 垂直(V)：用于创建垂直线性标注。

○ 旋转(R)：用于创建旋转线性标注。

【动手练】线性标注图形的长度。 ⊙视频

01 绘制一个长度为500的矩形作为标注的对象。

02 执行DIMLINEAR(DLI)命令，在标注的对象上选择第一个原点，如图11-25所示。

03 继续指定标注对象的第二个原点，如图11-26所示。

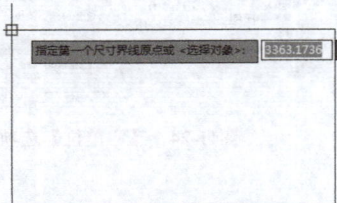

| 图11-25 选择第一个原点 | 图11-26 指定第二个原点 |

04 拖动并指定尺寸标注线的位置，如图11-27所示，然后单击，即可完成线性标注操作，效果如图11-28所示。

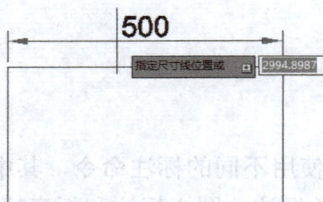

| 图11-27 指定标注线的位置 | 图11-28 线性标注效果 |

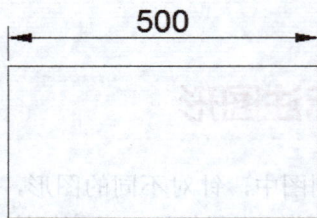

11.2.2 对齐标注

对齐标注是线性标注的一种形式，尺寸线始终与标注对象保持平行，若标注的对象是圆弧，则对齐尺寸标注的尺寸线与圆弧的两个端点所连接的弦保持平行。

执行【对齐】标注命令有以下3种常用方法。

○ 选择【标注】|【对齐】命令。

○ 单击【注释】面板中的【线性】下拉按钮▼，在弹出的下拉列表中单击【已对齐】按钮↖。

○ 执行DIMALIGNED(DAL)命令。

【动手练】对齐标注斜边长度。 ⊙视频

01 绘制一个三角形作为标注的对象。

02 执行DIMALIGNED(DAL)命令，指定第一条尺寸界线的原点，如图11-29所示。

03 当系统提示【指定第二条尺寸界线原点:】时，继续指定第二条尺寸界线的原点，如图11-30所示。

04 根据提示指定尺寸标注线的位置，完成对齐标注操作，效果如图11-31所示。

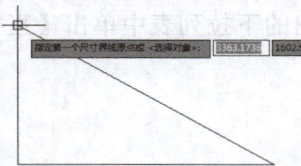

图11-29 指定第一个原点　　图11-30 指定第二个原点　　图11-31 对齐标注效果

11.2.3 半径标注

使用【半径】命令可以根据圆和圆弧的半径大小、标注样式的选项设置，以及光标的位置来绘制不同类型的半径标注。标注样式控制圆心标记和中心线。当尺寸线画在圆弧或圆内部时，AutoCAD不绘制圆心标记或中心线。

执行【半径】标注命令有以下3种常用方法。

○ 选择【标注】|【半径】命令。

○ 单击【注释】面板中的【线性】下拉按钮▼，在弹出的下拉列表中单击【半径】按钮⊙。

○ 执行DIMRADIUS(DRA)命令。

【动手练】标注圆弧半径。 ◉视频

01 绘制一段圆弧作为标注的对象。

02 执行DIMRADIUS(DRA)命令，选择绘制的圆弧作为半径标注对象。

03 指定尺寸标注线的位置，如图11-32所示，系统将根据测量值自动标注圆弧的半径，效果如图11-33所示。

✎ 提示

设置尺寸样式时，可设置一个只用于半径尺寸标注的附属格式，以满足半径尺寸标注的要求。

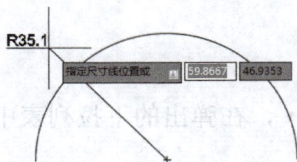

图11-32 指定标注线位置　　　　　图11-33 半径标注效果

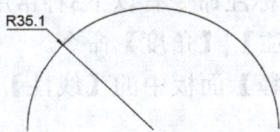

11.2.4 直径标注

直径标注用于标注圆或圆弧的直径，直径标注由一条具有指向圆或圆弧的箭头的直径尺寸线组成。

执行【直径】标注命令有以下3种常用方法。

○ 选择【标注】|【直径】命令。

○ 单击【注释】面板中的【线性】下拉按钮▼，在弹出的下拉列表中单击【直径】按钮◎。

○ 执行DIMDIAMETER(DDI)命令。

【动手练】标注圆直径。 ▣视频

01 绘制一个圆作为标注的对象。

02 执行【直径(DDI)】命令，选择绘制的圆作为直径标注对象。

03 指定尺寸标注线的位置，如图11-34所示，系统将根据测量值自动标注圆的直径，效果如图11-35所示。

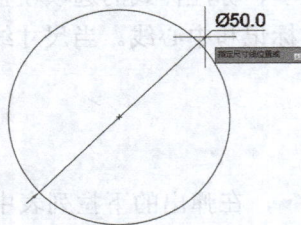

图11-34　指定标注线位置　　　　　　图11-35　直径标注效果

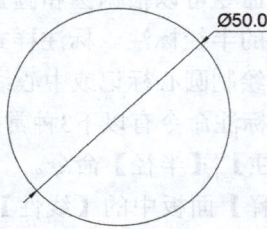

11.2.5　角度标注

使用【角度】命令可以准确地标注对象之间的夹角或圆弧的弧度，效果如图11-36和图11-37所示。

图11-36　角度标注　　　　　　　　图11-37　圆弧的弧度

执行【角度】标注命令有以下3种常用方法。

○ 选择【标注】|【角度】命令。

○ 单击【注释】面板中的【线性】下拉按钮▼，在弹出的下拉列表中单击【角度】按钮△。

○ 执行DIMANGULAR(DAN)命令。

【动手练】标注图形夹角。 ▣视频

01 绘制一个三角形作为标注的对象。

02 执行【角度(DAN)】命令，选择标注角度图形的第一条边，如图11-38所示。

03 根据提示选择标注角度图形的第二条边，如图11-39所示。

04 指定标注弧线的位置，如图11-40所示，标注夹角角度的效果如图11-41所示。

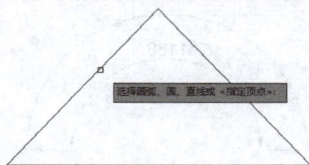

图11-38　选择第一条边　　　　　图11-39　选择第二条边

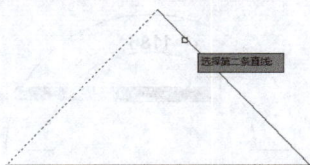

图11-40　指定标注的位置　　　　图11-41　夹角角度标注效果

【动手练】标注图形弧度。　视频

01 绘制一段圆弧作为标注的对象。

02 执行【角度(DAN)】命令，选择绘制的圆弧作为标注对象。

03 指定标注弧线的位置，如图11-42所示，系统将根据测量值自动标注圆弧的弧度，效果如图11-43所示。

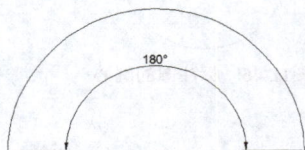

图11-42　指定标注线位置　　　　图11-43　圆弧弧度标注效果

11.2.6　弧长标注

弧长标注用于测量圆弧或多段线圆弧上的距离。弧长标注的尺寸界线可以是正交或径向。在标注文字的上方或前面将显示圆弧符号。

执行【弧长】标注命令有以下3种常用方法。

○　选择【标注】|【弧长】命令。

○　单击【注释】面板中的【线性】下拉按钮 ▼，在弹出的下拉列表中单击【弧长】按钮 ⌒。

○　执行DIMARC(DAR)命令。

【动手练】标注图形弧长。　视频

01 绘制一段圆弧作为标注的对象。

02 执行DIMARC(DAR)命令，选择绘制的圆弧作为标注的对象。

03 当系统提示【指定弧长标注位置或[多行文字(M)/文字(T)/角度(A)/部分(P)/引线(L)]:】时，指定弧长标注位置，如图11-44所示。

04 单击结束弧长标注操作，效果如图11-45所示。

◝1186

图11-44　指定弧长标注位置　　　　　　　图11-45　弧长标注效果

11.2.7　圆心标注

使用【圆心标记】命令可以标注圆或圆弧的圆心点，执行【圆心标记】命令有以下两种常用方法。

- ⊙ 选择【标注】|【圆心标记】命令。
- ⊙ 执行DIMCENTER(DCE)命令。

执行【圆心标记(DCE)】命令后，系统将提示信息【选择圆或圆弧：】，然后选择要标注的圆或圆弧，即可标注圆或圆弧的圆心，如图11-46和图11-47所示。

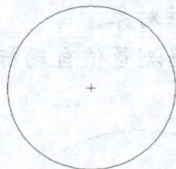

图11-46　标注圆的圆心　　　　　　　图11-47　标注圆弧的圆心

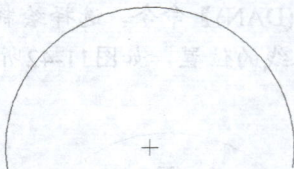

11.2.8　折弯标注

使用【折弯】命令可以创建折弯半径标注。当圆弧的中心位置位于布局外，并且无法在其实际位置显示时，可以使用折弯半径标注来标注。

执行【折弯】标注命令有以下3种常用方法。

- ⊙ 选择【标注】|【折弯】命令。
- ⊙ 单击【注释】面板中的【线性】下拉按钮▾，在弹出的下拉列表中单击【已折弯】按钮⌐。
- ⊙ 执行DIMJOGGED(DJO)命令。

【动手练】对图形进行折弯标注。　🎬视频

01 绘制一段圆弧作为标注的对象，如图11-48所示。

02 执行【折弯(DJO)】命令，然后选择圆弧，如图11-49所示。

03 将光标向左下方移动，然后在绘图区中指定图示中心位置，如图11-50所示。

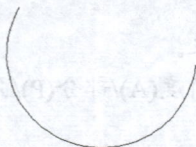

图11-48　绘制圆弧　　　　图11-49　选择标注对象　　　　图11-50　指定图示中心位置

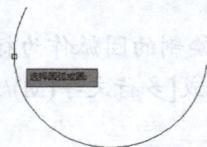

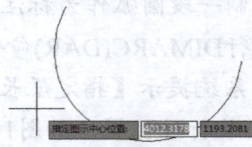

04 将光标向左上方移动，并在绘图区中指定尺寸线位置，如图11-51所示。

05 移动十字光标到合适的点，然后单击，指定折弯位置，如图11-52所示，创建的折弯半径标注如图11-53所示。

图11-51 指定尺寸线位置	图11-52 指定折弯位置	图11-53 折弯半径标注

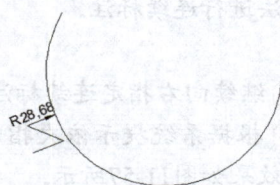

11.3 图形标注技巧

在标注图形的操作中，AutoCAD提供了一些标注技巧，应用这些技巧可以更容易地标注特殊图形，并提高标注的速度。下面具体介绍这些标注技巧的使用方法。

11.3.1 连续标注

连续标注用于标注在同一方向上连续的线性或角度尺寸。执行【连续】命令，可以从上一个或选定标注的第二条尺寸界线处创建线性、角度或坐标的连续标注。

执行【连续】标注命令有以下3种常用方法。

○ 选择【标注】|【连续】命令。
○ 在功能区中选择【注释】选项卡，然后单击【标注】面板中的【连续】按钮⊢⊢。
○ 执行DIMCONTINUE(DCO)命令。

【例11-1】标注衣柜尺寸。 🎥视频

01 打开【衣柜立面.dwg】图形文件。

02 执行【线性(DLI)】命令，对衣柜左侧的柜体宽度进行线性标注，如图11-54所示。

03 执行【连续(DCO)】命令，在系统提示下指定连续标注的第二条尺寸界线，如图11-55所示。

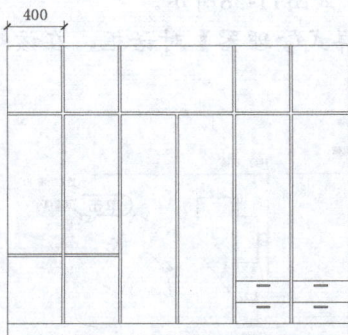

图11-54 线性标注对象	图11-55 指定连续标注的尺寸界线(一)

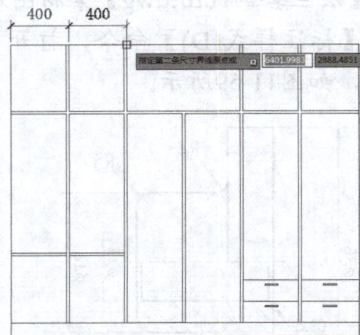

> **提示**
>
> 在进行连续标注图形之前，需要对图形进行一次标注操作，以确定连续标注的起始点，否则无法进行连续标注。

04 继续向右指定连续标注的第二条尺寸界线，如图11-56所示。

05 根据系统提示依次指定连续标注的第二条尺寸界线，并对衣柜上方的柜体尺寸进行标注，效果如图11-57所示。

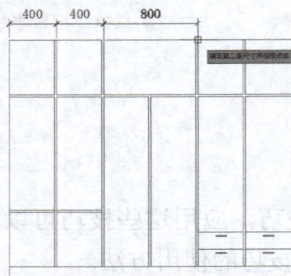

图11-56　指定连续标注的尺寸界线(二)

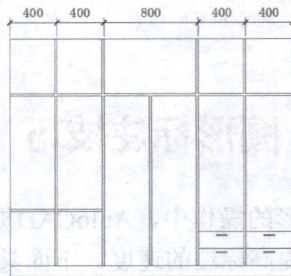

图11-57　连续标注的效果

11.3.2　基线标注

基线标注用于标注图形中有一个共同基准的线性或角度尺寸。基线标注是以某一点、线、面作为基准，其他尺寸按照该基准进行定位。因此，在使用【基线】标注之前，需要对图形进行一次标注操作，以确定基线标注的基准点，否则无法进行基线标注。

执行【基线标注】命令有以下3种常用方法。

○ 选择【标注】|【基线】命令。

○ 在功能区中选择【注释】选项卡，然后在【标注】面板中单击【连续】下拉按钮，在弹出的下拉列表中单击【基线】按钮┝┥。

○ 执行DIMBASELINE(DBA)命令。

【例11-2】 标注法兰套剖视图。🎬视频

01 打开【法兰套剖视图.dwg】素材图形文件，如图11-58所示。

02 执行【标注样式(D)】命令，打开【标注样式管理器】对话框，在该对话框中单击【修改】按钮，如图11-59所示。

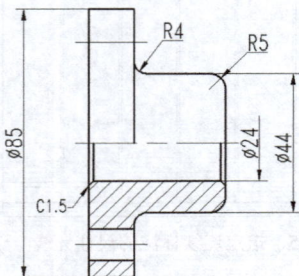

图11-58　素材图形

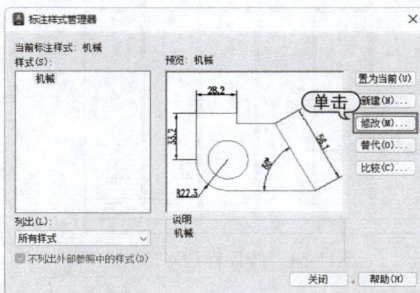

图11-59　单击【修改】按钮

03 在打开的【修改标注样式：机械】对话框中选择【线】选项卡，设置【基线间距】值为7.5，然后进行确定，如图11-60所示。

04 执行【线性(DLI)】命令，在图形上方进行一次线性标注，如图11-61所示。

图11-60 修改基线间距

图11-61 进行线性标注

05 执行【基线标注(DBA)】命令，当系统提示【指定第二条尺寸界线原点或[放弃(U)/选择(S)]:】时，输入S并确定。启用【选择(S)】选项，如图11-62所示。

06 当系统提示【选择基准标注:】时，在前面创建的线性标注左侧单击，选择该标注作为基准标注，如图11-63所示。

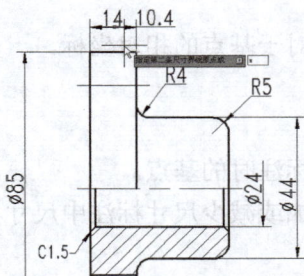

图11-62 输入S并确定

图11-63 选择基准标注

07 当系统再次提示【指定第二条尺寸界线原点或[放弃(U)/选择(S)]:】时，指定基准标注第二条尺寸界线的原点，如图11-64所示。

08 按空格键进行确定，完成基线标注操作，效果如图11-65所示。

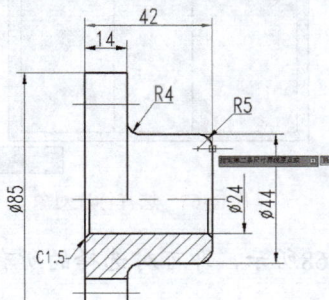

图11-64 指定第二个标注点

图11-65 基线标注效果

> **提示**
>
> 进行基线标注时，如果基线标注间的距离太近，将无法正常显示标注的内容。用户可以在【修改标注样式】对话框的【线】选项卡中重新设置基线间距，以调整各个基线标注间的距离。

11.3.3 快速标注

快速标注用于快速创建标注，其中包含了创建基线标注、连续标注、半径标注和直径标注等。执行【快速标注】命令有以下3种常用方法。

- 选择【标注】|【快速标注】命令。
- 在功能区中选择【注释】选项卡，然后单击【标注】面板中的【快速】按钮。
- 执行QDIM命令。

执行【快速标注(QDIM)】命令，系统将提示【选择要标注的几何图形:】，在此提示下选择标注图样，系统将提示【指定尺寸线位置或[连续/并列/基线/坐标/半径/直径/基准点/编辑]<>:】，该提示中各选项的含义如下。

- 连续：用于创建连续标注。
- 并列：用于创建并列标注。
- 基线：用于创建基线标注。
- 坐标：以某一基点为准，标注其他端点相对于基点的相对坐标。
- 半径：用于创建半径标注。
- 直径：用于创建直径标注。
- 基准点：确定用【基线】和【坐标】方式标注时的基点。
- 编辑：启动尺寸标注的编辑命令，用于增加或减少尺寸标注中尺寸界线的端点数。

【动手练】快速标注图形。 🎥视频

01 参照图11-66所示的效果绘制作为快速标注的图形。

02 执行【快速标注(QDIM)】命令，然后使用窗口选择方式选择所有的图形，效果如图11-67所示。

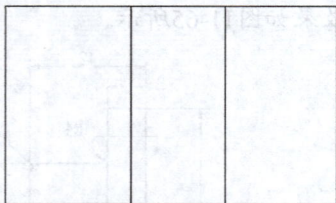

图11-66 绘制标注对象   图11-67 选择标注对象

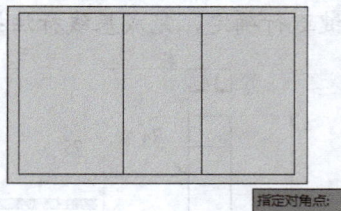

03 根据系统提示指定尺寸线位置，如图11-68所示，即可对选择的所有图形进行快速标注，效果如图11-69所示。

图11-68 指定尺寸线位置   图11-69 快速标注效果

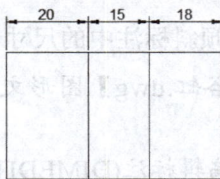

11.4 编辑标注

当创建尺寸标注后，如果需要对其进行修改，可以使用标注样式对所有标注进行修改，也可以单独修改图形中的部分标注对象。

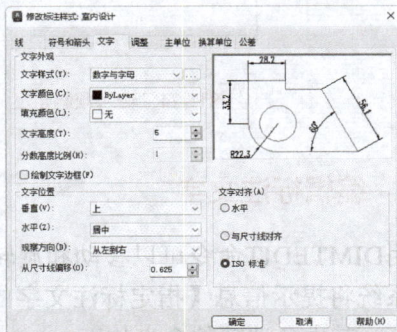

11.4.1 修改标注样式

在进行尺寸标注的过程中，用户可以先设置好尺寸标注的样式，也可以在创建好标注后，对标注的样式进行修改，以适合标注的图形。

选择【标注】|【样式】命令，在打开的【标注样式管理器】对话框中选中需要修改的样式，然后单击【修改】按钮，如图11-70所示。在打开的【修改标注样式】对话框中即可根据需要对标注的各部分样式进行修改，修改好标注样式后，单击【确定】按钮，如图11-71所示。

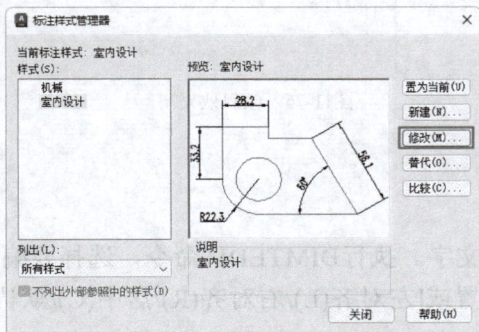

图11-70 【标注样式管理器】对话框   图11-71 修改标注样式

11.4.2 编辑尺寸界线

使用DIMEDIT命令可以修改一个或多个标注对象上的文字标注和尺寸界线。执行DIMEDIT命令后，系统将提示【输入标注编辑类型[默认(H)/新建(N)/旋转(R)/倾斜(O)]<默认>:】，其中各选项的含义如下。

- ○ 默认(H)：将标注文字移回默认位置。
- ○ 新建(N)：使用【多行文字编辑框】编辑标注文字。
- ○ 旋转(R)：旋转标注文字。
- ○ 倾斜(O)：调整线性标注尺寸界线的倾斜角度。

【动手练】倾斜标注中的尺寸界线。 🎬视频

01 打开【浴缸.dwg】图形文件，然后使用【线性】命令对图形进行标注，如图11-72所示。

02 执行【编辑标注(DIMEDIT)】命令，在弹出的菜单中选择【倾斜】选项，如图11-73所示，然后选择创建的线性标注并按Enter键确定。

图11-72　标注图形　　　　　　　　　图11-73　选择【倾斜】选项

03 根据系统提示输入倾斜的角度为30°并按Enter键确定，如图11-74所示，倾斜尺寸界线后的效果如图11-75所示。

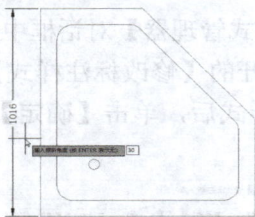

图11-74　输入倾斜角度　　　　　　　　图11-75　倾斜效果

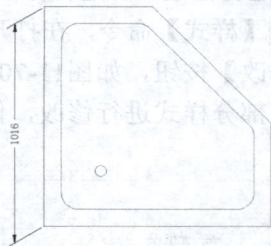

11.4.3　编辑标注文字

使用DIMTEDIT命令可以移动和旋转标注文字。执行DIMTEDIT命令，选择要编辑的标注后，系统将提示信息【指定标注文字的新位置或[左对齐(L)/右对齐(R)/居中(C)/默认(H)/角度(A)]:】。其中各选项的含义如下。

- 左对齐(L)：沿尺寸线左对齐标注文字。
- 右对齐(R)：沿尺寸线右对齐标注文字。
- 居中(C)：将标注文字放在尺寸线的中间。
- 默认(H)：将标注文字移回默认位置。
- 角度(A)：修改标注文字的角度。

【动手练】旋转标注中的文字。 🎬视频

01 打开【浴缸.dwg】图形文件，然后使用【线性】命令对图形进行标注，如图11-76所示。

02 执行【编辑标注文字(DIMTEDIT)】命令，选择创建的线性标注并按Enter键确定。然后输入字母a并按Enter键确定，选择【角度(A)】选项，如图11-77所示。

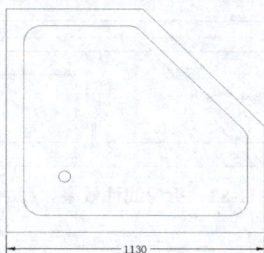

图11-76　标注图形

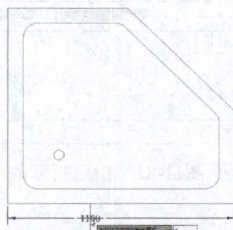

图11-77　输入字母a

03 系统提示【指定标注文字的角度:】时，输入旋转的角度为30并按Enter键确定，如图11-78所示。旋转标注文字后的效果如图11-79所示。

图11-78　输入旋转角度

图11-79　旋转标注文字的效果

11.4.4　折弯线性

执行【折弯线性】命令，可以在线性标注或对齐标注中添加或删除折弯线。执行【折弯线性】命令的常用方法有以下3种。

○ 选择【标注】|【折弯线性】命令。

○ 单击【标注】面板中的【折弯线性】按钮 ᐱ。

○ 执行DIMJOGLINE(DJL)命令。

【动手练】折弯标注中的尺寸线。

01 打开【栏杆.dwg】素材图形文件，如图11-80所示。

02 执行【折弯线性(DJL)】命令，选择其中的线性标注，如图11-81所示。

图11-80　打开素材图形

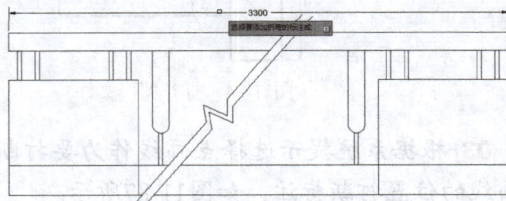

图11-81　选择标注对象

03 根据系统提示在线性标注中指定折弯的位置，如图11-82所示，创建的折弯线性效果如图11-83所示。

图11-82　指定折弯的位置　　　　　　　　　　　图11-83　折弯线性效果

11.4.5　打断标注

使用【标注打断】命令可以将标注对象以某一对象为参照点或以指定点打断。执行【标注打断】命令的常用方法有以下3种。

- 选择【标注】|【标注打断】命令。
- 单击【标注】面板中的【打断】按钮土。
- 执行DIMBREAK命令。

执行DIMBREAK命令，选择要打断的一个或多个标注对象，然后按空格键进行确定，系统将提示【选择要打断标注的对象或[自动(A)/恢复(R)/手动(M)]<>:】。用户可以根据提示设置打断标注的方式。

- 选择要打断标注的对象：直接选择要打断标注的对象，并按下空格键进行确定。
- 自动(A)：自动将打断标注放置在与选定标注相交的对象的所有交点处。修改标注或相交对象时，会自动更新使用此选项创建的所有打断标注。
- 恢复(R)：从选定的标注中删除所有打断标注。
- 手动(M)：使用手动方式为打断位置指定标注或尺寸界线上的两点。如果修改标注或相交对象，则不会更新使用此选项创建的任何打断标注。使用此选项，一次仅可以放置一个手动打断标注。

【动手练】打断标注中的尺寸线。　🎬视频

01　打开【螺栓.dwg】图形文件，如图11-84所示。

02　执行【标注打断(DIMBREAK)】命令，选择图形左侧的线性标注，如图11-85所示。

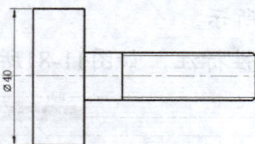

图11-84　打开图形文件　　　　　　　　　　　图11-85　选择标注

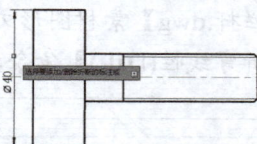

03　根据系统提示选择点画线作为要打断标注的对象，如图11-86所示。系统即可自动在点画线的位置打断标注，如图11-87所示。

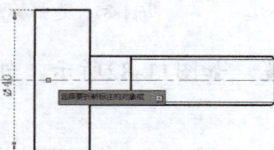

图11-86　选择打断标注的对象　　　　　　　　　图11-87　打断标注

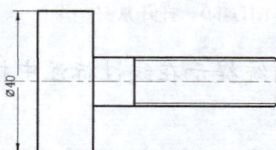

11.4.6 调整标注间距

执行【标注间距】命令，可以调整线性标注或角度标注之间的距离。该命令仅适用于平行的线性标注或共用一个顶点的角度标注。

执行【标注间距】命令的常用方法有以下3种。

- 选择【标注】|【标注间距】命令。
- 单击【标注】面板中的【调整间距】按钮圖。
- 执行DIMSPACE命令。

【动手练】修改两个标注之间的距离。　　📀视频

01 打开【法兰盘.dwg】图形文件。

02 执行【标注间距(DIMSPACE)】命令，选择图形左侧的线性标注，如图11-88所示。

03 选择下一个与选择标注相邻的线性标注并确定，如图11-89所示。

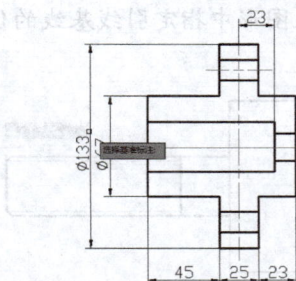

图11-88 选择线性标注　　　　　　　　图11-89 选择另一个标注

04 在弹出的选项列表中选择【自动(A)】选项，如图11-90所示。系统即可自动调整两个标注之间的距离，效果如图11-91所示。

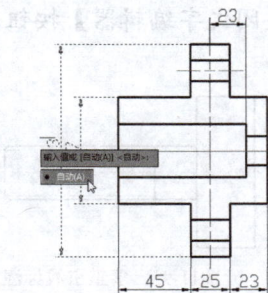

图11-90 选择【自动(A)】选项　　　　　图11-91 调整标注间距

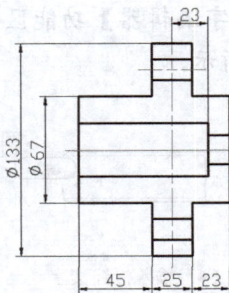

11.5 创建引线标注

在AutoCAD中，引线是由样条曲线或直线段连着箭头组成的对象，通常由一条水平线将文字和特征控制框连接到引线上。绘制图形时，使用引线功能可以标注图形特殊部分的尺寸或进行文字注释。

11.5.1　绘制多重引线

执行【多重引线】命令，可以创建连接注释与几何特征的引线，对图形进行标注。执行【多重引线】命令的常用方法有以下3种。

- ○ 选择【标注】|【多重引线】命令。
- ○ 单击【引线】面板中的【多重引线】按钮🖉。
- ○ 执行MLEADER命令。

【例11-3】标注螺栓的倒角尺寸。🖥视频

01 打开【螺栓.dwg】图形文件。

02 执行【多重引线(MLEADER)】命令，当系统提示【指定引线箭头的位置或[引线基线优先(L)/内容优先(C)/选项(O)] <选项>:】时，在图形中指定引线箭头的位置，如图11-92所示。

03 当系统提示【指定引线基线的位置:】时，在图形中指定引线基线的位置，如图11-93所示。

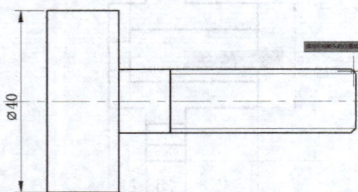

图11-92　指定箭头位置　　　　　图11-93　指定引线基线的位置

04 在指定引线基线的位置后，系统将要求用户输入引线的文字内容，此时可以输入标注文字，如图11-94所示。

05 在弹出的【文字编辑器】功能区中单击【关闭文字编辑器】按钮，完成多重引线的标注，效果如图11-95所示。

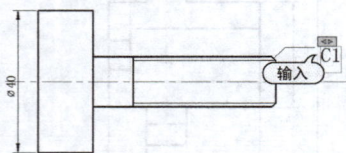

图11-94　输入标注文字　　　　　图11-95　多重引线标注

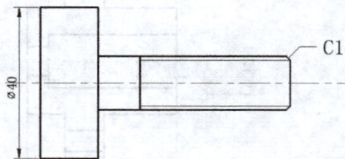

✎ 提示

在标注图形时，如果不方便进行倒角或圆角的尺寸标注，可以使用引线标注方式标注对象的倒角或圆角。C表示倒角标注的尺寸；R表示圆角标注的尺寸。

11.5.2　绘制快速引线

使用QLEADER(QL)命令可以快速创建引线和引线注释。执行QLEADER(QL)命令后，可

以通过输入S并按空格键确定，打开【引线设置】对话框，以便用户设置适合绘图需要的引线点数和注释类型。

【例11-4】标注圆头螺钉的倒角尺寸。 🎬视频

01 打开【圆头螺钉.dwg】图形文件，如图11-96所示。

02 执行【快速引线(QL)】命令，然后输入S并按空格键确定，如图11-97所示。

03 在打开的【引线设置】对话框中选中【多行文字】单选按钮，设置注释类型为【多行文字】，如图11-98所示。

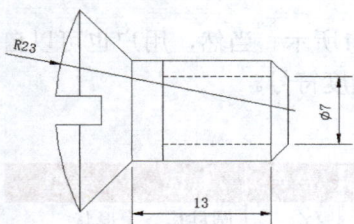

图11-96 打开素材文件　　　图11-97 输入S并确定　　　图11-98 设置注释类型

04 选择【引线和箭头】选项卡，设置点数为3、箭头样式为【实心闭合】，设置第一段的角度为【任意角度】，设置第二段的角度为【水平】并确定，如图11-99所示。

05 当系统继续提示【指定第一个引线点或[设置(S)]:】时，在图形中指定引线的第一个点，如图11-100所示。

06 当系统提示【指定下一点:】时，向右上方移动鼠标指定引线的下一个点，如图11-101所示。

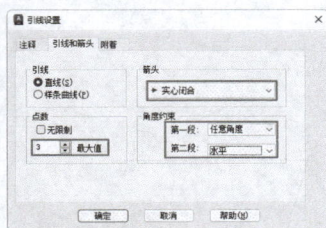

图11-99 设置引线和箭头　　　图11-100 指定第一个点　　　图11-101 指定下一个点

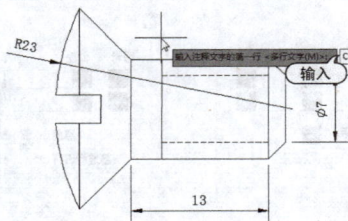

07 当系统再次提示【指定下一点:】时，向右侧移动鼠标指定引线的下一个点，如图11-102所示。

08 当系统提示【输入注释文字的第一行<多行文字(M)>:】时，输入快速引线的文字内容C2，如图11-103所示。

09 输入文字内容后，连续按两次Enter键完成快速引线的绘制，效果如图11-104所示。

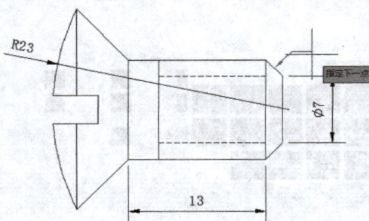

图11-102 指定下一个点　　　图11-103 输入文字　　　图11-104 创建快速引线效果

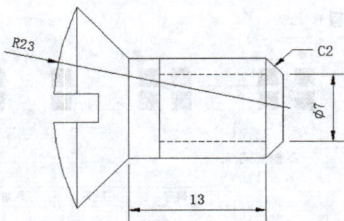

11.5.3 标注形位公差

在产品生产过程中，如果在加工零件时所产生的形状误差和位置误差过大，将会影响产品的质量。因此对精度要求较高的零件，必须根据实际需要，在图纸上标注相应表面的形状误差和相应表面之间的位置误差的允许范围，即标出表面形状和位置公差，简称形位公差。AutoCAD使用特征控制框向图形中添加形位公差，如图11-105所示。

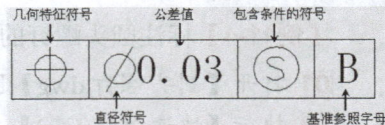

图11-105　形位公差说明

AutoCAD向用户提供了14种常用的形位公差符号，如表11-1所示。当然，用户也可以自定义公差符号，常用的方法是通过定义块来定义基准符号或粗糙度符号。

表11-1　形位公差符号

符号	特征	类型	符号	特征	类型	符号	特征	类型
⊕	位置	位置	//	平行度	方向	⌭	圆柱度	形状
◎	同轴(同心)度	位置	⊥	垂直度	方向	▱	平面度	形状
⌒	对称度	位置	∠	倾斜度	方向	○	圆度	形状
⌓	面轮廓度	轮廓	↗	圆跳动	跳动	—	直线度	形状
⌒	线轮廓度	轮廓	↗↗	全跳动	跳动			

【例11-5】创建形位公差。　📹视频

01 执行QLEADER命令，然后输入S并按空格键确定，打开【引线设置】对话框，在其中选中【公差】单选按钮，再单击【确定】按钮，如图11-106所示。

02 根据命令提示绘制如图11-107所示的引线。

图11-106　【引线设置】对话框

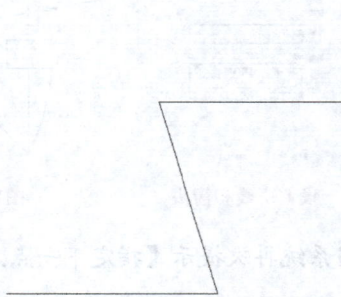

图11-107　绘制引线

03 打开【形位公差】对话框，单击【符号】参数栏下的黑框，如图11-108所示。

04 在打开的【特征符号】对话框中选择符号⊕，如图11-109所示。

图11-108　单击黑框

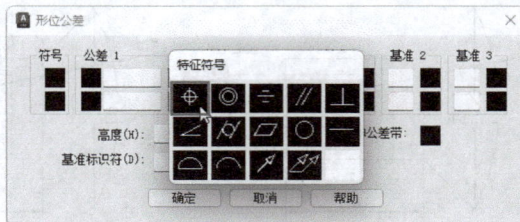

图11-109　选择符号

05 单击【公差1】参数栏中的第一个小黑框，里面将自动出现直径符号，如图11-110所示。

06 在【公差1】参数栏中的白色文本框里输入公差值0.02，如图11-111所示。

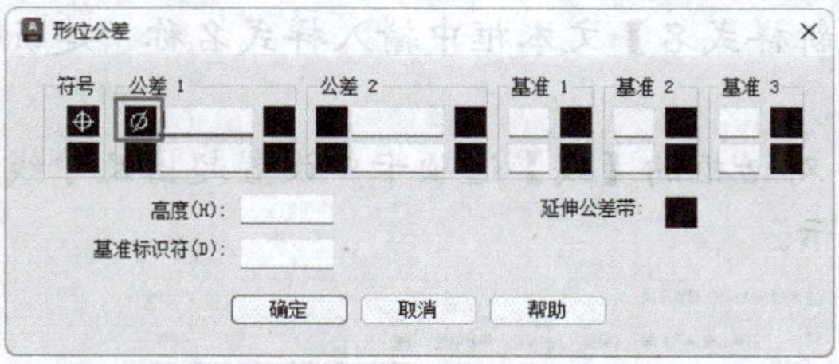

图11-110　添加直径符号

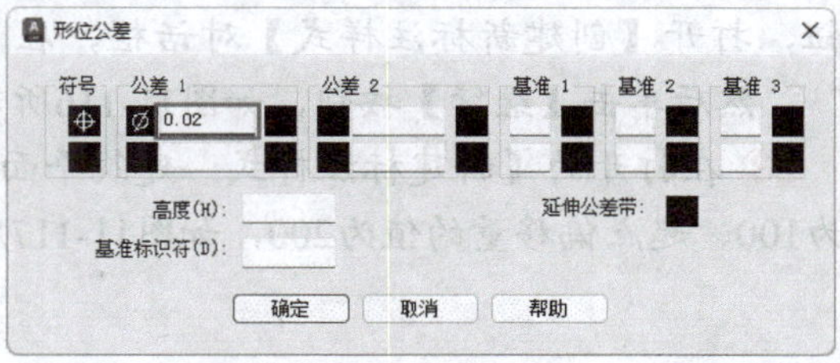

图11-111　输入公差值

07 单击【公差1】参数栏中的第二个小黑框，打开【附加符号】对话框，从中选择附加符号，如图11-112所示。

08 单击【确定】按钮，完成形位公差标注，效果如图11-113所示。

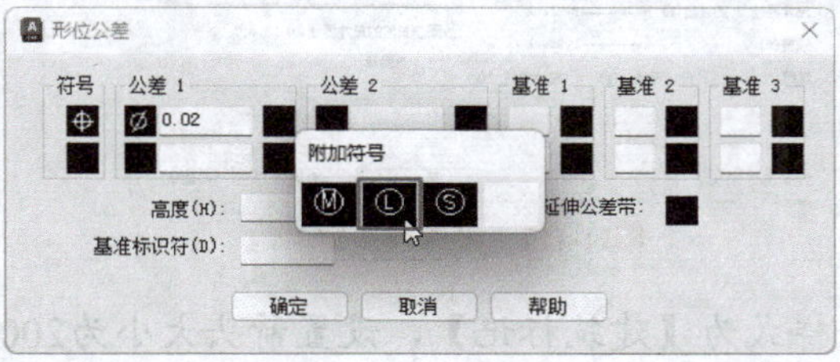

图11-112　选择附加符号

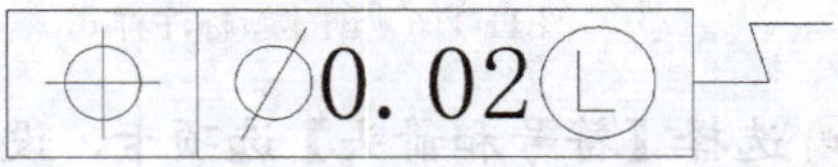

图11-113　形位公差标注效果

11.6　课堂案例

本节练习标注建筑平面图和零件图形，巩固所学的尺寸标注知识，如线性标注、半径标注、基线标注和连续标注等。

11.6.1　标注建筑平面图

本例将结合前面所学的标注知识，在如图11-114所示的建筑平面图中标注图形的尺寸，要求完成后的效果如图11-115所示。对图形进行标注时应先设置好标注样式，再使用线性标注和连续标注对图形进行标注。

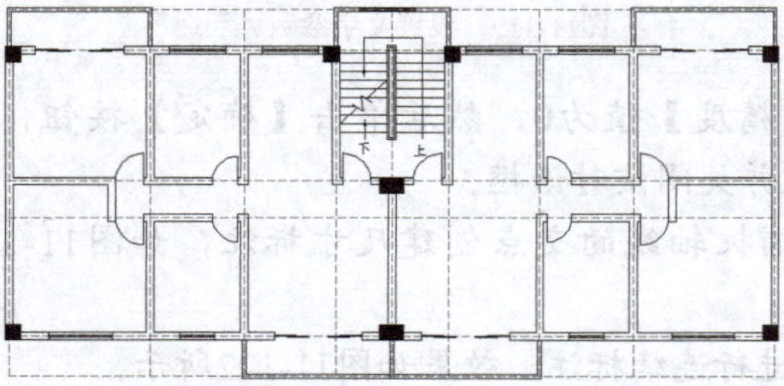

图11-114　建筑平面图

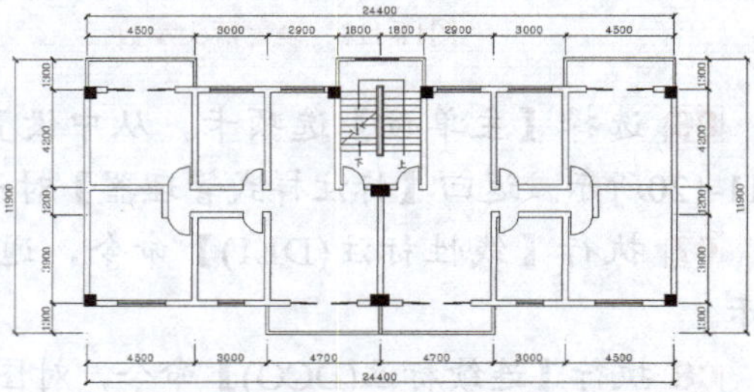

图11-115　标注建筑平面图

标注本例图形尺寸的具体操作步骤如下。

01 打开【建筑平面图.dwg】图形文件。

02 执行【标注样式(D)】命令，在打开的【标注样式管理器】对话框中单击【新建】按钮，打开【创建新标注样式】对话框，在【新样式名】文本框中输入样式名称"建筑平面"，然后单击【继续】按钮，如图11-116所示。

03 在打开的【新建标注样式：建筑平面】对话框的【线】选项卡中设置超出尺寸线的值为100、起点偏移量的值为200，如图11-117所示。

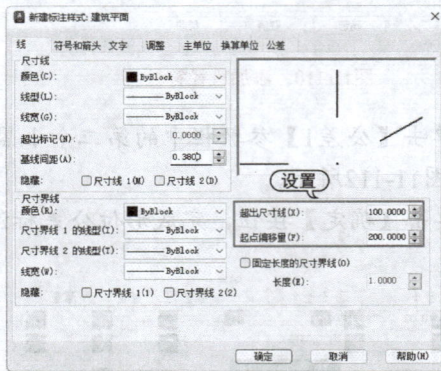

图11-116　创建新标注样式　　　　　　　　图11-117　设置线参数

04 选择【符号和箭头】选项卡，设置箭头样式为【建筑标记】，设置箭头大小为200，如图11-118所示。

05 选择【文字】选项卡，设置文字高度为300、【从尺寸线偏移】值为100、文字对齐方式为【与尺寸线对齐】，如图11-119所示。

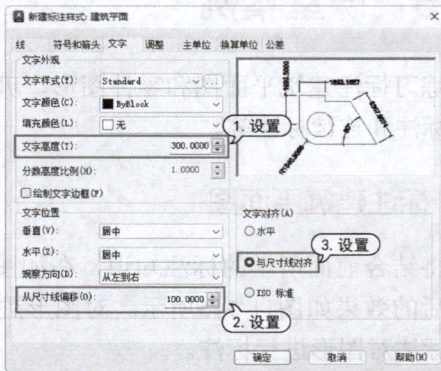

图11-118　设置箭头参数　　　　　　　　图11-119　设置文字参数

06 选择【主单位】选项卡，从中设置【精度】值为0，然后单击【确定】按钮，如图11-120所示。返回【标注样式管理器】对话框并关闭该对话框。

07 执行【线性标注(DLI)】命令，通过捕捉轴线的交点创建尺寸标注，如图11-121所示。

08 执行【连续标注(DCO)】命令，对图形进行连续标注，效果如图11-122所示。

09 继续执行【线性标注(DLI)】命令，在图形左侧创建第二道尺寸标注，如图11-123所示。

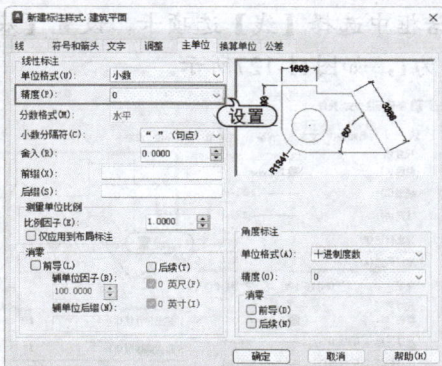

图11-120　设置精度

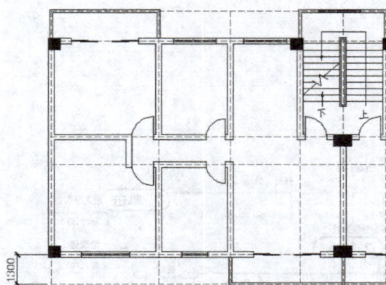

图11-121　进行线性标注

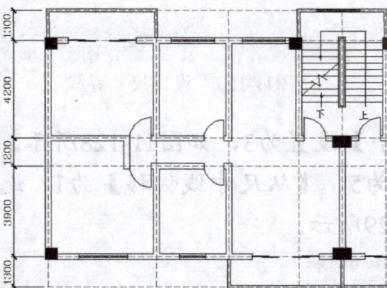

图11-122　连续标注效果

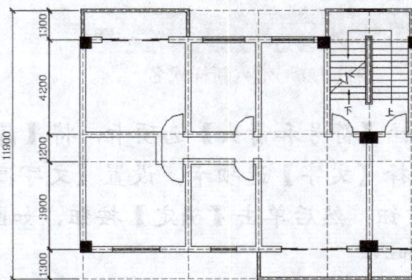

图11-123　创建第二道尺寸标注

10 使用【线性标注(DLI)】和【连续标注(DCO)】命令，标注图形的其他尺寸，关闭【轴线】图层，完成本例图形的标注。

11.6.2　标注零件图

本例将结合前面所学的标注知识，在图11-124所示的壳体零件图中标注图形的尺寸，完成后的效果如图11-125所示。在本例操作中，首先需要设置好标注样式，然后使用线性标注、直径标注和角度标注对图形进行标注。

图11-124　打开壳体素材图形

图11-125　标注壳体尺寸

标注本例图形尺寸的具体操作步骤如下。

01 打开【壳体.dwg】素材图形。

02 选择【格式】|【标注样式】命令，打开【标注样式管理器】对话框，在该对话框中单击【新建】按钮，在打开的【创建新标注样式】对话框中输入新样式名"壳体"并单击【继续】按钮，如图11-126所示。

03 在打开的【新建标注样式：壳体】对话框中选择【线】选项卡，设置【基线间距】为7.5、【超出尺寸线】为2.5、【起点偏移量】为1，如图11-127所示。

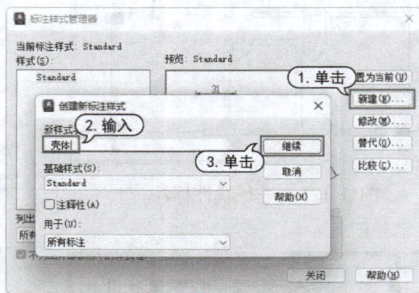

图11-126　输入新样式名

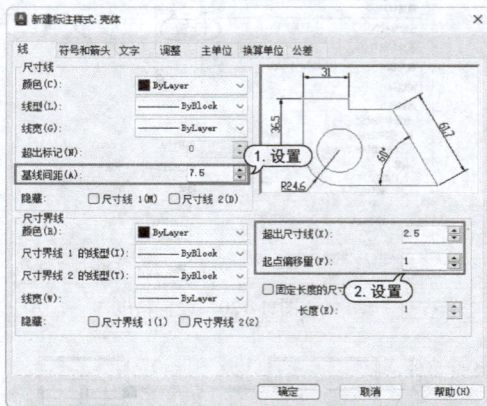

图11-127　设置尺寸界线

04 选择【符号和箭头】选项卡，将【箭头大小】设置为3，如图11-128所示。

05 选择【文字】选项卡，设置【文字高度】为5、【从尺寸线偏移】为1，选中【ISO标准】单选按钮，然后单击【确定】按钮，如图11-129所示。

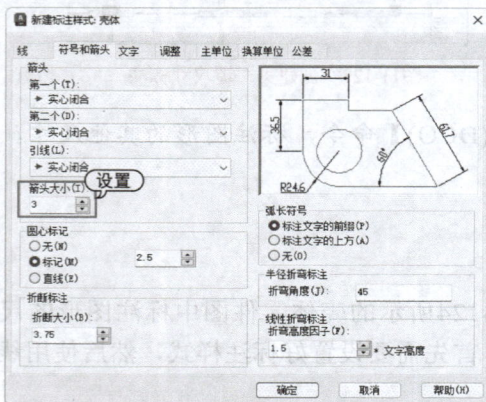

图11-128　设置箭头大小

图11-129　设置标注文字

06 返回【标注样式管理器】对话框。在该对话框中单击【新建】按钮，打开【创建新标注样式】对话框，在【用于】下拉列表中选择【角度标注】选项，如图11-130所示。

07 单击【继续】按钮，打开【新建标注样式：壳体：角度】对话框。在该对话框中选择【文字】选项卡，然后在【文字对齐】选项组中选中【水平】单选按钮，如图11-131所示。

08 单击【确定】按钮，返回【标注样式管理器】对话框，再单击【关闭】按钮，关闭【标注样式管理器】对话框。

09 执行【线性(DLI)】命令，捕捉图形左下方的线段交点，指定第一条尺寸界线的原点，如图11-132所示。

10 向右移动光标捕捉中心线的端点，指定第二条尺寸界线的原点，如图11-133所示。

11 将光标向下移动，单击指定尺寸线位置，创建的线性标注如图11-134所示。

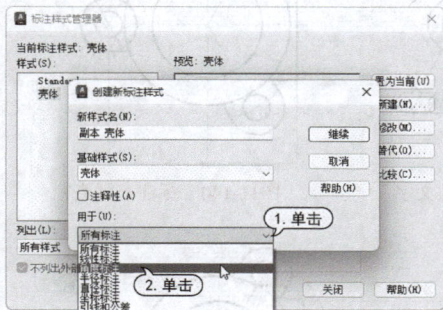

图11-130　创建角度子样式　　　图11-131　设置文字对齐方式

图11-132　指定第一条尺寸界线的原点　　图11-133　指定第二条尺寸界线的原点　　图11-134　线性标注效果

12 使用【线性(DLI)】标注命令，标注图形的其他尺寸，效果如图11-135所示。

13 执行【直径(DDI)】命令，选择右侧图形中的大圆作为标注对象，如图11-136所示。然后指定尺寸线的位置，直径标注效果如图11-137所示。

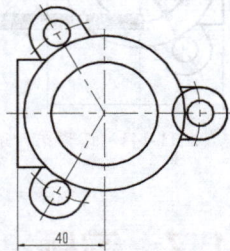

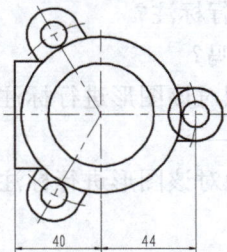

图11-135　创建其他线性标注　　　图11-136　选择标注对象　　　图11-137　标注直径

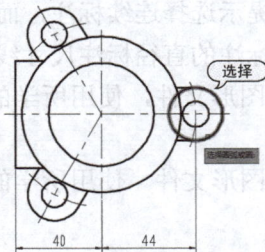

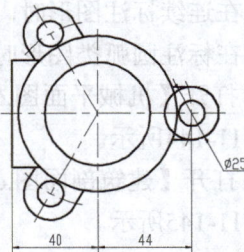

14 执行【编辑文字】命令，单击直径标注文字，将标注文字激活，如图11-138所示。然后将标注文字修改为3×ϕ25并确定，效果如图11-139所示。

15 使用同样的方法，对右侧图形中的小圆进行直径标注，并修改标注文字，效果如图11-140所示。

16 执行【角度(DAN)】命令，选择标注角度图形的第一条边，如图11-141所示，根据提示选择标注角度图形的第二条边，如图11-142所示，然后向左指定标注弧线的位置，得到的角度标注效果如图11-143所示。

17 重复执行【角度(DAN)】命令，标注图形的其他角度，完成本例的制作。

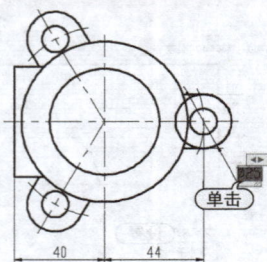

图11-138　激活标注文字　　　　图11-139　修改标注文字　　　　图11-140　标注小圆直径

图11-141　选择第一条边　　　　图11-142　选择第二条边　　　　图11-143　角度标注效果

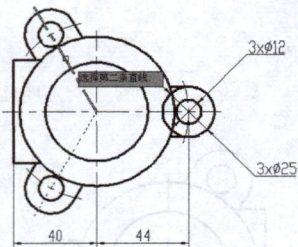

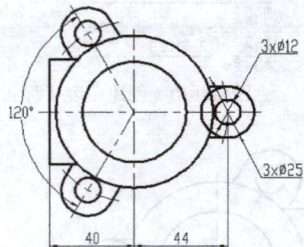

11.7　习题

1. 在AutoCAD中，尺寸标注通常由哪几部分组成？

2. 在标注图形时，由于尺寸界线之间的距离太小，导致标注对象之间的文字不能清楚地显示，应如何调整？

3. 在连续标注图形时，为什么未提示选择连续标注，而是直接进行标注？

4. 在标注圆弧类图形时，可以让标注的直径标注尺寸线水平转折吗？

5. 打开【机械平面图.dwg】素材图形文件，使用所学的标注知识对该图形进行标注，效果如图11-144所示。

6. 打开【建筑剖面图.dwg】素材图形文件，使用所学的标注知识对该图形进行标注，效果如图11-145所示。

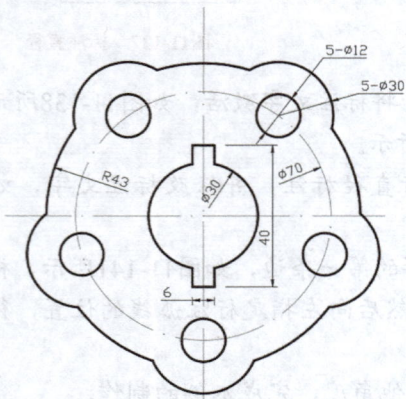

图11-144　标注机械平面图

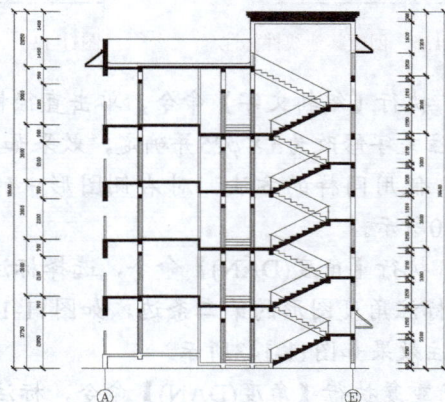

图11-145　标注建筑剖面图

第12章

三维绘图基础

　　在AutoCAD中，三维建模是机械设计、建筑规划、产品造型等领域的重要技术。本章将讲解AutoCAD三维绘图的基础知识与操作技能，帮助用户构建扎实的三维建模基础，为后续复杂模型的创建与编辑做好技术准备。

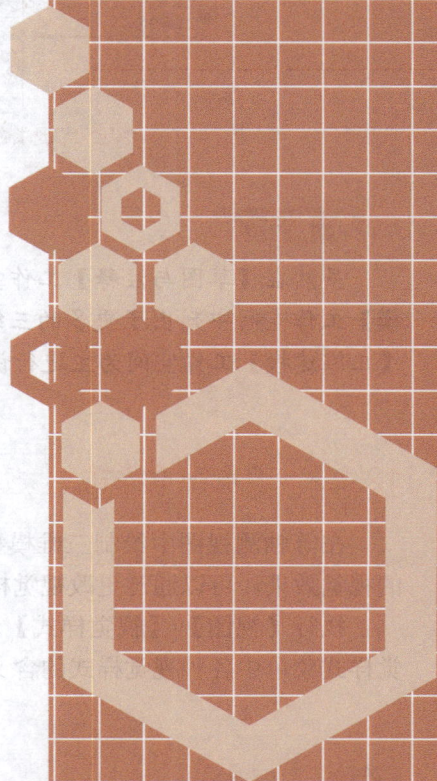

12.1 三维视图与视觉样式

在不同的三维视图中，三维对象的观察效果也不同；使用不同的视觉样式，可以改变三维模型的显示效果。

12.1.1 选择三维视图

在默认状态下，三维绘图命令绘制的三维图形都是俯视的平面图，用户可以根据系统提供的俯视、仰视、前视、后视、左视和右视6个正交视图和西南、西北、东南、东北4个等轴测视图分别从不同方位进行观察。

用户可以使用如下两种常用方法切换场景中的视图。

- 执行【视图】|【三维视图】命令，然后在子菜单中根据需要选择相应的视图命令，如图12-1所示。
- 切换到【三维建模】工作空间，在【常用】|【视图】面板中单击视图列表框的下拉按钮，然后在弹出的下拉列表中选择相应的视图选项，如图12-2所示。

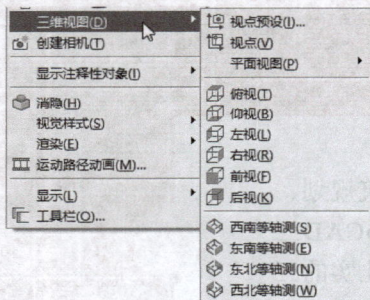

图12-1 选择视图命令   图12-2 选择视图选项

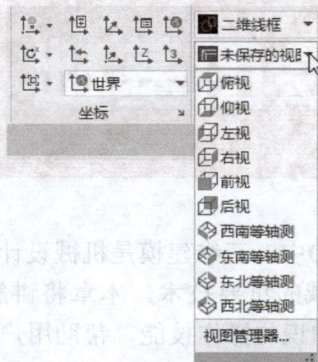

提示

虽然在【草图与注释】工作空间中也可以进行三维模型的创建与编辑，但是在【三维建模】工作空间中列出了更多的三维建模和编辑工具，更适合三维绘图的操作，因此本章将以【三维建模】工作空间为主进行讲解。

12.1.2 设置视觉样式

在等轴测视图中绘制三维模型时，默认状态下模型以线框方式进行显示，为了获得直观的视觉效果，可以通过更改视觉样式来改善显示效果。

执行【视图】|【视觉样式】命令，在子菜单中可以根据需要选择相应的视图样式。在视觉样式菜单中各种视觉样式的含义如下。

○ 二维线框：显示用直线和曲线表示边界的对象，光栅和OLE对象、线型和线宽都是可见的，效果如图12-3所示。

○ 线框：显示用直线和曲线表示边界对象的三维线框。线框效果与二维线框效果相似，只是在线框效果中将显示一个已着色的三维坐标。如果二维背景和三维背景颜色不同，那么线框与二维线框的背景颜色也不同，效果如图12-4所示。

图12-3　二维线框效果

图12-4　线框效果

○ 消隐：使用线框表示法显示对象，并隐藏表示背后的线，效果如图12-5所示。

○ 真实：着色多边形平面间的对象，并使对象的边平滑化，将显示对象的材质，效果如图12-6所示。

图12-5　消隐效果

图12-6　真实效果

○ 概念：着色多边形平面间的对象，并使对象的边平滑化。着色使用冷色和暖色之间的过渡。效果缺乏真实感，但是可以方便地查看模型的细节，效果如图12-7所示。

○ 着色：使用平滑着色显示对象，效果如图12-8所示。

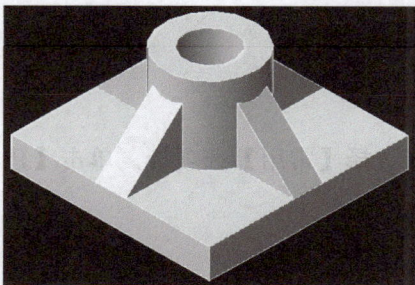

图12-7　概念效果

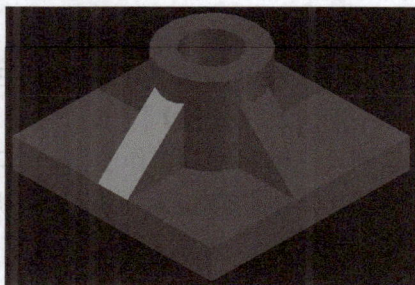

图12-8　着色效果

○ 带边缘着色：使用平滑着色和可见边显示对象，效果如图12-9所示。

○ 灰度：使用平滑着色和单色灰度显示对象，效果如图12-10所示。

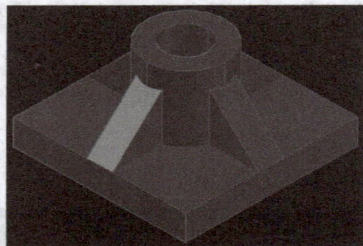

图12-9　带边缘着色效果

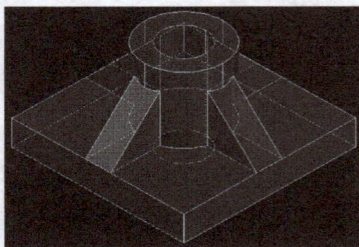

图12-10　灰度效果

- ○ 勾画：使用手绘效果的方式显示对象，效果如图12-11所示。
- ○ X射线：以局部透明度显示对象，效果如图12-12所示。

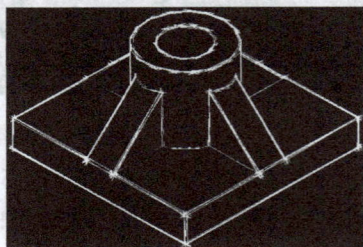

图12-11　勾画效果

图12-12　X射线效果

12.2　绘制三维实体

通过AutoCAD提供的建模命令，可以绘制的实体包括长方体、多段体等三维基本体和由二维图形创建的拉伸实体、旋转实体等。

12.2.1　绘制三维基本体

在AutoCAD中可以绘制的基本体包括多段体、长方体、圆柱体、圆锥体、球体、棱锥体、楔体和圆环体，执行三维基本命令通常包括菜单命令、工具按钮和建模命令3种方法，下面以绘制长方体和多段体为例，介绍三维基本体的绘制方法。

1. 长方体

执行【长方体】命令的常用方法有如下3种。

- ○ 选择【绘图】|【建模】|【长方体】命令。
- ○ 切换到【三维建模】工作空间，在功能区选择【常用】选项卡，单击【建模】面板中的【长方体】按钮□，如图12-13所示。
- ○ 执行BOX命令。

提示

单击【建模】面板中的【长方体】下拉按钮，可以在弹出的下拉列表中选择创建其他的基本体，如图12-14所示。

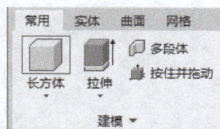

图12-13 单击【长方体】按钮

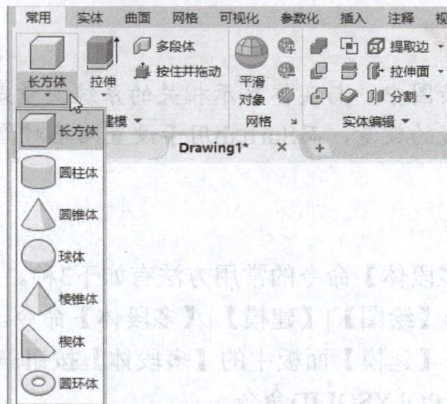

图12-14 其他基本体

【动手练】绘制长方体。🎬视频

01 选择【视图】|【三维视图】|【西南等轴测】命令，切换当前视图。

02 执行【长方体(BOX)】命令，系统提示【指定长方体的角点或[中心点(CE)]:】时，单击指定长方体的起始角点坐标。

03 当系统提示【指定角点或[立方体(C)/长度(L)]:】时，输入L并确定，选择【长度(L)】选项。

04 当系统提示指定长度时，拖动光标指定绘制长方体的长度方向，然后输入长方体的长度值并确定，如图12-15所示。

05 继续拖动光标指定长方体的宽度方向，然后输入宽度值并确定，如图12-16所示。

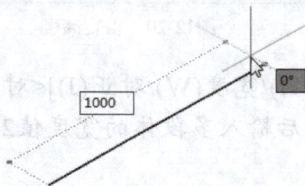

图12-15 指定长度

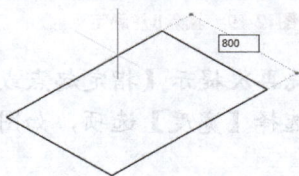

图12-16 指定宽度

06 当系统提示指定高度时，拖动光标指定长方体的高度方向，然后输入高度值并确定(如图12-17所示)，即可完成长方体的创建，效果如图12-18所示。

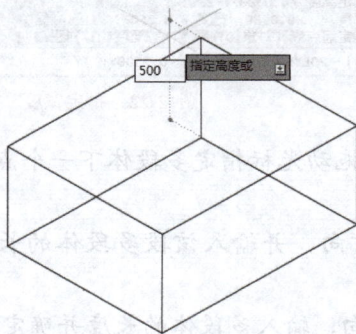

图12-17 指定高度

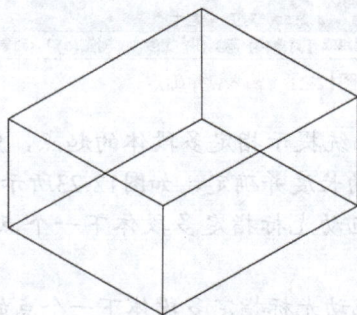

图12-18 创建长方体

🛫 **提示**

在三维绘图中，与实体显示相关的系统变量是Isolines和Surftab。其中Isolines用于设置实体表面轮廓线的数量，而Surftab用于设置网格对象的密度。

---

2. 多段体

执行【多段体】命令的常用方法有如下3种。

- ○ 选择【绘图】|【建模】|【多段体】命令。
- ○ 单击【建模】面板中的【多段体】按钮 。
- ○ 执行POLYSOLID命令。

【动手练】绘制多段体。 📀视频

01 选择【视图】|【三维视图】|【西南等轴测】命令，切换到西南等轴测视图。

02 执行【多段体(POLYSOLID)】命令，当系统提示【指定起点或[对象(O)/高度(H)/宽度(W)/对正(J)]<对象>:】时，输入h并确定，选择【高度】选项，如图12-19所示。然后输入多段体的高度值280，如图12-20所示。

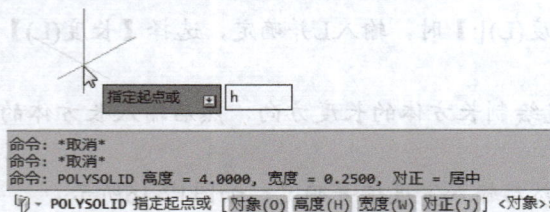

图12-19　输入h并确定

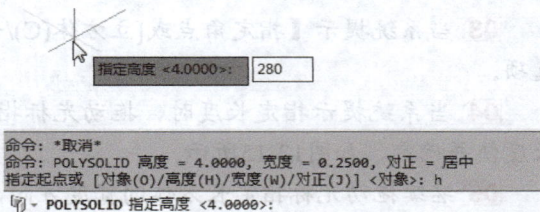

图12-20　指定高度

03 当系统再次提示【指定起点或[对象(O)/高度(H)/宽度(W)/对正(J)]<对象>:】时，输入w并确定，选择【宽度】选项，如图12-21所示。然后输入多段体的宽度值24，如图12-22所示。

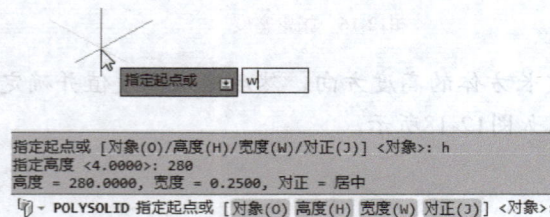

图12-21　输入w并确定

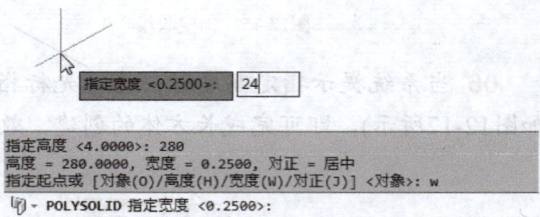

图12-22　指定宽度

04 根据系统提示指定多段体的起点，然后拖动光标指定多段体下一个点的方向，并输入该段多段体的长度并确定，如图12-23所示。

05 继续拖动光标指定多段体下一个点的方向，并输入该段多段体的长度并确定，如图12-24所示。

06 继续拖动光标指定多段体下一个点的方向，输入多段体的长度并确定，如图12-25所示。再次按下空格键确定，完成多段体的绘制，效果如图12-26所示。

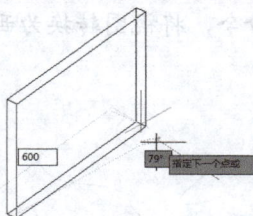

图12-23 指定第一段长度　　　　　　图12-24 指定下一段长度

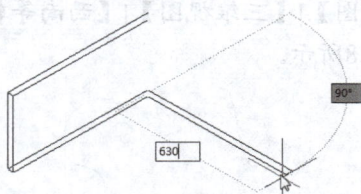

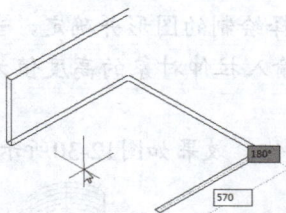

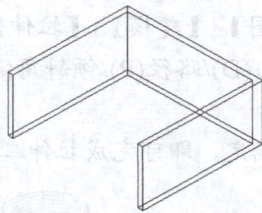

图12-25 继续指定下一段长度　　　　图12-26 创建多段体

12.2.2 绘制拉伸实体

使用【拉伸】命令，可以沿指定路径拉伸对象或按指定高度值和倾斜角度拉伸对象，从而将二维图形拉伸为三维实体。

执行【拉伸】命令有以下3种常用方法。

- 选择【绘图】|【建模】|【拉伸】命令。
- 单击【建模】面板中的【拉伸】按钮📦。
- 执行EXTRUDE(EXT)命令。

使用【拉伸】命令创建三维实体时，命令提示中主要选项的含义如下。

- 指定拉伸的高度：默认情况下，将沿对象的法线方向拉伸平面对象。如果输入正值，将沿对象所在坐标系的 Z 轴正方向拉伸对象；如果输入负值，将沿 Z 轴负方向拉伸对象。
- 方向(D)：通过指定的两点指定拉伸的长度和方向。
- 路径(P)：选择基于指定曲线对象的拉伸路径。路径将移到轮廓的质心，然后沿选定路径拉伸选定对象的轮廓以创建实体或曲面。
- 倾斜角(T)：使拉伸后的顶部与底部形成一定的角度。

✈ **提示**

三维实体表面以线框的形式来表示，线框密度由系统变量ISOLINES控制。系统变量ISOLINES的数值范围为4~2047，数值越大，线框越密。

【动手练】创建拉伸实体。 🎬视频

01 使用【样条曲线(SPL)】命令绘制一个异形封闭二维图形，如图12-27所示。

02 执行ISOLINES命令，设置线框密度为24。

03 选择【视图】|【三维视图】|【西南等轴测】命令，将视图转换为西南等轴测视图，图形效果如图12-28所示。

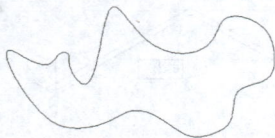

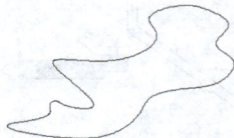

图12-27　绘制二维图形　　　图12-28　转换为西南等轴测视图后的图形效果

04 选择【绘图】|【建模】|【拉伸】命令，选择绘制的图形并确定，当系统提示【指定拉伸的高度或[方向(D)/路径(P)/倾斜角(T)]:】时，输入拉伸对象的高度值为600，如图12-29所示。

05 按空格键确定，即可完成拉伸二维图形的操作，效果如图12-30所示。

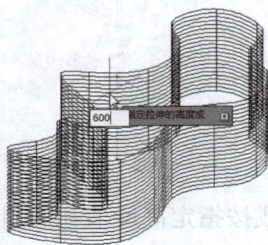

图12-29　指定高度　　　　　　　　图12-30　拉伸效果

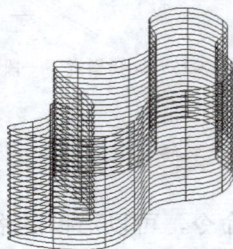

12.2.3　绘制旋转实体

使用【旋转】命令，可以通过绕轴旋转开放或闭合的平面曲线来创建新的实体或曲面，并且可以同时旋转多个对象。

执行【旋转】命令有以下3种常用方法。

○ 选择【绘图】|【建模】|【旋转】命令。

○ 单击【建模】面板中的【拉伸】下拉按钮，在弹出的下拉列表中单击【旋转】按钮📏。

○ 执行REVOLVE(REV)命令并按空格键确定。

【动手练】创建旋转实体。　🎬视频

01 使用【直线(L)】和【多段线(PL)】命令绘制如图12-31所示的直线和封闭图形。

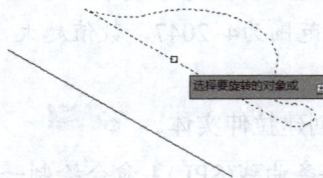

02 选择【绘图】|【建模】|【旋转】命令，选择封闭图形作为旋转对象，如图12-32所示。

图12-31　绘制图形　　　　　　　図12-32　选择旋转对象

03 当系统提示【指定轴起点或根据以下选项之一定义轴[对象(O)/X/Y/Z]:】时，指定旋转轴的起点，如图12-33所示。

04 当系统提示【指定轴端点:】时，指定旋转轴的端点，如图12-34所示。

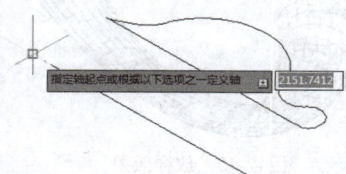

図12-33 指定旋转轴的起点

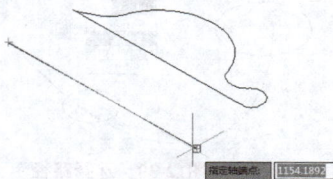

図12-34 指定旋转轴的端点

05 当系统提示【指定旋转角度或[起点角度(ST)]:】时，指定旋转的角度为360°，如图12-35所示。按空格键确定，即可完成对二维图形的旋转，形成的实体效果如图12-36所示。

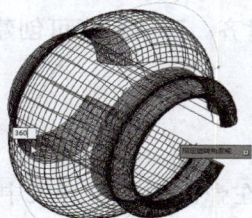

図12-35 指定旋转的角度

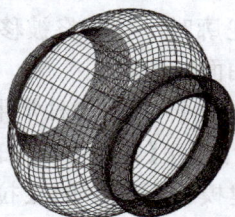

図12-36 旋转后的实体效果

12.2.4 绘制放样实体

使用【放样】命令，可以通过对包含两条或两条以上横截面曲线的一组曲线进行放样来创建三维实体或曲面。其中横截面决定了放样生成实体或曲面的形状，它可以是开放的线或直线，也可以是闭合的图形，如圆、椭圆、多边形和矩形等。

执行【放样】命令有以下3种常用方法。

○ 选择【绘图】|【建模】|【放样】命令。

○ 单击【建模】面板中的【拉伸】下拉按钮，在弹出的下拉列表中单击【放样】按钮。

○ 执行LOFT命令。

【动手练】创建放样实体。 视频

01 使用【样条曲线(SPL)】命令绘制一条曲线，使用【圆(C)】命令绘制3个大小不等的圆，如图12-37所示。

02 选择【绘图】|【建模】|【放样】命令，根据提示依次选择作为放样横截面的3个圆，如图12-38所示。

図12-37 绘制二维图形

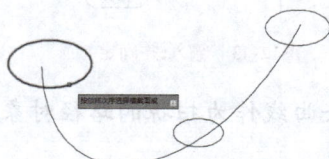

図12-38 选择图形

03 在弹出的菜单列表中选择【路径(P)】选项，如图12-39所示，然后选择曲线作为路径对象，即可完成二维图形的放样操作，最终的放样效果如图12-40所示。

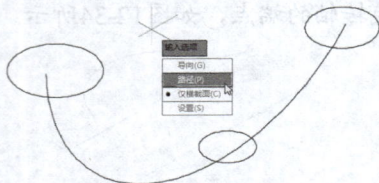

图12-39 选择路径

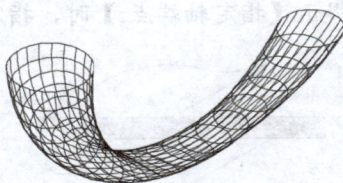

图12-40 放样效果

12.2.5 绘制扫掠实体

使用【扫掠】命令，可以通过沿指定路径延伸轮廓形状(被扫掠的对象)来创建实体或曲面。沿路径扫掠轮廓时，轮廓将被移动并与路径垂直对齐。开放轮廓可创建曲面，而闭合曲线可创建实体或曲面。

执行【扫掠】命令有以下3种常用方法。

○ 选择【绘图】|【建模】|【扫掠】命令。

○ 单击【建模】面板中的【拉伸】下拉按钮，在弹出的下拉列表中单击【扫掠】按钮。

○ 执行SWEEP命令。

【动手练】创建扫掠实体。

01 使用【矩形(REC)】命令和【样条曲线(SPL)】命令绘制如图12-41所示的二维图形。

02 执行SWEEP命令，选择矩形作为扫掠对象，如图12-42所示。

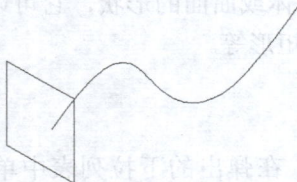

图12-41 绘制二维图形

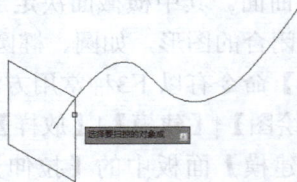

图12-42 选择扫掠对象

03 根据系统提示输入t并按空格键确定，选择【扭曲(T)】选项，如图12-43所示。然后输入扭曲的角度值为30°并按空格键确定，如图12-44所示。

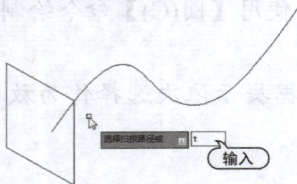

图12-43 输入t并确定

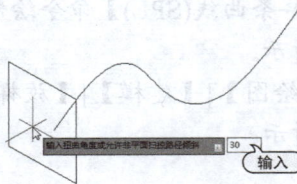

图12-44 输入扭曲的角度值

04 选择样条曲线作为扫掠的路径对象(如图12-45所示)，即可完成扫掠操作，效果如图12-46所示。

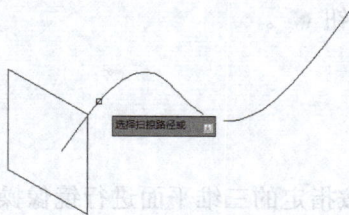

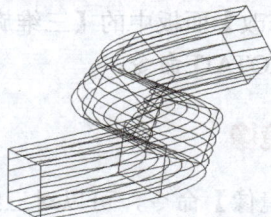

图12-45　选择扫掠路径　　　　　　　图12-46　扫掠效果

12.3　三维实体操作

在创建三维模型的过程中，用户可以对实体进行三维操作，如对模型进行三维移动、三维旋转、三维镜像和三维阵列等，从而快速创建更多、更复杂的模型。

12.3.1　三维移动

执行【三维移动】命令，可以将实体按指定方向和距离在三维空间中进行移动，从而改变对象的位置，如图12-47和图12-48所示。

执行【三维移动】命令有以下3种常用方法。

○　选择【修改】|【三维操作】|【三维移动】命令。

○　在【常用】选项卡中单击【修改】面板中的【三维移动】按钮 ，如图12-49所示。

○　执行3DMOVE命令。

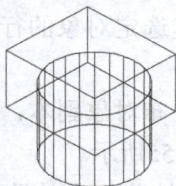

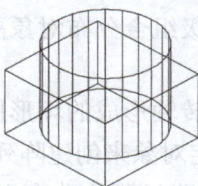

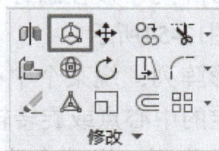

图12-47　原图　　　　　　图12-48　移动圆柱体　　　　　图12-49　单击【三维移动】按钮

12.3.2　三维旋转

使用【三维旋转】命令，可以将实体绕指定轴在三维空间中进行一定方向的旋转，以改变实体对象的方向，如图12-50和图12-51所示。

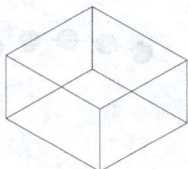

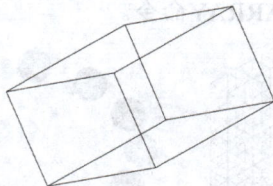

图12-50　原图　　　　　　　　　　图12-51　旋转长方体

执行【三维旋转】命令有以下3种常用方法。

○　选择【修改】|【三维操作】|【三维旋转】命令。

○ 单击【修改】面板中的【三维旋转】按钮 ⊕ 。
○ 执行3DROTATE命令。

12.3.3 三维镜像

使用【三维镜像】命令，可以对三维实体按指定的三维平面进行镜像操作或镜像复制操作，如图12-52和图12-53所示。

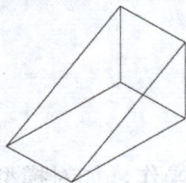

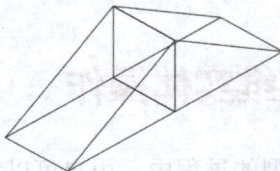

图12-52　原图　　　　　　　　　　图12-53　镜像复制效果

执行【三维镜像】命令有以下3种常用方法。
○ 选择【修改】|【三维操作】|【三维镜像】命令。
○ 单击【修改】面板中的【三维镜像】按钮 ⅗ 。
○ 执行MIRROR3D命令。

12.3.4 三维阵列

【三维阵列】命令与二维图形中的阵列比较相似，可以进行矩形阵列和环形阵列操作，也可以进行路径阵列操作，相对于二维阵列操作，在进行三维阵列操作时多了层数的设置。
○ 矩形阵列：按任意行、列和层级组合分布对象副本，创建选定对象的行和列阵列，如图12-54所示。
○ 环形阵列：绕某个中心点或旋转轴形成的环形图形平均分布对象副本，即通过围绕指定的中心点或旋转轴复制选定对象来创建阵列，如图12-55所示。
○ 路径阵列：沿整个路径或部分路径平均分布对象副本，该阵列中的路径可以是直线、多段线、三维多段线、样条曲线、螺旋、圆弧、圆和椭圆等，如图12-56所示。

执行【三维阵列】命令有以下3种常用方法。
○ 选择【修改】|【三维操作】|【三维阵列】命令。
○ 单击【修改】面板中的【矩形阵列】按钮 品 ，还可以在【矩形阵列】下拉列表中选择【环形阵列】按钮 ⸬ 或【路径阵列】按钮 ○○○ 。
○ 执行3DARRAY命令。

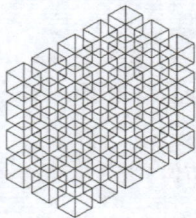

图12-54　矩形阵列效果　　　　　图12-55　环形阵列效果　　　　　图12-56　路径阵列效果

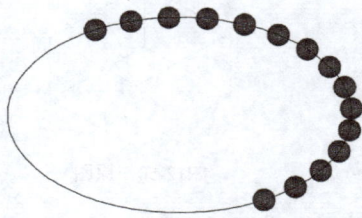

12.4 课堂案例

本例参考图12-57所示的支座零件图，结合所学的三维绘图知识绘制支座模型，主要掌握三维视图、拉伸实体、实体布尔运算和视觉样式的应用，本例完成后的效果如图12-58所示。

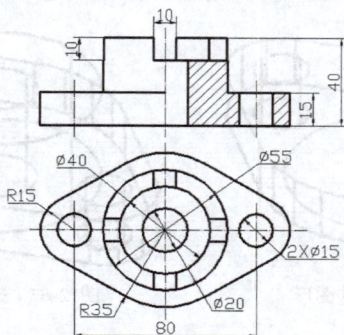

图12-57 支座零件图

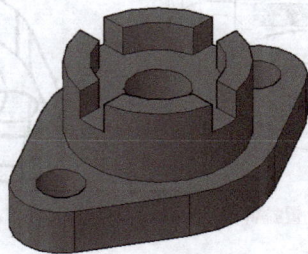

图12-58 支座模型图

绘制本例模型图的具体操作步骤如下。

01 打开【支座零件图.dwg】图形文件，删除标注对象，如图12-59所示。

02 选择【视图】|【三维视图】|【西南等轴测】命令，将视图切换到西南等轴测视图，效果如图12-60所示。

03 执行【删除(E)】命令，将辅助线和剖视图删除，如图12-61所示。

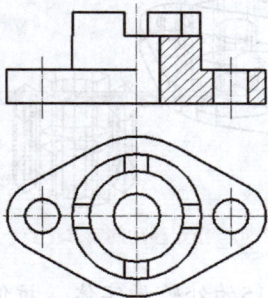

图12-59 删除图形标注　　　　图12-60 西南等轴测视图效果　　　　图12-61 删除多余图形

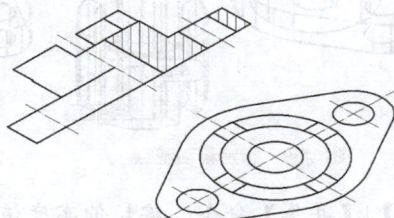

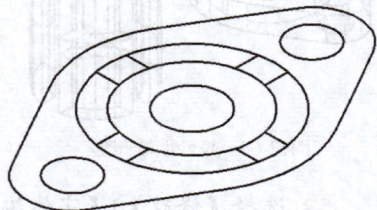

04 执行【复制(CO)】命令，将编辑后的图形复制一次，如图12-62所示。

05 执行【删除(E)】命令，参照如图12-63所示的效果，将上方多余图形删除。

06 执行【修剪(TR)】命令，对下方图形进行修剪并删除多余图形，修改后的图形效果如图12-64所示。

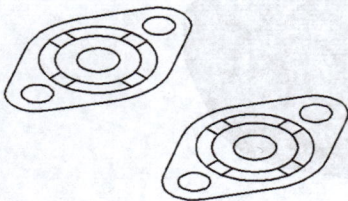

图12-62 复制图形　　　　　　图12-63 删除多余图形　　　　　图12-64 修剪并删除图形

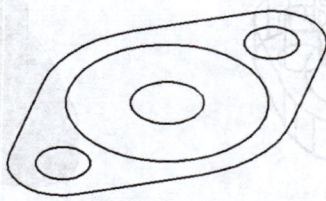

07 选择【绘图】|【面域】命令，将上方外轮廓图形和下方图形转换为面域对象。

08 选择【绘图】|【建模】|【拉伸】命令，选择上方外轮廓和两边的小圆并按空格键确定，设置拉伸的高度值为15，如图12-65所示。拉伸后的效果如图12-66所示。

09 重复执行【拉伸】命令，对上方图形中的另外两个圆进行拉伸，设置拉伸高度值为30，效果如图12-67所示。

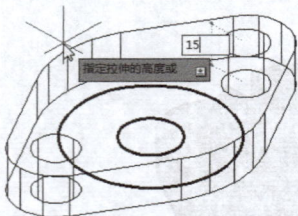

图12-65　设置拉伸高度　　　　　图12-66　拉伸图形　　　　　图12-67　拉伸两个圆

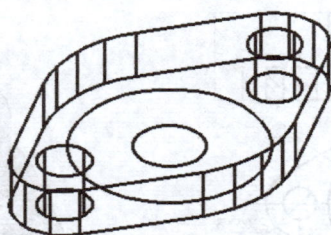

10 继续执行【拉伸】命令，对下方图形中的面域对象进行拉伸，设置拉伸高度值为40，效果如图12-68所示。

11 执行【移动(M)】命令，选择拉伸后的面域实体，然后捕捉实体下方的圆心，指定移动基点，如图12-69所示。

12 将鼠标向左上方移动，捕捉左上方拉伸实体的底面圆心，指定移动的第二个点，如图12-70所示。

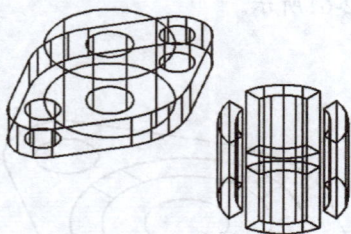

图12-68　拉伸面域图形　　　　　图12-69　指定移动基点　　　　　图12-70　指定移动的第二个点

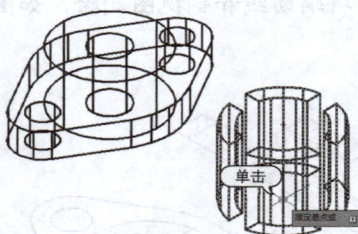

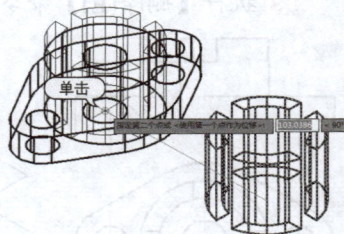

13 选择【修改】|【实体编辑】|【并集】命令，将拉伸高度值为15的外轮廓实体、拉伸高度值为30的大圆实体和拉伸高度值为40的面域实体进行并集运算，效果如图12-71所示。

14 选择【修改】|【实体编辑】|【差集】命令，将拉伸高度值为15的两个小圆实体和拉伸高度值为30的小圆实体从并集运算后的组合体中减去。然后选择【视图】|【视觉样式】|【概念】命令，得到如图12-72所示的效果，完成本例模型的绘制。

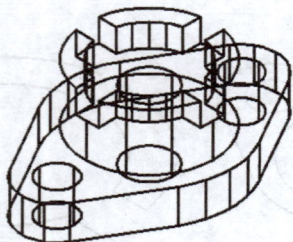

图12-71　并集运算实体　　　　　图12-72　实例效果

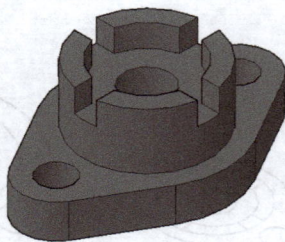

12.5 习题

1. 在三维绘图中，控制实体显示的系统变量有哪些？

2. 在AutoCAD中，系统提供了哪几种观察模型的视图？

3. 参照图12-73所示的效果，使用三维基本体绘制该工件模型。

4. 打开【齿轮.dwg】平面图，将平面图拉伸为三维实体，效果如图12-74所示。

图12-73　绘制工件模型　　　　　　　　　图12-74　创建齿轮实体

第 **13** 章

三维高级建模

　　在掌握基础三维建模技能后，进一步学习AutoCAD的高级三维功能，可以创建更复杂、更逼真的模型。本章将深入讲解网格建模、高级编辑技巧以及渲染技术，帮助用户提升三维设计能力，完成更复杂的三维作品。

13.1 创建网格对象

在AutoCAD中，通过创建网格对象可以绘制更为复杂的三维模型，可以创建的网格对象包括旋转网格、平移网格、直纹网格和边界网格对象。

13.1.1 设置网格密度

网格对象的网格密度越大，生成的网格面越光滑。用户可以使用系统变量SURFTAB1和SURFTAB2分别控制网格在M、N方向的网格密度。SURFTAB1和SURFTAB2的预设值为6。

【动手练】设置网格密度。 视频

01 执行【网格密度1(SURFTAB1)】命令，然后根据系统提示输入SURFTAB1的新值为24，再按Enter键进行确定，如图13-1所示。

02 执行【网格密度2(SURFTAB2)】命令，然后根据系统提示输入SURFTAB2的新值为8，再按Enter键进行确定，如图13-2所示。

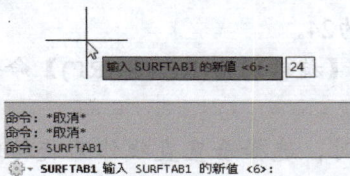

图13-1 输入SURFTAB1的新值　　　　　图13-2 输入SURFTAB2的新值

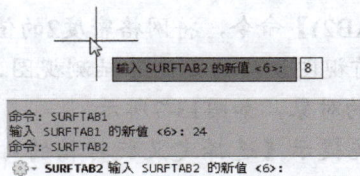

03 设置SURFTAB1值为24、SURFTAB2值为8后，创建的网格效果如图13-3所示；如果设置SURFTAB1值为6、SURFTAB2值为6，创建的网格效果如图13-4所示。

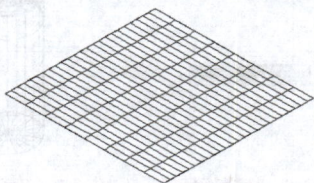

图13-3 边界网格的效果1　　　　　图13-4 边界网格的效果2

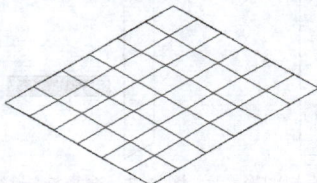

提示

使用修改SURFTAB1和SURFTAB2值的方法，只能改变后面绘制的网格对象的密度，而不能改变之前绘制的网格对象的密度。因此，用户应先设置好SURFTAB1和SURFTAB2的值，再绘制网格对象。

13.1.2 旋转网格

旋转网格是通过将路径曲线或轮廓(直线、圆、圆弧、椭圆、椭圆弧、闭合多段线、多边形、闭合样条曲线或圆环)绕指定的轴旋转构造一个近似于旋转网格的多边形网格。

在创建三维实体时，使用【旋转网格】命令可以将实体截面的外轮廓线围绕某一指定轴旋转一定的角度生成一个网格。被旋转的轮廓线可以是圆、圆弧、直线、二维多段线、三维多段线，但旋转轴只能是直线、二维多段线和三维多段线。如果旋转轴选取的是多段线，那实际轴线为多段线两端点间的连线。

执行【旋转网格】命令有以下3种常用方法。

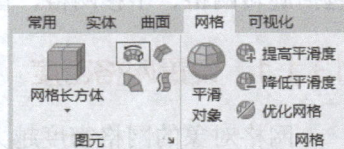

图13-5　单击【旋转网格】按钮

○ 执行【绘图】|【建模】|【网格】|【旋转网格】命令。

○ 选择【网格】选项卡，单击【图元】面板中的【旋转网格】按钮，如图13-5所示。

○ 执行REVSURF命令。

【例13-1】绘制瓶子模型。🎬视频

01 在左视图中使用【多段线(PL)】命令和【直线(L)】命令，绘制如图13-6所示的封闭图形，该图形是由一条多段线和一条垂直直线组成的。

02 执行【网格密度1(SURFTAB1)】命令，将网格密度1的值设置为24，然后执行【网格密度2(SURFTAB2)】命令，将网格密度2的值设置为24。

03 将当前视图切换为西南等轴测视图，执行【旋转网格(REVSURF)】命令，选择多段线作为要旋转的对象，如图13-7所示。

04 当系统提示【选择定义旋转轴的对象:】时，选择垂直直线作为旋转轴，如图13-8所示。

05 保持默认起点角度和包含角并确定，完成旋转网格的创建，效果如图13-9所示。

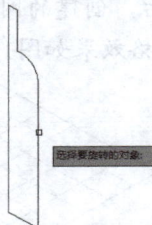

图13-6　绘制图形　　图13-7　选择旋转对象　　图13-8　选择旋转轴　　图13-9　旋转网格效果

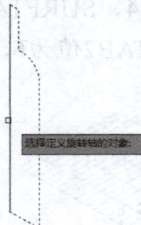

13.1.3　平移网格

使用【平移网格】命令可以创建以一条路径轨迹线沿着指定方向拉伸而成的网格，创建平移网格时，指定的方向将沿指定的轨迹曲线移动。创建平移网格时，拉伸向量线必须是直线、二维多段线或三维多段线，路径轨迹线可以是直线、圆弧、圆、二维多段线或三维多段线。拉伸向量线选取多段线则拉伸方向为两端点间的连线，且拉伸面的拉伸长度即为向量线长度。

执行【平移网格】命令有以下3种常用方法。

○ 执行【绘图】|【建模】|【网格】|【平移网格】命令。

○ 单击【图元】面板中的【平移网格】按钮。

○ 执行TABSURF命令。

【例13-2】绘制波浪平面。 视频

01 使用【样条曲线(SPL)】命令和【直线(L)】命令，绘制一条样条曲线和一条直线，效果如图13-10所示。

02 执行【平移网格(TABSURF)】命令，选择样条曲线作为轮廓曲线，如图13-11所示。

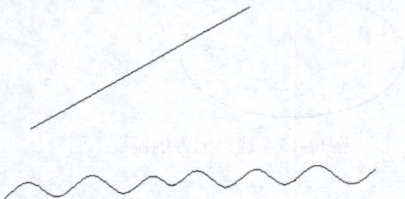

图13-10 创建图形

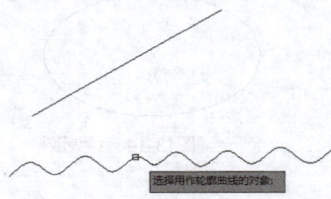

选择用作轮廓曲线的对象：

图13-11 选择轮廓曲线

03 当系统提示【选择用作方向矢量的对象:】时，选择直线作为方向矢量的对象，如图13-12所示。创建的平移网格效果如图13-13所示。

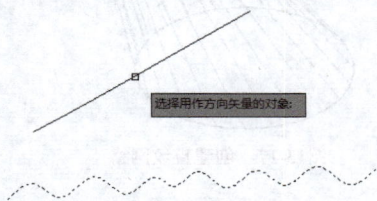

选择用作方向矢量的对象：

图13-12 选择方向矢量

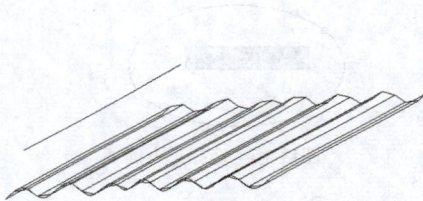

图13-13 平移网格效果

13.1.4 直纹网格

使用【直纹网格】命令可以在两条曲线之间构造一个表示直纹网格的多边形网格，在创建直纹网格的过程中，所选择的对象用于定义直纹网格的边。

在创建直纹网格对象时，选择的对象可以是点、直线、样条曲线、圆、圆弧或多段线。如果有一个边界是闭合的，那么另一个边界必须也是闭合的。创建直纹网格对象可以将一个点作为开放或闭合曲线的另一个边界，但是只能有一条边界曲线可以是一个点。

执行【直纹网格】命令有以下3种常用方法。

- 执行【绘图】|【建模】|【网格】|【直纹网格】命令。
- 单击【图元】面板中的【直纹网格】按钮 。
- 执行RULESURF 命令。

【动手练】绘制倾斜的圆台体。 视频

01 将当前视图切换为西南等轴测视图，使用【圆(C)】命令，绘制两个大小不同且不在同一位置的圆，如图13-14所示。

02 执行【直纹网格(RULESURF)】命令，当系统提示【选择第一条定义曲线:】时，选择上方的圆作为第一条定义曲线，如图13-15所示。

03 当系统提示【选择第二条定义曲线:】时，选择下方的圆作为第二条定义曲线，如图13-16所示。创建的直纹网格效果如图13-17所示。

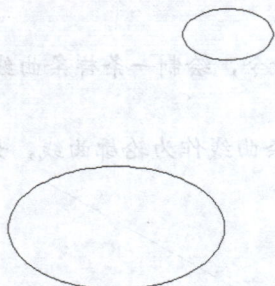

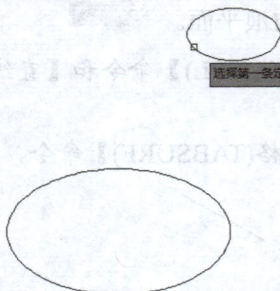

图13-14 绘制圆　　　　　　　　　图13-15 选择上方的圆

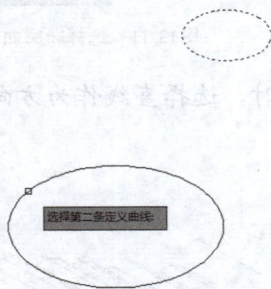

选择第二条定义曲线:

图13-16 选择下方的圆　　　　　　图13-17 创建直纹网格

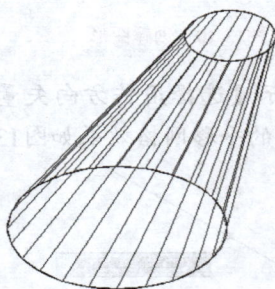

13.1.5 边界网格

使用【边界网格】命令可以创建一个三维多边形网格，此多边形网格近似于一个由4条邻接边定义的曲面片网格。

执行【边界网格】命令有以下3种常用方法。

- ○ 执行【绘图】|【建模】|【网格】|【边界网格】命令。
- ○ 单击【图元】面板中的【边界网格】按钮 ◈ 。
- ○ 执行EDGESURF命令。

【动手练】绘制边界网格对象。 ◉视频

01 将当前视图切换为西南等轴测视图，使用【样条曲线(SPL)】命令绘制4条首尾相连的样条曲线组成封闭图形，如图13-18所示。

02 执行【边界网格(EDGESURF)】命令，依次选择图形中的4条样条曲线，即可创建边界网格的对象，如图13-19所示。

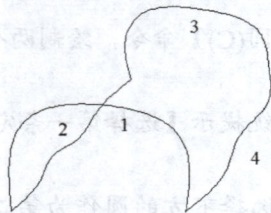

图13-18 绘制图形　　　　　　　　图13-19 边界网格效果

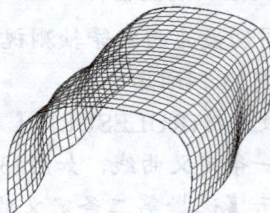

创建边界网格时，选择定义的网格片必须是4条邻接边。邻接边可以是直线、圆弧、样条曲线或开放的多段线。这些边必须在端点处相交以形成一个拓扑形式的矩形的闭合路径。

13.2　编辑三维模型

AutoCAD提供了多种三维编辑命令，使用这些命令可以对三维模型进行编辑修改，如【圆角边】【倒角边】命令，以及布尔运算中的【并集】【差集】和【交集】等命令。

13.2.1　圆角边模型

使用【圆角边】命令可以为实体对象的边制作圆角，在创建圆角边的操作中，可以选择多条边。圆角的大小可以通过输入圆角半径值或单击并拖动圆角夹点来确定。

执行【圆角边】命令的常用方法有以下3种。

- ○ 选择【修改】|【实体编辑】|【圆角边】命令。
- ○ 选择【实体】选项卡，在【实体编辑】面板中单击
  【圆角边】按钮，如图13-20所示。
- ○ 执行FILLETEDGE命令。

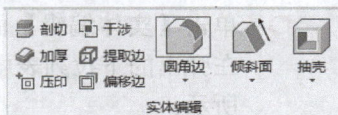

图13-20　单击【圆角边】按钮

在【常用】选项卡和【实体】选项卡中均有【实体编辑】面板，但其中包含的工具按钮有所不同。注意，这里是在【实体】选项卡的【实体编辑】面板中进行操作的。

【动手练】对实体边进行圆角处理。　视频

01 绘制一个长度为80、宽度为80、高度为60的长方体。

02 执行【圆角边(FILLETEDGE)】命令，选择长方体的一条边作为圆角边对象并确定，如图13-21所示。

03 在弹出的菜单列表中选择【半径(R)】选项，如图13-22所示。

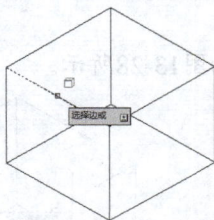

图13-21　选择圆角边对象　　　　图13-22　选择【半径(R)】选项

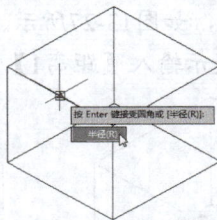

04 设置圆角半径的值为15，如图13-23所示。然后按下空格键确定圆角边操作，效果如图13-24所示。

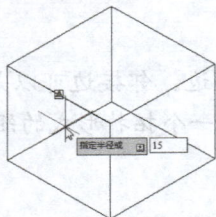

图13-23　设置圆角半径　　　　　　　　图13-24　圆角边效果

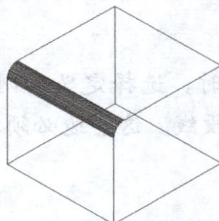

13.2.2　倒角边模型

使用【倒角边】命令，可以为三维实体边和曲面边建立倒角。在创建倒角边的操作中，可以同时选择属于相同面的多条边。在设置倒角边的距离时，可以通过输入倒角距离值，或单击并拖动倒角夹点来确定。

执行【倒角边】命令的常用方法有以下3种。

○　选择【修改】|【实体编辑】|【倒角边】命令。

○　单击【实体编辑】面板中的【圆角边】下拉按钮，然后在弹出的下拉列表中单击【倒角边】按钮，如图13-25所示。

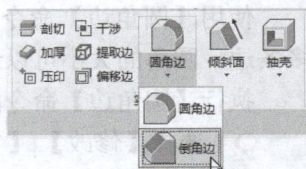

图13-25　单击【倒角边】按钮

○　执行CHAMFEREDGE命令。

执行CHAMFEREDGE命令，系统将提示【选择一条边或[环(L)/距离(D)]:】，其中各选项的含义如下。

○　选择一条边：选择要建立倒角的一条实体边或曲面边。

○　环(L)：对一个面上的所有边建立倒角。对于任何边，有两种可能的循环。选择循环边后，系统将提示用户接受当前选择，或选择下一个循环。

○　距离(D)：选择该选项，可以设定倒角边的距离1和距离2的值，其默认值为1。

【动手练】对实体边进行倒角处理。　🎬视频

01　绘制一个长度为80、宽度为80、高度为60的长方体。

02　选择【修改】|【实体编辑】|【倒角边】命令，然后选择长方体的一条边作为倒角边对象并确定，如图13-26所示。

03　在系统提示【选择同一个面上的其他边或[环(L)/距离(D)]:】时，输入d并确定，以选择【距离(D)】选项，如图13-27所示。

04　根据系统提示输入【距离1】的值为15并确定，如图13-28所示。

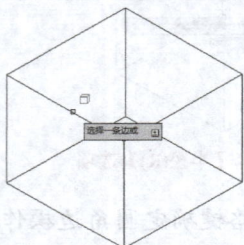

图13-26　选择倒角边对象　　　　图13-27　输入d并确定　　　　图13-28　设置距离1

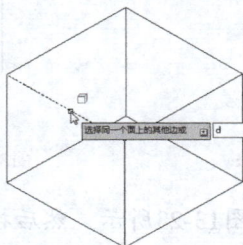

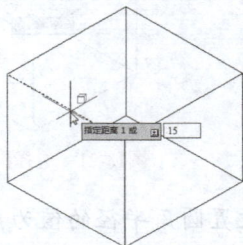

05 根据系统提示输入【距离2】的值为20并确定，如图13-29所示。

06 当系统提示【选择同一个面上的其他边或[环(L)/距离(D)]】时(如图13-30所示)，连续两次按下空格键进行确定，完成倒角边的操作，效果如图13-31所示。

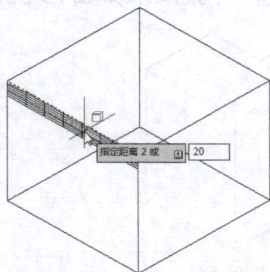

图13-29 设置距离2   图13-30 系统提示   图13-31 倒角边效果

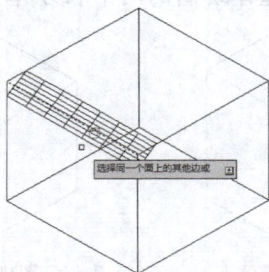

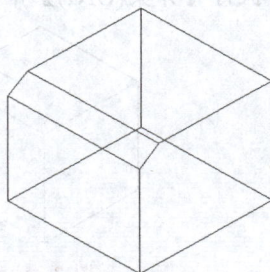

13.2.3 分解模型

创建的每一个实体都是一个整体，若要对创建的实体中的某一部分进行编辑操作，可以先将实体进行分解后再进行编辑。

执行分解实体的命令有以下两种常用方法。

○ 选择【修改】|【分解】命令。

○ 执行EXPLODE(X)命令。

执行上述任意命令后，实体中的平面被转换为面域，曲面被转换为主体。用户还可以继续使用上述命令，将面域和主体分解为组成它们的基本元素，如直线、圆和圆弧等图形。

13.2.4 实体布尔运算

对实体对象进行布尔运算，可以将多个实体合并在一起(即并集运算)，或者从某个实体中减去另一个实体(即差集运算)，还可以只保留相交的实体(即交集运算)。

1. 并集运算模型

执行【并集】命令，可以将选定的两个或两个以上的实体合并成为一个新的整体。并集实体也可看作由两个或多个现有实体的全部体积合并起来形成的。

执行【并集】命令的常用方法有以下4种。

○ 选择【修改】|【实体编辑】|【并集】命令。

○ 在【常用】选项卡中单击【实体编辑】面板中的【并集】按钮，如图13-32所示。

○ 在【实体】选项卡中单击【布尔值】面板中的【并集】按钮，如图13-33所示。

○ 执行UNION(UNI)命令。

图13-32 单击【并集】按钮   图13-33 单击【并集】按钮

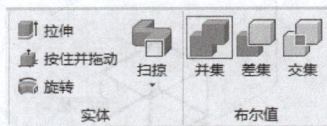

【动手练】合并实体。 🎬视频

01 绘制两个相交的长方体作为并集对象，如图13-34所示。

02 执行【并集(UNI)】命令，选择绘制的两个长方体并确定，并集效果如图13-35所示。

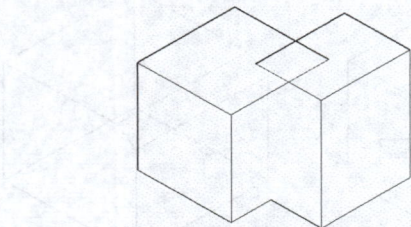

图13-34　绘制长方体　　　　　　　　图13-35　并集长方体

2. 差集运算模型

执行【差集】命令，可以将选定的组合实体相减得到一个差集整体。在绘制机械模型时，常用【差集】命令对实体进行开槽、钻孔等处理。

执行【差集】命令的常用方法有以下4种。

- 选择【修改】|【实体编辑】|【差集】命令。
- 在【常用】选项卡中单击【实体编辑】面板中的【差集】按钮 ⬚。
- 在【实体】选项卡中单击【布尔值】面板中的【差集】按钮 ⬚。
- 执行SUBTRACT(SU)命令。

【动手练】对实体进行差集运算。 🎬视频

01 绘制两个相交的长方体，如图13-36所示。

02 执行【差集(SU)】命令，然后选择大长方体作为被减对象并确定，如图13-37所示。

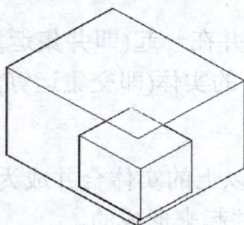

图13-36　绘制长方体　　　　　　　图13-37　选择被减对象

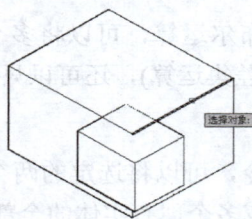

03 选择小长方体作为要减去的对象，如图13-38所示，然后按空格键进行确定，完成差集运算，效果如图13-39所示。

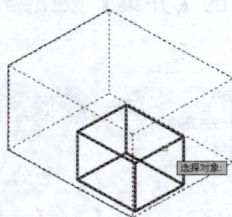

图13-38　选择要减去的对象　　　　图13-39　减去对象后的效果

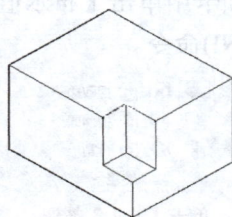

3. 交集运算模型

执行【交集】命令，可以从两个或多个实体的交集中创建组合实体或面域，并删除交集外面的区域。

执行【交集】命令的常用方法有以下4种。

○ 选择【修改】|【实体编辑】|【交集】命令。
○ 在【常用】选项卡中单击【实体编辑】面板中的【交集】按钮🔲。
○ 在【实体】选项卡中单击【布尔值】面板中的【交集】按钮🔲。
○ 执行INTERSECT(IN)命令。

【动手练】对实体进行交集运算。🎬 视频

01 绘制一个长方体和一个球体，如图13-40所示。

02 执行【交集(IN)】命令，选择长方体和球体并确定，即可完成两个模型的交集运算，效果如图13-41所示。

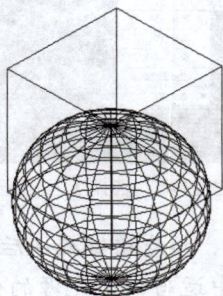

图13-40　绘制模型　　　　　　　图13-41　交集运算效果

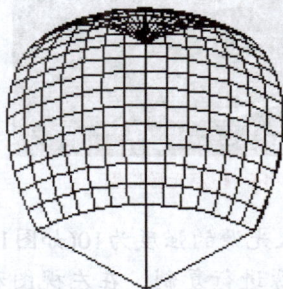

13.3　渲染模型

在AutoCAD中，用户可以为模型添加灯光和材质，并对其进行渲染，从而得到更形象的三维实体模型，渲染后的图像效果会变得更加逼真。

13.3.1　添加模型灯光

由于AutoCAD中存在默认的光源，因此在添加光源之前仍然可以看到物体，用户可以根据需要添加光源，同时可以将默认光源关闭。在AutoCAD中，可以添加的光源包括点光源、聚光灯、平行光和阳光等类型。

选择【视图】|【渲染】|【光源】命令，在弹出的子菜单中选择其中的命令，然后根据系统提示创建相应的光源。

【例13-3】添加模型光源。🎬 视频

01 打开【法兰盘.dwg】模型，效果如图13-42所示。

02 选择【视图】|【渲染】|【光源】|【新建点光源】命令，根据系统提示关闭默认光源，如图13-43所示。

图13-42　打开素材模型

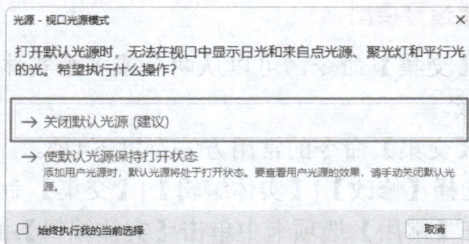

图13-43　关闭默认光源

03 根据系统提示指定创建光源的位置，如图13-44所示。

04 在弹出的菜单列表中选择【强度因子(I)】选项，如图13-45所示。

图13-44　指定光源位置

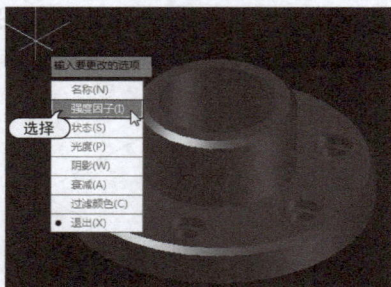

图13-45　选择【强度因子(I)】选项

05 根据提示输入光源的强度为10(如图13-46所示)，按空格键确认后退出命令。

06 对创建的光源进行复制，在左视图和俯视图中适当调整光源的位置，然后切换到西南等轴测视图中，效果如图13-47所示。

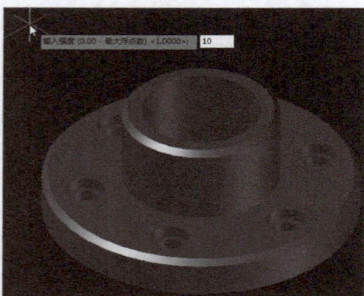

图13-46　设置光源强度

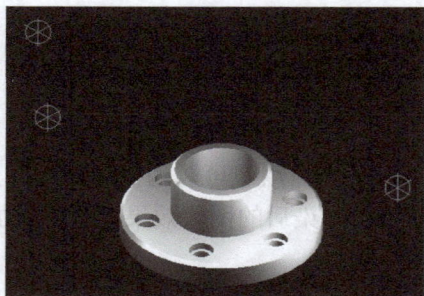

图13-47　添加光源后的效果

13.3.2　编辑模型材质

在AutoCAD中，用户不仅可以为模型添加光源，还可以为模型添加材质，使模型显得更加逼真。为模型添加材质是指为其指定三维模型的材料，如瓷砖、织物、玻璃和布纹等。在添加模型材质后，用户还可以对材质进行编辑。

1. 添加材质

选择【视图】|【渲染】|【材质浏览器】命令，或者执行MATBROWSEROPEN(MAT)命令，在打开的【材质浏览器】选项板中可以选择需要的材质。

【例13-4】制作抛光金属材质。 🎬视频

01 打开前面创建点光源后的法兰盘图形。

02 执行【材质浏览器(MAT)】命令，打开【材质浏览器】选项板，选择材质列表中的【铜-抛光】材质，如图13-48所示，将其拖到视图的法兰盘模型上，即可将指定的材质赋予模型，效果如图13-49所示。

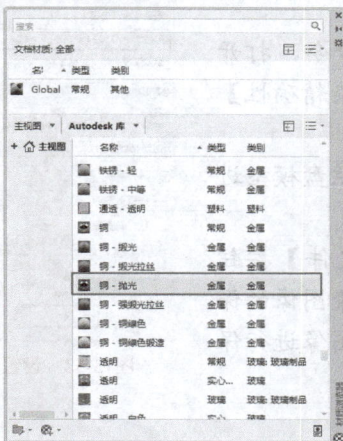

图13-48 选择材质

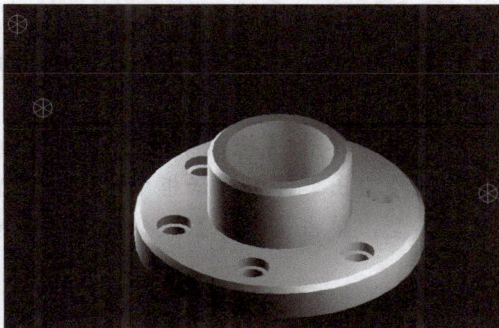

图13-49 指定材质后的效果

2. 编辑材质

选择【视图】|【渲染】|【材质编辑器】命令，或者执行MATEDITOROPEN命令，在打开的【材质编辑器】选项板中可以编辑材质的属性。材质编辑器的配置将随选定材质类型的不同而有所变化。

编辑材质类型和参数的方法如下。

选择【视图】|【渲染】|【材质编辑器】命令，打开【材质编辑器】选项板，单击选项板下方的【创建或复制材质】下拉按钮 ⚙·，在弹出的菜单列表中设置编辑的材质类型为【陶瓷】，如图13-50所示。在【陶瓷】选项组中单击【类型】下拉按钮，在弹出的下拉列表中可以设置陶瓷的类型(如图13-51所示)，在其他的参数选项中可以编辑材质的其他效果。

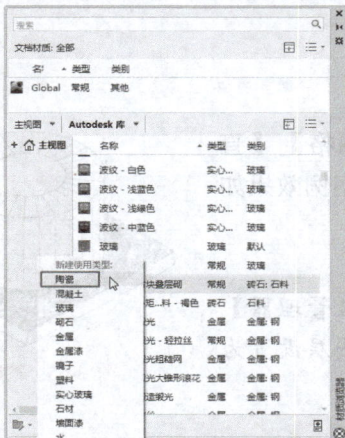

图13-50 选择材质类型

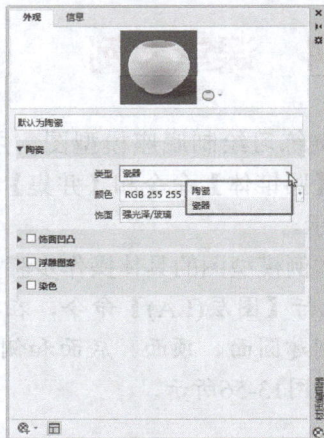

图13-51 设置陶瓷的类型

13.3.3　渲染模型

执行RENDER(渲染)命令，打开渲染窗口，即可对绘图区中的模型进行渲染，在此可以创建三维实体或曲面模型的真实照片图像或真实着色图像。

【例13-5】渲染法兰盘模型。🎬视频

01 打开前面添加金属材质后的法兰盘图形。

02 选择【视图】|【渲染】|【高级渲染设置】命令，打开【渲染预设管理器】选项板，对【渲染大小】和【渲染精确性】参数进行设置，如图13-52所示。

03 单击【渲染】按钮，即可对绘图区中的法兰盘模型进行渲染，渲染窗口如图13-53所示。

04 在渲染窗口中单击【将渲染的图像保存到文件】按钮，在打开的【渲染输出文件】对话框中可以设置渲染图像的保存路径、名称和类型，单击【保存】按钮即可对渲染图像进行保存，如图13-54所示。

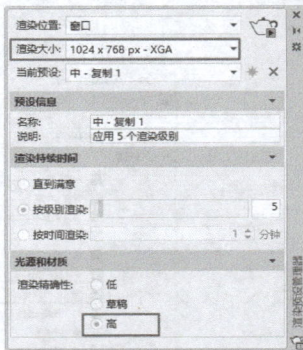

图13-52　设置渲染参数

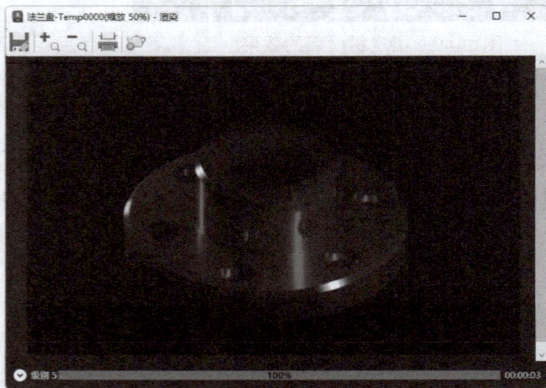

图13-53　渲染窗口

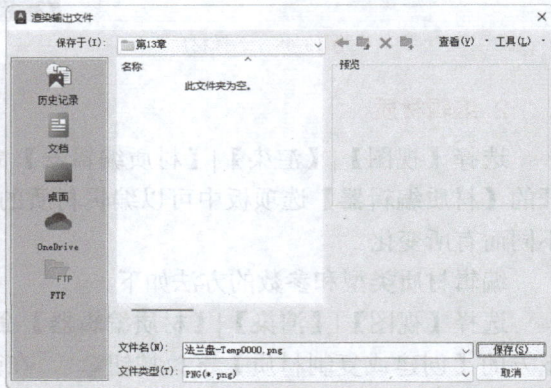

图13-54　保存渲染图像

13.4　课堂案例

本案例练习绘制底座模型图，主要掌握【边界网格】【直纹网格】【圆锥体】命令和【并集】布尔运算操作，案例效果如图13-55所示。

绘制本例模型图的具体操作步骤如下。

01 执行【图层(LA)】命令，在打开的【图层特性管理器】选项板中创建圆面、顶面、底面和侧面4个图层，将0图层设置为当前层，如图13-56所示。

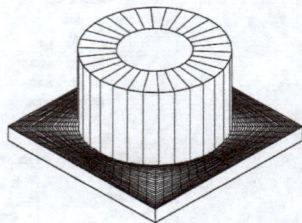

图13-55　绘制底座

02 执行SURFTAB1命令，将网格密度1的值设置为24，然后执行SURFTAB2命令，将网格密度2的值也设置为24。

03 将当前视图切换为西南等轴测视图。执行REC(矩形)命令，绘制一个长度为100的正方形，效果如图13-57所示。

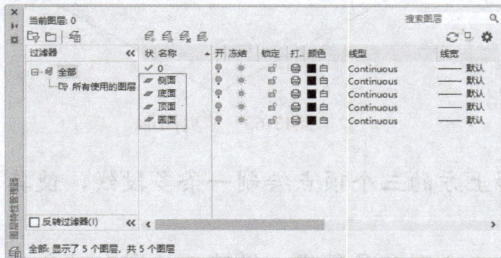

图13-56 创建图层　　　　　　　　图13-57 绘制正方形

04 执行【直线(L)】命令，以矩形的下方端点为起点，指定下一点坐标为((@0,0,15)，如图13-58所示。绘制一条长度为15的线段，效果如图13-59所示。

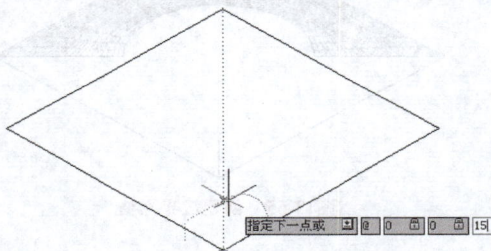

图13-58 指定下一点坐标　　　　　　　　图13-59 绘制线段

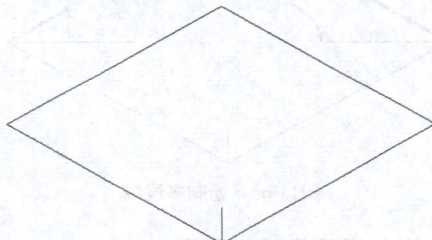

05 将【侧面】图层设置为当前层，执行【平移网格(TABSURF)】命令，选择矩形作为轮廓曲线对象，选择刚绘制的线段作为方向矢量对象，效果如图13-60所示。

06 将【侧面】图层隐藏起来，然后将【底面】图层设置为当前层。

07 执行【直线(L)】命令，通过捕捉矩形对角上的两个顶点绘制一条对角线，效果如图13-61所示。

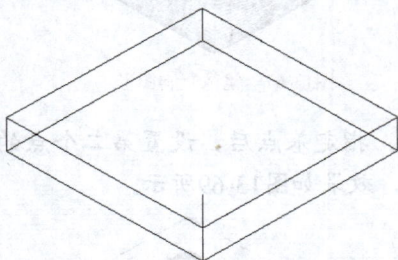

图13-60 平移网格　　　　　　　　图13-61 绘制对角线

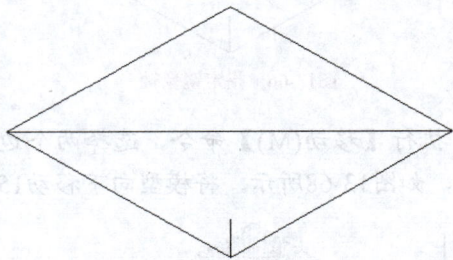

08 执行【圆(C)】命令，以对角线的中点为圆心，绘制一个半径为25的圆，效果如图13-62所示。

09 执行【修剪(TR)】命令，分别以圆和对角线为边线对所绘制的圆和对角线进行修剪，效果如图13-63所示。

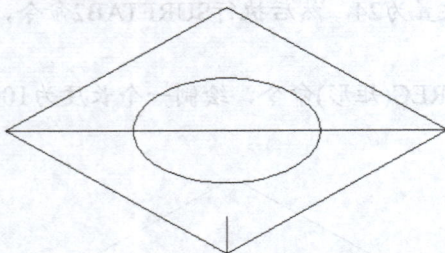

图13-62　绘制圆

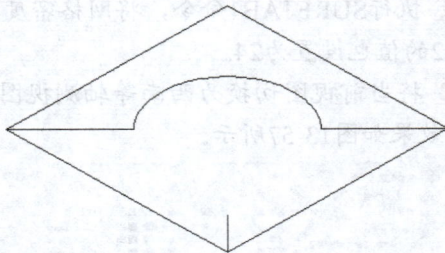

图13-63　修剪图形

10 执行【多段线(PL)】命令，通过矩形上方的三个顶点绘制一条多段线，使其与对角线、圆成为封闭的图形，效果如图13-64所示。

11 执行【边界网格(EDGESURF)】命令，分别以多段线、修剪后的圆和对角线作为边界，创建底座的底面模型，效果如图13-65所示。

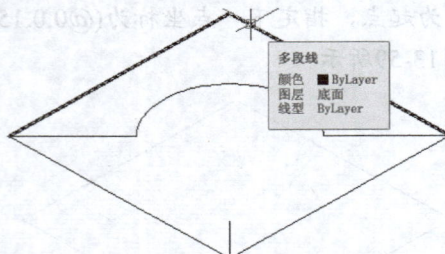

图13-64　绘制多段线

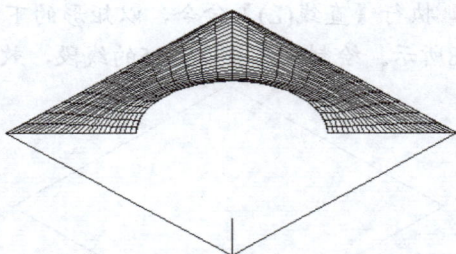

图13-65　创建边界网格

12 执行【镜像(MI)】命令，指定矩形两个对角点作为镜像轴，如图13-66所示。对刚创建的边界网格进行镜像复制，效果如图13-67所示。

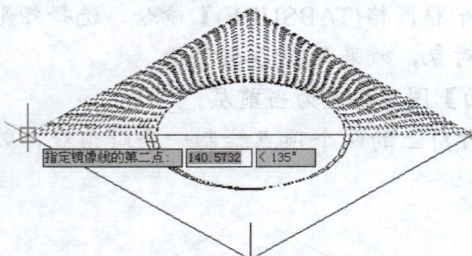

图13-66　指定镜像轴

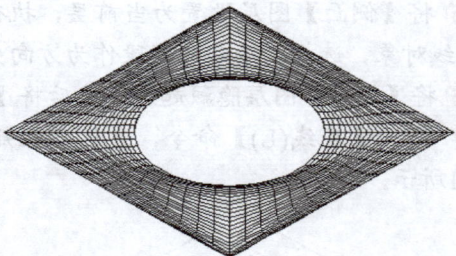

图13-67　镜像复制图形

13 执行【移动(M)】命令，选择两个边界网格。指定基点后，设置第二个点的坐标为(0,0,-15)，如图13-68所示。将模型向下移动15个单位，效果如图13-69所示。

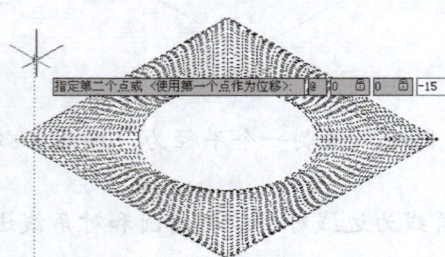

图13-68　输入移动距离

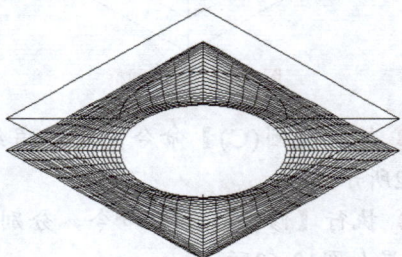

图13-69　移动网格

14 隐藏【底面】图层,将【顶面】图层设置为当前层。

15 执行【直线(L)】命令,通过捕捉矩形的对角顶点绘制一条对角线。

16 执行【圆(C)】命令,以对角线的中点为圆心,绘制一个半径为40的圆,效果如图13-70所示。

17 执行【修剪(TR)】命令,对圆和对角线进行修剪,效果如图13-71所示。

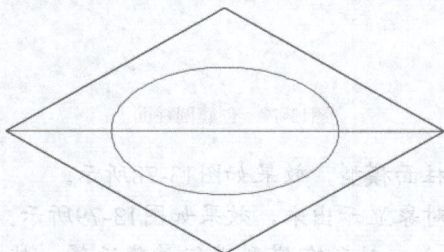

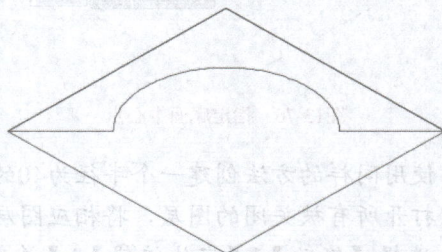

图13-70 绘制圆   图13-71 修剪图形

18 使用与前面相同的操作方法,创建如图13-72所示的边界网格。

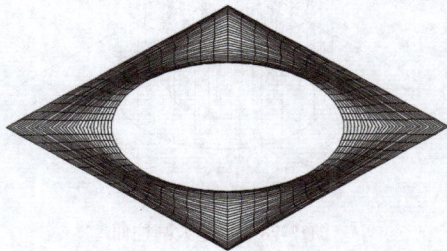

19 执行【镜像(MI)】命令,对刚创建的边界网格进行镜像复制,效果如图13-73所示。

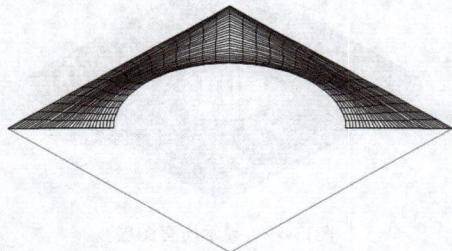

图13-72 创建边界网格   图13-73 镜像复制图形

20 执行【圆(C)】命令,以绘图区中圆弧的圆心为圆心,分别绘制半径为25和40的同心圆,效果如图13-74所示。

21 执行【移动(M)】命令,将绘制的同心圆向上移动80个单位。

22 执行【直纹网格(RULESURF)】命令,选择移动的同心圆并确定,将其创建为圆管顶面模型,效果如图13-75所示。

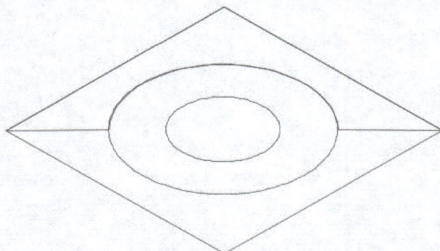

图13-74 绘制同心圆   图13-75 创建直纹网格

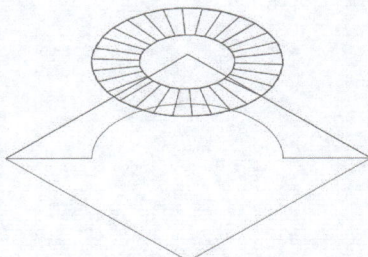

23 执行【圆锥体(CONE)】命令,以圆弧的圆心为圆锥底面中心点,如图13-76所示。设置圆锥顶面半径和底面半径均为25、高度为80,创建圆柱面模型,如图13-77所示。

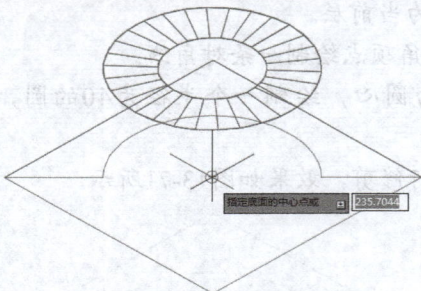

图13-76　指定底面中心点

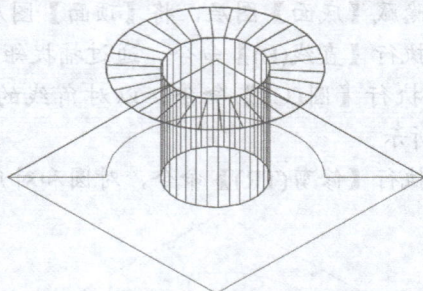

图13-77　创建圆柱面

24 使用同样的方法创建一个半径为40的外圆柱面模型，效果如图13-78所示。

25 打开所有被关闭的图层，将相应图层中的对象显示出来，效果如图13-79所示。

26 选择【修改】|【实体编辑】|【并集】命令，对所有模型进行并集运算。然后选择【视图】|【消隐】命令，修改图形的视觉样式，完成本例模型的绘制。

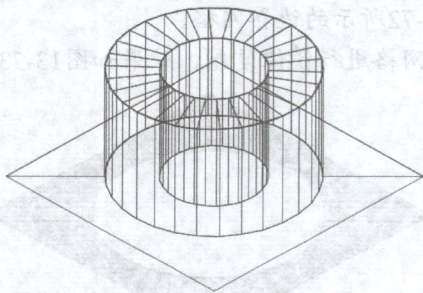

图13-78　创建大圆柱面

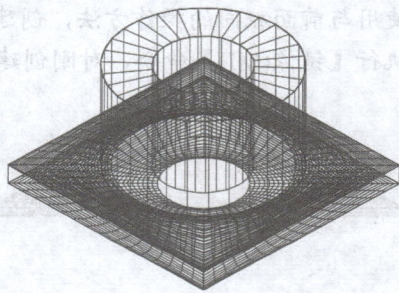

图13-79　显示所有图层

13.5　习题

1. 在网格对象中，使用什么系统变量控制网格的密度？

2. 在AutoCAD中，可以添加的光源有哪几种？

第 14 章

综合案例

前面完成了AutoCAD软件知识的学习，但是对于初学者而言，将AutoCAD应用到实际案例中还比较陌生。本章将通过典型的案例实战来讲解本书所学知识的具体应用，帮助初学者逐步掌握AutoCAD在实际工作中的应用，并达到举一反三的效果，以适应以后的设计与制图工作。

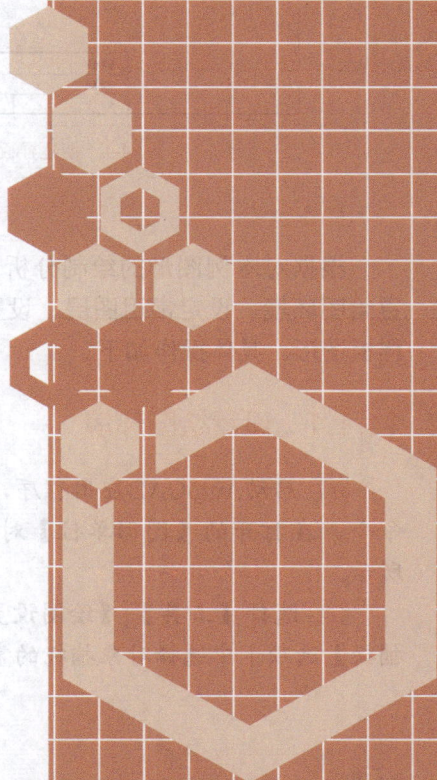

14.1 创建样板图形

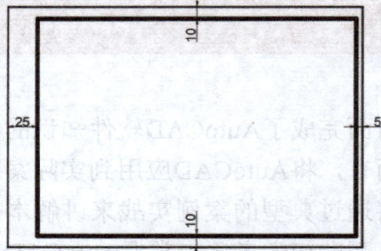

实例效果

为提高绘图效率，用户可以创建一些常用的样板图形以便备用。本例将学习创建样板图形的操作，主要包括图纸大小的设置，图框线和标题栏的绘制等，这些对象是绘制一幅完整图形的必备内容，本案例将绘制一个简易的图纸框，效果如图14-1所示。

操作思路

在绘制本例图形的过程中，用户应遵守国家标准的有关规定，使用标准线型、设置适当的图形界限。绘制本例图形的关键步骤如下。

01 设置图形的单位。

02 设定常用图层及参数。

03 设置文字样式和标注样式。

04 绘制图框线和标题栏，图框线左边距离通常为25mm、右边距离通常为5 mm、上下两边距离通常为10mm，如图14-2所示。

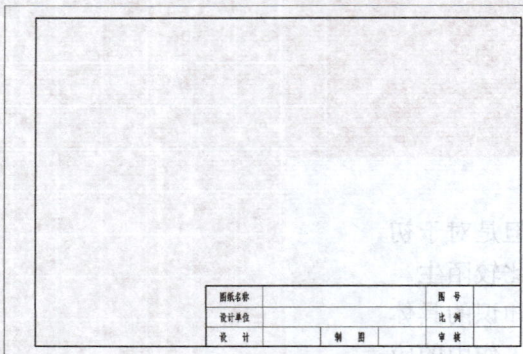

图14-1 创建样板图形　　　　　　　　　　图14-2 图纸框尺寸

操作过程

根据对本例图形的绘制分析，可以将其分为7个主要部分进行绘制，操作过程依次为设置绘图环境、设定常用图层、设置文字样式、设置标注样式、绘制图框、绘制标题栏和保存样板图形。具体操作如下。

14.1.1 设置绘图环境

01 启动AutoCAD应用程序，新建一个acadiso的样板图形。然后选择【格式】|【单位】命令，在打开的【图形单位】对话框中设置长度类型、精度和插入内容的单位，如图14-3所示。

02 选择【工具】|【绘图设置】命令，打开【草图设置】对话框。在该对话框的【对象捕捉】选项卡中选择对象捕捉的常用选项，如图14-4所示。

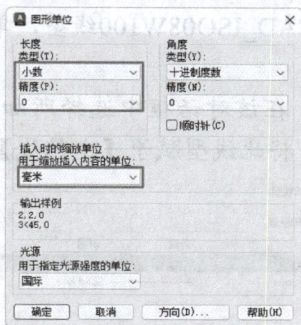

图14-3　设置图形单位

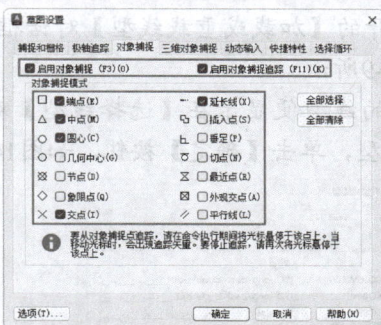

图14-4　设置对象捕捉

> **提示**
>
> 这里设置的单位是针对在后面插入块对象的单位，而不是针对当前绘图的单位。

14.1.2　设定常用图层

01 执行【图层(LA)】命令，打开【图层特性管理器】选项板。在该选项板中单击【新建图层】按钮，创建一个新图层，将其命名为"墙线"，如图14-5所示。

02 单击【墙线】图层的线宽标记，打开【线宽】对话框。在该对话框中设置墙线的线宽值为0.35mm并确定，如图14-6所示。

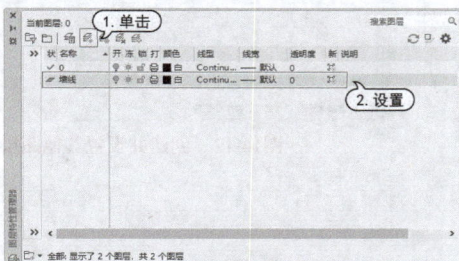

图14-5　创建【墙线】图层

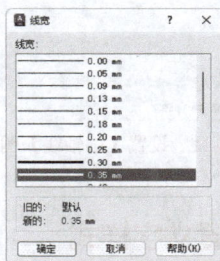

图14-6　【线宽】对话框

03 新建一个【中轴线】图层，单击【中轴线】图层的颜色标记，打开【选择颜色】对话框。在该对话框中选择【红】色作为此图层的颜色，如图14-7所示。

04 单击【中轴线】图层的线型标记，打开【选择线型】对话框。在该对话框中单击【加载】按钮，如图14-8所示。

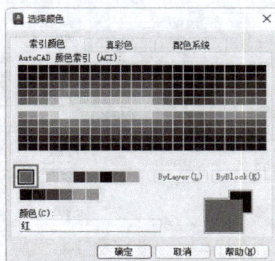

图14-7　设置图层颜色

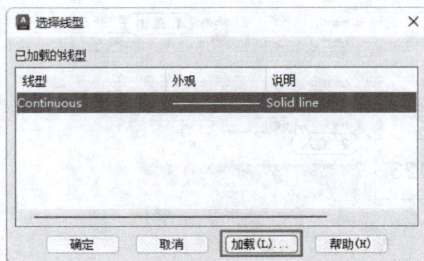

图14-8　单击【加载】按钮

05 在打开的【加载或重载线型】对话框中选择ACAD_ISO08W100线型，单击【确定】按钮，如图14-9所示。

06 加载的线型便显示在【选择线型】对话框中。在该对话框中选择所加载的ACAD_ISO08W100线型，单击【确定】按钮，如图14-10所示。将此线型赋予【中轴线】图层。

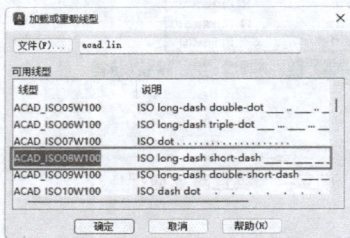

图14-9　选择要加载的线型　　　　　　　　　图14-10　选择加载的线型

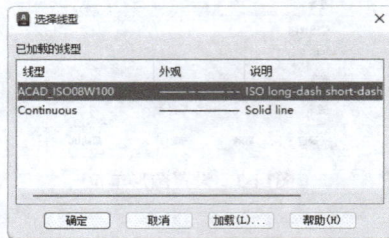

07 在【图层特性管理器】选项板中将【中轴线】图层的线宽改为默认值，如图14-11所示。

08 创建其他常用图层，并设置各个图层的特性，如图14-12所示。设置完成后关闭【图层特性管理器】选项板。

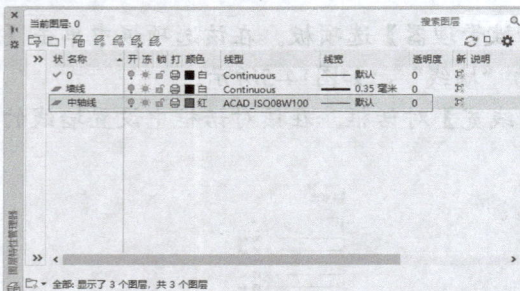

图14-11　设置【中轴线】图层的线宽　　　　　图14-12　创建并设置其他图层

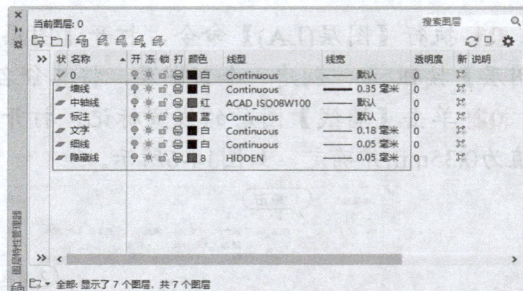

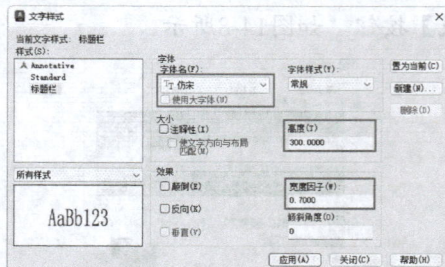

14.1.3　设置文字样式

01 执行【文字样式(DDSTYLE)】命令，打开【文字样式】对话框。在该对话框中单击【新建】按钮，新建一个名为"标题栏"的文字样式，如图14-13所示。

02 在【字体】选项组中取消选中【使用大字体】复选框，然后在【字体名】下拉列表中选择【仿宋】字体，设置文字高度为300、【宽度因子】为0.7，如图14-14所示。

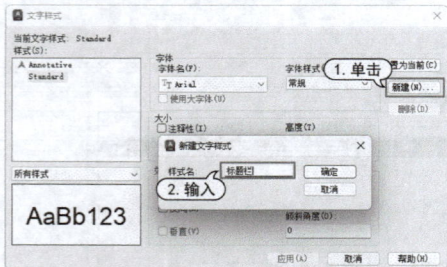

图14-13　新建文字样式　　　　　　　　　　图14-14　设置文字样式

AutoCAD提供了3种符合国家标准的中文字体文件，即gbenor.shx、gbeitc.shx和gbcbig.shx文件。gbenor.shx、gbeitc.shx用于标注直体和斜体字母和数字，gbcbig.shx用于标注中文字。用户也可采用长仿宋体，选择【仿宋】字体，将【宽度因子】设为0.7。

14.1.4　设置标注样式

01 执行【标注样式(D)】命令，打开【标注样式管理器】对话框。在该对话框中单击【新建】按钮，新建一个名为"室内设计"的标注样式，如图14-15所示。

02 单击【继续】按钮，在打开的【新建标注样式：室内设计】对话框中选择【符号和箭头】选项卡，设置【箭头】样式为"建筑标记"，如图14-16所示。

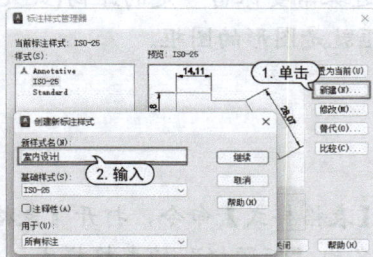

图14-15　新建标注样式

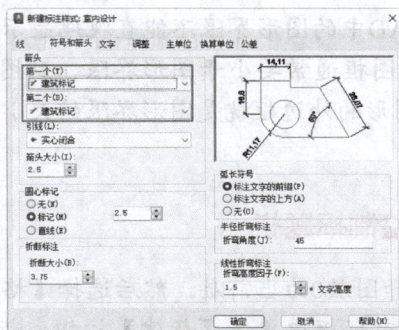

图14-16　设置【箭头】样式

03 选择【调整】选项卡，设置【使用全局比例】为100，如图14-17所示。

04 选择【主单位】选项卡，设置【精度】为0(如图14-18所示)，然后进行确定，完成标注样式的设置。

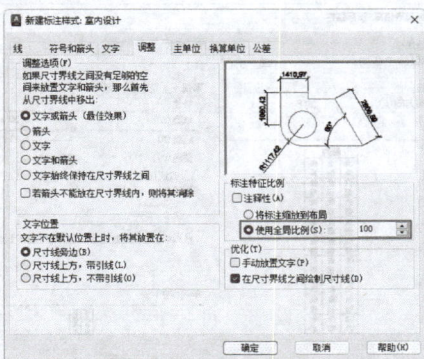

图14-17　设置【使用全局比例】为100

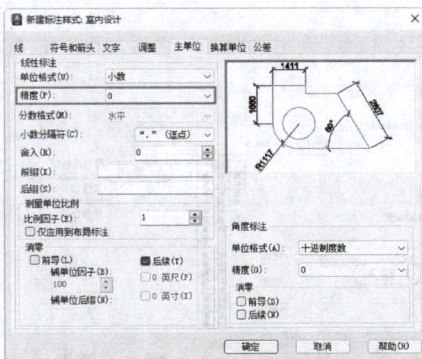

图14-18　设置【精度】为0

14.1.5　绘制图框

01 执行【矩形(REC)】命令，绘制一个长度为297mm、宽度为210mm的矩形，如图14-19所示。

02 执行【分解(X)】命令，将矩形进行分解。

03 执行【偏移(O)】命令，将矩形上下两边向中间偏移10mm，将矩形左边向右偏移25mm，将矩形右边向左偏移5mm，然后对图形进行修剪，并设置内部图形的线宽为0.35mm，效果如图14-20所示。

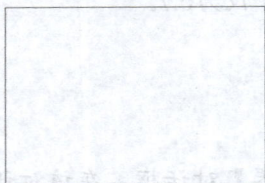

图14-19 绘制矩形　　　　　　　图14-20 偏移并修剪矩形

提示

AutoCAD中的图形界限不能直观地显示出来，所以在绘图时通常需要通过图框来确定绘图的范围。图框通常要小于图形界限，到图形界限边缘需要保留一定的距离(此处以A4纸大小为例)，图形的外边框就是图形界限的大小，内边框就是图形的图框。

14.1.6 绘制标题栏

01 选择图层0为当前层。然后选择【格式】|【表格样式】命令，打开【表格样式】对话框。在该对话框中单击【新建】按钮，新建一个名为"标题栏"的表格样式，如图14-21所示。

02 单击【继续】按钮，在打开的【新建表格样式：标题栏】对话框中选择【边框】选项卡，在【线宽】下拉列表中选择0.3mm选项，然后单击【外边框】按钮，将设置的边框特性应用于外边框，再进行确定，如图14-22所示。

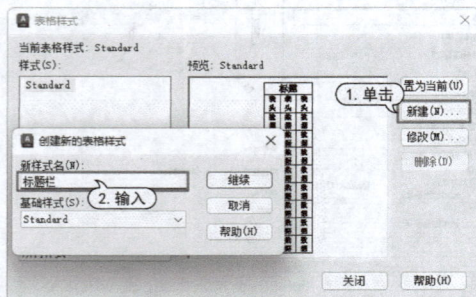

图14-21 新建表格样式　　　　　　图14-22 设置表格边框样式

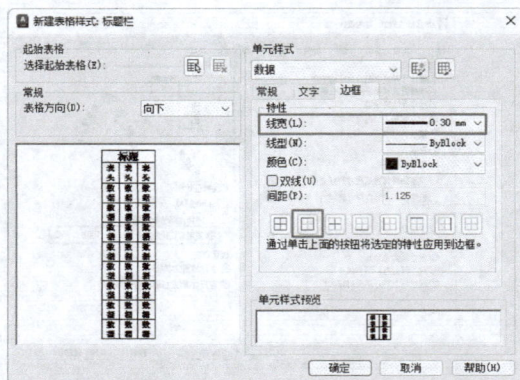

03 选择【绘图】|【表格】命令，打开【插入表格】对话框。在该对话框的【表格样式】下拉列表中选择【标题栏】表格样式，设置列数为6、数据行数为1。在【第一行单元样式】和【第二行单元样式】下拉列表中选择【数据】选项，如图14-23所示。

04 单击【确定】按钮，在绘图区指定插入表格的位置，即可创建一个指定列数和行数的表格，如图14-24所示。

✈ 提示

虽然在【插入表格】对话框中设置数据行数为1，但加上第一行标题和第二行表头单元格，此处共包括3行单元格，这里只是将标题和表头都设置为【数据】样式了。

图14-23 设置表格参数

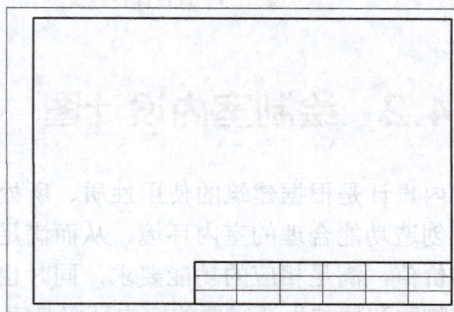

图14-24 插入表格

05 使用拖动光标的方式，选中表格中的第1行BCD这3个表格单元，如图14-25所示。

06 在【表格单元】功能区中单击【合并单元】下拉按钮，然后选择【合并全部】选项，将选中的表格单元合并，如图14-26所示。

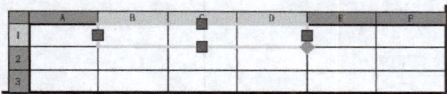

图14-25 选中要合并的表格单元

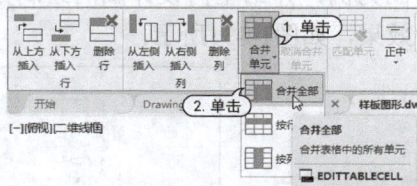

图14-26 选择【合并全部】选项

07 参照图14-27所示的表格效果，对表格中的第2行BCD这3个表格单元进行合并。

08 参照图14-28所示的效果，在表格各个单元中输入文字内容，完成标题栏的绘制。

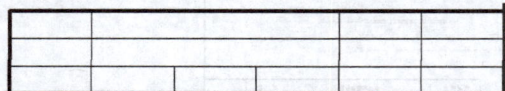

图14-27 合并表格单元

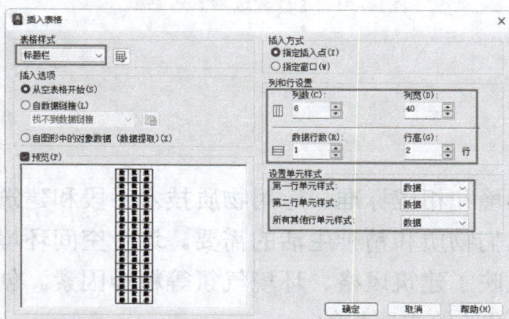

图14-28 输入表格文字

14.1.7 保存样板图形

01 选择【文件】|【另存为】命令，打开【图形另存为】对话框。在该对话框的【文件类型】下拉列表中选择【AutoCAD图形样板】文件类型，在【保存于】下拉列表中设置保存文件的路径，在【文件名】文本框中输入文件的名称，如图14-29所示。

02 单击【保存】按钮对图形进行保存，然后在打开的【样板选项】对话框中进行确定（如图14-30所示），完成样板图形的保存。

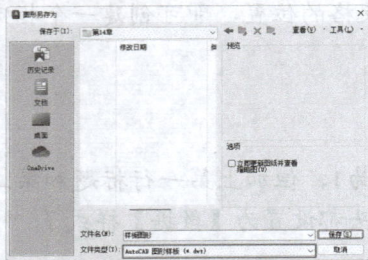

图14-29　设置保存选项　　　　图14-30　【样板选项】对话框

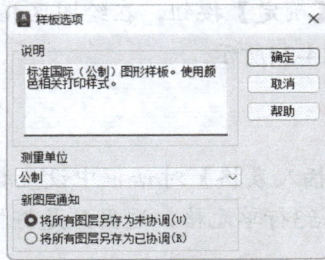

14.2　绘制室内设计图

室内设计是根据建筑的使用性质、所处环境和相应标准，运用物质技术手段和建筑设计原理，创造功能合理的室内环境，从而满足人们物质和精神生活的需要。这一空间环境既具有使用价值，满足相应的功能要求，同时也反映了建筑风格、环境气氛等精神因素。创造满足人们物质和精神生活需要的室内环境是室内设计的主要目的。

实例效果

室内平面设计图是室内设计中最重要的内容，用于确定房间功能分区、家具和电器的布置及方位摆放。在整套图纸中，室内平面设计图起着承前启后的作用。本例将以室内装饰平面设计图为例，介绍室内设计图的绘制方法，打开【室内平面设计图.dwg】文件，查看本例的最终效果，如图14-31所示。

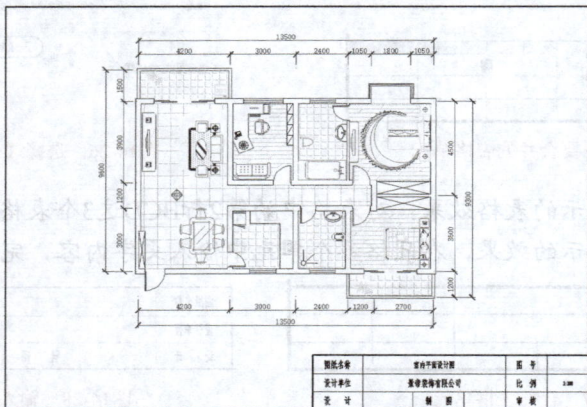

图14-31　绘制室内平面设计图

操作思路

在完成本例的过程中，首先要了解房屋的结构，然后绘制室内结构图，再根据设计内容进行室内布局绘图。绘制本例图形的关键步骤如下。

01 执行【图层(LA)】命令，进行图层设置。

02 使用【构造线(XL)】和【偏移(O)】命令绘制轴线。

03 使用【多线(ML)】命令绘制墙线。

04 使用【矩形(REC)】和【圆弧(A)】命令绘制平开门。

05 使用【设计中心(ADC)】命令插入室内家具图块。

06 使用【图案填充(H)】命令填充地面材质。

07 使用【线性(DLI)】和【连续(DCO)】命令对图形进行标注。

操作过程

根据对本例图形的绘制分析，可以将其分为6个主要部分进行绘制，首先需要绘制轴线，然后依次绘制墙体、门窗、室内家具，最后填充地面材质和标注图形，具体操作如下。

14.2.1 绘制轴线和墙体

01 启动AutoCAD应用程序，单击【快速访问】工具栏中的【打开】按钮，打开前面创建的【图形样板】文件，然后将其另存。

02 执行【图层(LA)】命令，打开【图层特性管理器】选项板，在该选项板原有的图层基础上再新建【填充】和【门窗】图层，并设置【中轴线】图层为当前层，如图14-32所示。

03 执行【直线(L)】命令，绘制一条长为13500的水平线段和一条长为10800的垂直线段，然后执行【偏移(O)】命令，将垂直线段向右偏移5次，偏移的间距依次为4200、3000、2400、1200、2700，效果如图14-33所示。

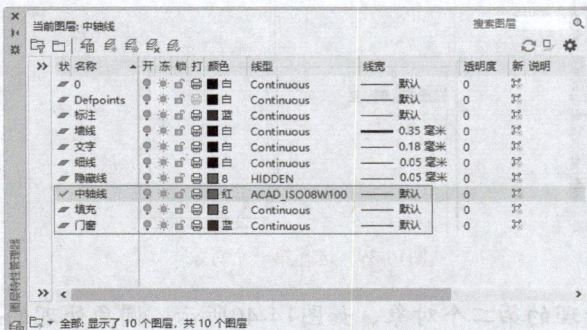

图14-32 设置图层

图14-33 绘制并偏移线段

04 重复执行【偏移(O)】命令，将水平线段向上偏移6次，偏移间距依次为1200、3000、600、600、3900、1500，效果如图14-34所示。

05 将【墙线】图层设置为当前层。

06 执行【多线(ML)】命令，设置多线的比例为240，对正类型为【无】，然后通过捕捉轴线的交点，绘制作为墙体线的多线，效果如图14-35所示。

图14-34 偏移水平线段

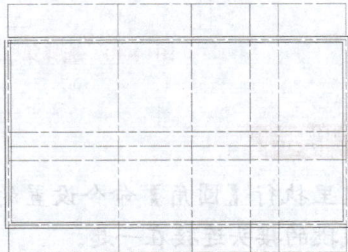

图14-35 绘制多线

07 重复执行【多线(ML)】命令，然后参照图14-36所示的效果，绘制其他比例值为240的多线作为墙体线。

08 重复执行【多线(ML)】命令，设置多线的比例为120，然后参照图14-37所示的效果绘制4条多线作为阳台、主卫生间和卧室之间的墙体。

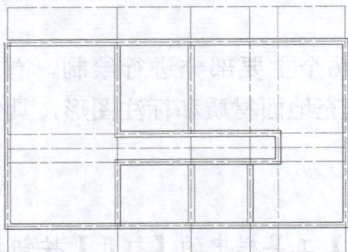

图14-36　绘制比例为240的多线　　　　　图14-37　绘制比例为120的多线

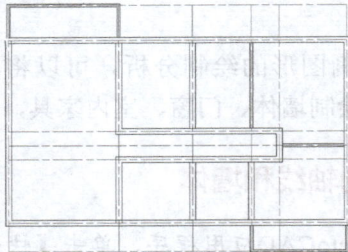

09 执行【分解(X)】命令，选择所有的多线并确定(如图14-38所示)，将多线分解。

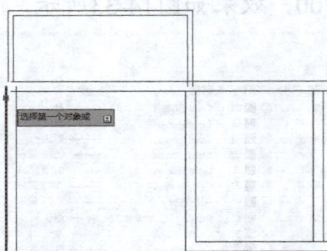

10 关闭【中轴线】图层，将其中的中轴线图形隐藏。

11 执行【圆角(F)】命令，设置圆角半径为0，然后选择图形左上方的线段作为圆角处理的第一个对象，如图14-39所示。

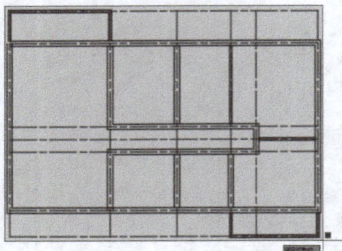

图14-38　分解多线　　　　　图14-39　选择第一个对象

12 继续选择上方的线段作为圆角处理的第二个对象，如图14-40所示。圆角处理的效果如图14-41所示。

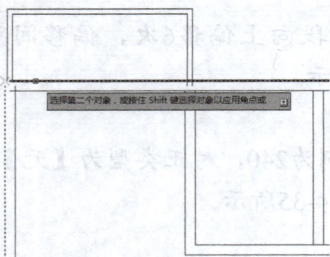

图14-40　选择第二个对象　　　　　图14-41　圆角效果

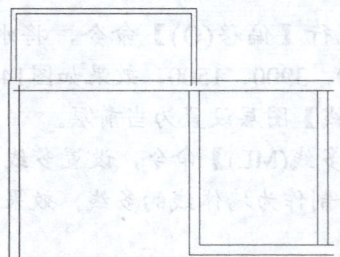

提示

这里执行【圆角】命令设置的圆角半径为0，其目的不是对两条线段进行倒圆，而是将两条线段的接头连接在一起。

13 使用同样的方法对另一个角进行圆角处理，效果如图14-42所示。

14 执行【修剪(TR)】命令，然后使用交叉选择方式，选择如图14-43所示的线段作为修剪的边界。

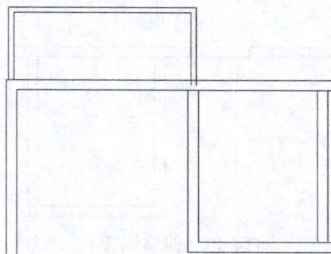

图14-42　圆角处理边角　　　　　　　　图14-43　选择修剪边界

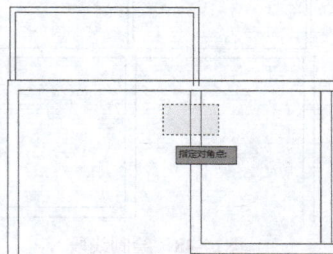

15 参照图14-44所示的位置选择要修剪的线段，修剪的效果如图14-45所示。

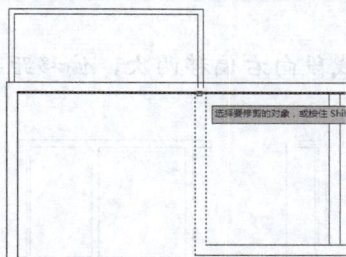

图14-44　选择线段　　　　　　　　　图14-45　修剪效果

> **提示**
>
> 如果前面没有将多线分解，这里就可以使用【编辑多线(MLEDIT)】命令对多线的接头进行【T形打开】和【角点结合】编辑。

16 使用同样的方法，对图形中的其他线段进行修剪，修剪后的效果如图14-46所示。

17 为了方便后面进行讲解，这里对各个房间的功能进行临时标注，如图14-47所示。

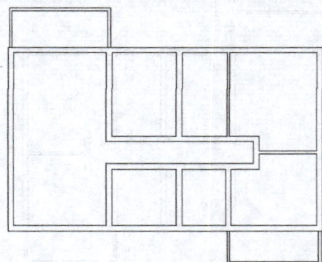

图14-46　修剪效果　　　　　　　　　图14-47　划分房间功能

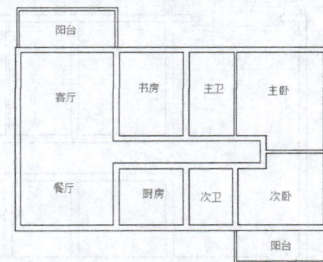

14.2.2　绘制平面门

01 使用【直线(L)】命令在客厅墙体中点处绘制一条线段，如图14-48所示。

02 执行【偏移(O)】命令，设置偏移的距离为1400，然后将绘制的线段分别向左和向右偏移一次，效果如图14-49所示。

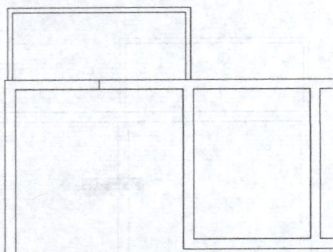

图14-48　绘制线段　　　　　　图14-49　偏移线段

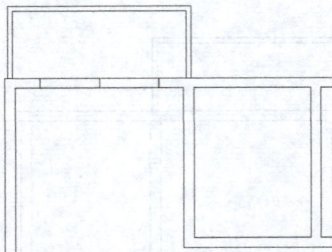

03 执行【删除(E)】命令，将刚绘制的中间线段删除。

04 执行【修剪(TR)】命令，以偏移得到的两条线段为修剪边界，将线段之间的线条修剪掉，创建出门洞，如图14-50所示。

05 执行【偏移(O)】命令，将左侧的墙体线段向右偏移两次，偏移距离依次为440、900，效果如图14-51所示。

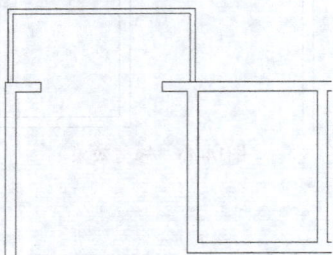

图14-50　修剪线段　　　　　　图14-51　偏移线段

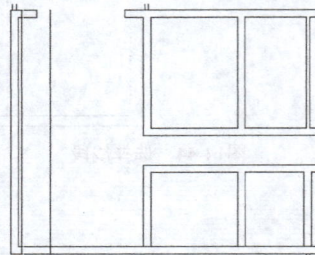

06 执行【修剪(TR)】命令，对偏移后的图形进行修剪处理，创建出进户门洞，效果如图14-52所示。

07 使用与上述类似的方法，创建其他的门洞，卧室和书房的门洞尺寸均为800，厨房和卫生间的门洞尺寸均为700，次卧室阳台门洞尺寸为2400，效果如图14-53所示。

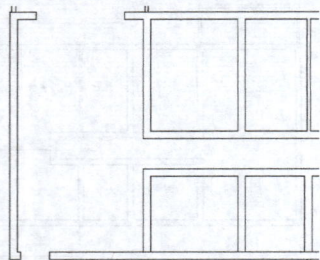

图14-52　修剪图形　　　　　　图14-53　创建其他门洞

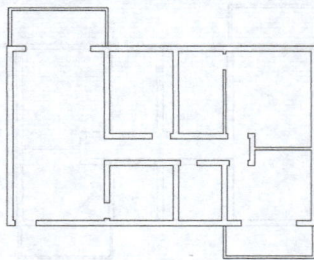

08 将【门窗】图层设置为当前图层。

09 执行【矩形(REC)】命令，以书房门洞墙线的中点为矩形的第一个角点，绘制一个长为40、宽为800的矩形，如图14-54所示。

10 执行【圆弧(A)】命令，绘制一条表示开门路径的圆弧，如图14-55所示。

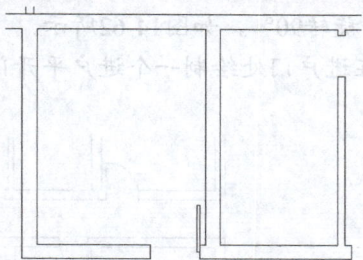
图14-54 绘制矩形

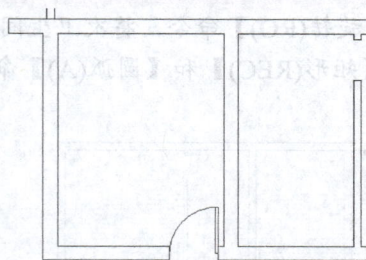
图14-55 绘制圆弧

⑪ 执行【镜像(MI)】命令，将绘制的平开门镜像复制到主卧室门洞中，如图14-56所示。

⑫ 再执行【镜像(MI)】命令，将主卧室的平开门镜像复制到次卧室中，如图14-57所示。

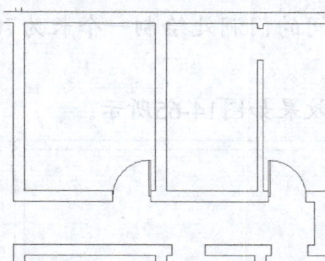
图14-56 镜像复制平开门

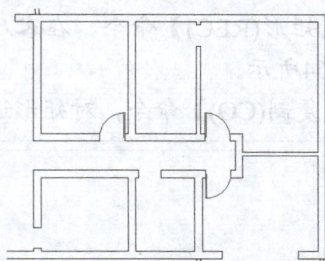
图14-57 镜像复制平开门

⑬ 使用【矩形(REC)】和【圆弧(A)】命令在厨房中绘制一个平开门，如图14-58所示。

⑭ 执行【复制(CO)】命令，将厨房平开门复制到主卫生间中，如图14-59所示。

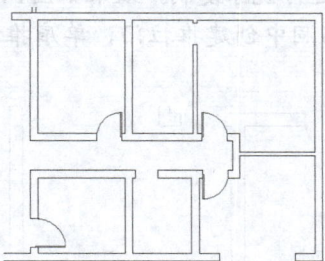
图14-58 绘制厨房门

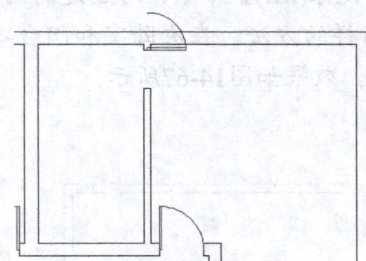
图14-59 复制厨房门

⑮ 执行【旋转(RO)】命令，选择复制的平开门，设置旋转的角度为180°，旋转平开门后的效果如图14-60所示。

⑯ 执行【复制(CO)】命令，将主卫生间的门复制到次卫生间中，如图14-61所示。

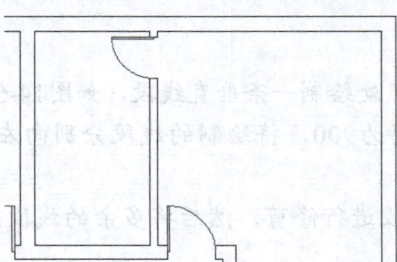
图14-60 旋转主卫门

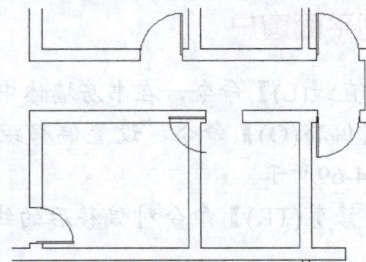
图14-61 复制主卫门

17 执行【旋转(RO)】命令，将次卫生间的门旋转90°，如图14-62所示。

18 使用【矩形(REC)】和【圆弧(A)】命令在进户门处绘制一个进户平开门，如图14-63所示。

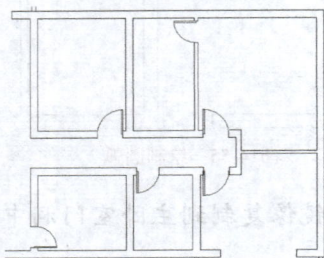

图14-62　旋转次卫门　　　　　　　　图14-63　绘制进户门

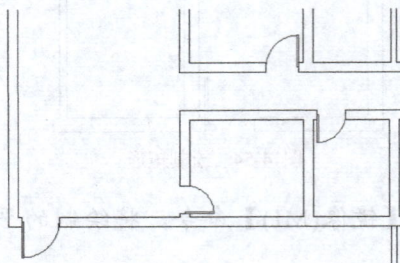

19 执行【矩形(REC)】命令，在客厅与阳台之间的门洞处绘制一个长为700、宽为40的矩形，如图14-64所示。

20 执行【复制(CO)】命令，对矩形进行复制，效果如图14-65所示。

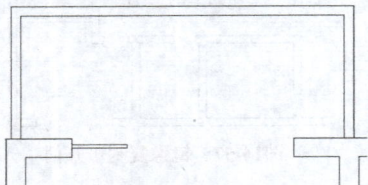

图14-64　绘制矩形　　　　　　　　　图14-65　复制矩形

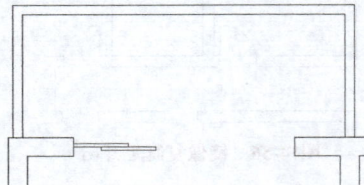

21 执行【镜像(MI)】命令，对创建的两个矩形进行镜像复制，效果如图14-66所示。

22 使用同样的方法，在次卧室和阳台之间的门洞中创建推拉门，单扇推拉门的长度为600、宽度为40，效果如图14-67所示。

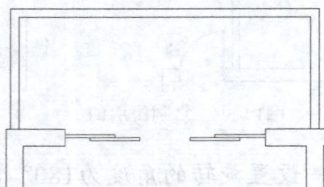

图14-66　创建客厅推拉门　　　　　　图14-67　创建卧室推拉门

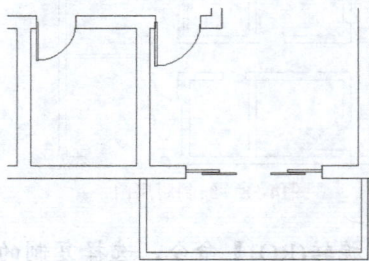

14.2.3　绘制平面窗户

01 执行【直线(L)】命令，在书房墙体中点处绘制一条垂直线段，如图14-68所示。

02 执行【偏移(O)】命令，设置偏移距离为900，将绘制的线段分别向左和向右偏移1次，效果如图14-69所示。

03 使用【修剪(TR)】命令对偏移后的线段进行修剪，然后将多余的线段删除，效果如图14-70所示。

04 执行【直线(L)】命令，绘制一条如图14-71所示的线段。

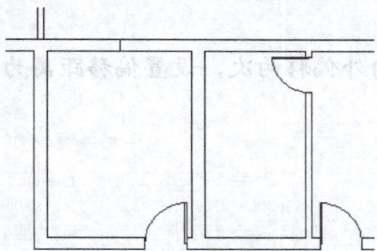

图14-68　绘制线段

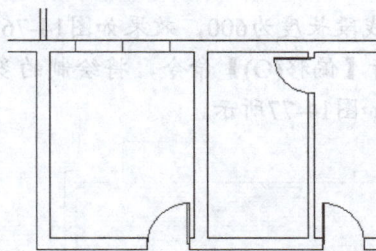

图14-69　偏移线段

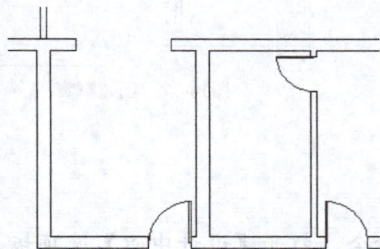

图14-70　修剪图形

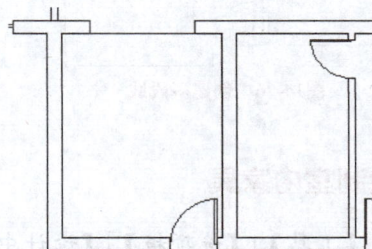

图14-71　绘制线段

05 执行【偏移(O)】命令，将线段向上偏移3次，设置偏移距离为80，创建出推拉窗图形，如图14-72所示。

06 使用相同的操作方法创建厨房和卫生间的推拉窗，其宽度均为1200，如图14-73所示。

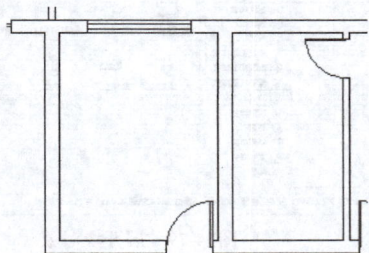

图14-72　创建窗户

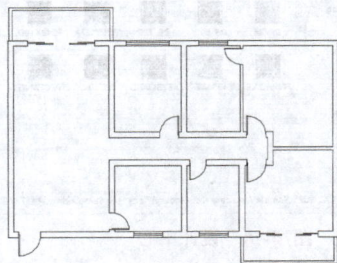

图14-73　创建其他窗户

07 使用【直线(L)】【偏移(O)】和【修剪(TR)】命令，在主卧室上方创建一个宽度为1800的窗洞，效果如图14-74所示。

08 执行【多段线(PL)】命令，捕捉如图14-75所示的端点作为多段线的起点。

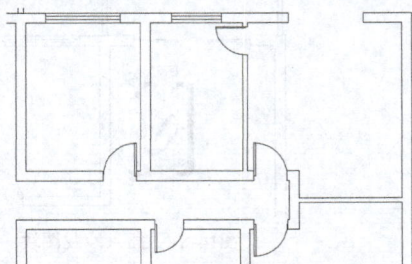

图14-74　创建窗洞

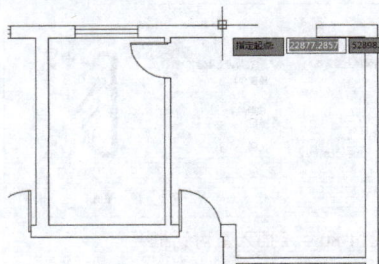

图14-75　指定多段线起点

09 依次向上指定多段线第一条线段长度为600，向右指定第二条线段长度为1800，向下指定第三条线段长度为600，效果如图14-76所示。

10 执行【偏移(O)】命令，将绘制的多段线向外偏移两次，设置偏移距离为60，创建出飘窗图形，如图14-77所示。

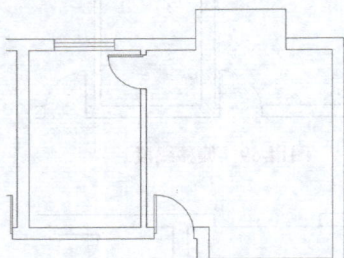

图14-76　创建多段线

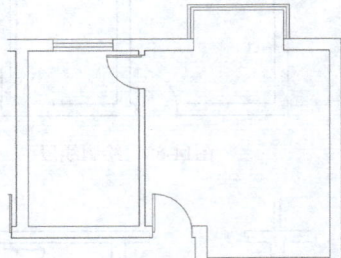

图14-77　创建飘窗

14.2.4　绘制室内家具

01 选择【工具】|【选项板】|【设计中心】命令，打开【设计中心】选项板，如图14-78所示。

02 在【设计中心】选项板中选择【图库.dwg】素材文件，单击其中的【块】选项，展开块对象，如图14-79所示。

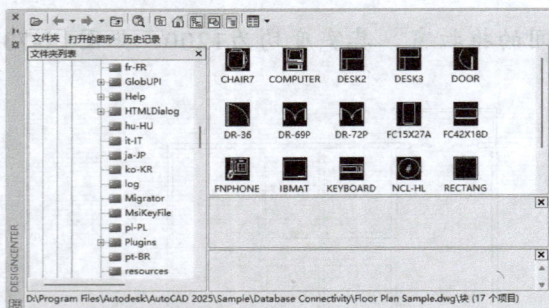

图14-78　设计中心

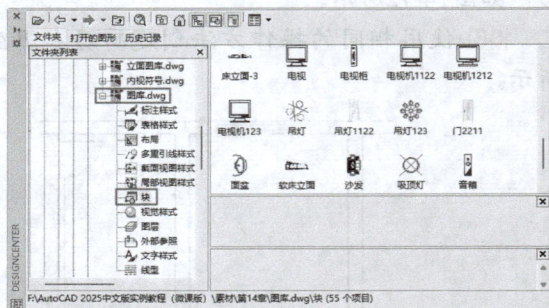

图14-79　展开块对象

03 双击要插入的【沙发】图块，打开【插入】对话框，然后进行确定，如图14-80所示。

04 在绘图区指定插入对象的位置，插入沙发图块后的效果如图14-81所示。

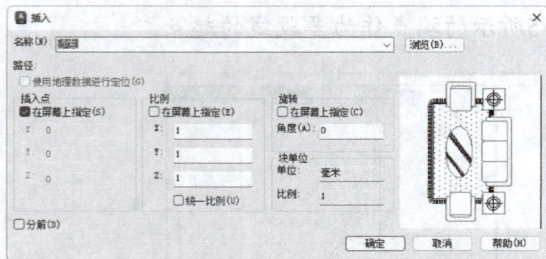

图14-80　【插入】对话框

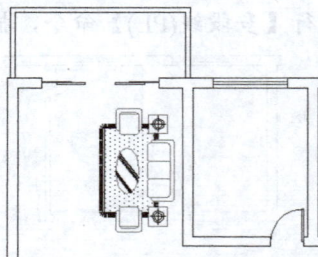

图14-81　插入沙发图块

05 使用同样的方法，将其他图块插入图形中，效果如图14-82所示。

06 执行【偏移(O)】命令，将厨房中的内墙线向内偏移600，如图14-83所示。

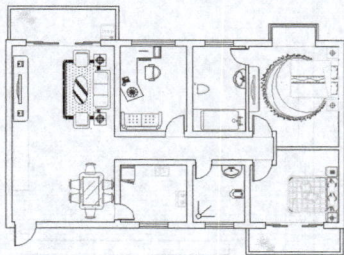

图14-82 插入素材

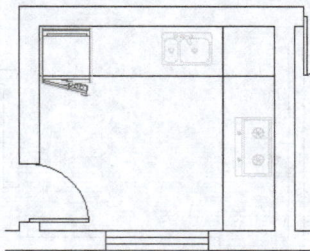

图14-83 偏移线段

提示

在插入素材图形的操作中，也可以直接打开要插入的图形文件，选择需要的图形并复制，然后切换到正在绘制的图形中，将素材图形粘贴到指定的位置。

07 执行【圆角(F)】命令，设置圆角半径为0，然后对偏移的线段进行圆角处理，效果如图14-84所示。

08 使用【偏移(O)】命令将厨房左侧的内墙线向右偏移800，如图14-85所示。

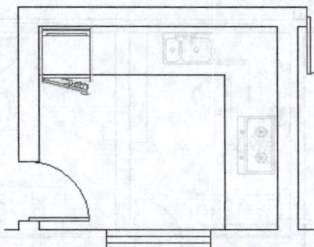

图14-84 圆角线段

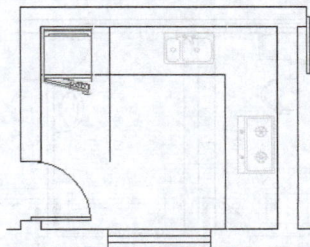

图14-85 偏移线段

09 执行【圆角(F)】命令，对偏移的线段进行圆角处理，效果如图14-86所示。

10 使用【圆(C)】和【直线(L)】命令在次卫生间绘制一个淋浴喷头图形，如图14-87所示。

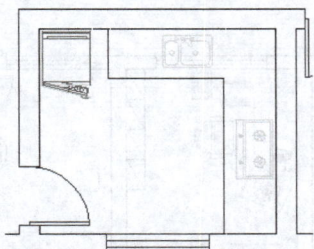

图14-86 圆角线段

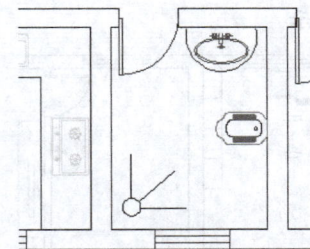

图14-87 绘制淋浴喷头

11 将【家具】图层设置为当前图层。执行【矩形(REC)】命令，在门厅处绘制一个长为300、宽为1500的矩形，如图14-88所示。

12 执行【修剪(TR)】命令，以矩形为修剪边界，对矩形内的墙体线进行修剪。

13 执行【直线(L)】命令，在矩形中绘制两条对角线，创建出鞋柜图形，效果如图14-89所示。

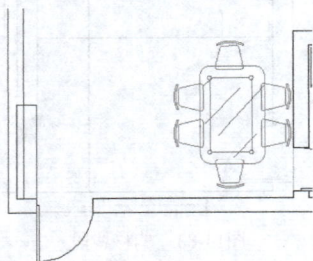

图14-88　绘制矩形　　　　　　　　　　图14-89　绘制鞋柜

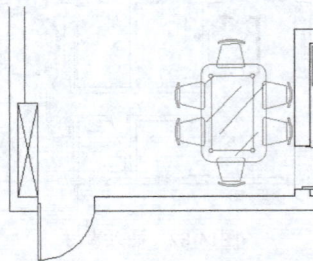

提示

在设计鞋柜时，鞋柜可以镶嵌在墙体内，以节约室内空间。

14 执行【偏移(O)】命令，将书房上方的内墙线向下偏移2000，将书房右侧的内墙线向左偏移300，效果如图14-90所示。

15 执行【修剪(TR)】命令，对偏移的线段进行修剪，效果如图14-91所示。

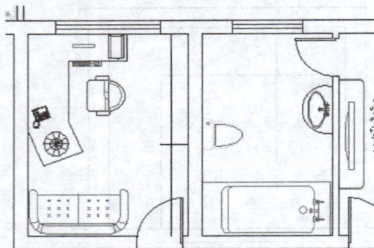

图14-90　偏移线段　　　　　　　　　　图14-91　修剪线段

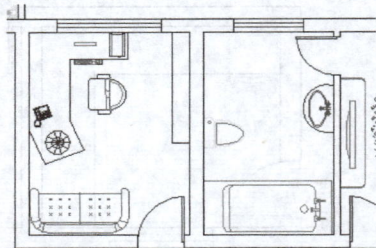

16 执行【偏移(O)】命令，设置偏移距离为500，然后将修剪后的下方线段向上偏移3次，效果如图14-92所示。

17 执行【直线(L)】命令，在各个矩形方格中绘制一条斜线段，创建出书柜平面图形，效果如图14-93所示。

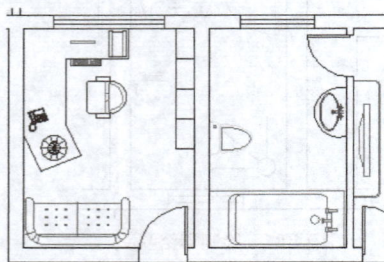

图14-92　绘制线段　　　　　　　　　　图14-93　创建书柜

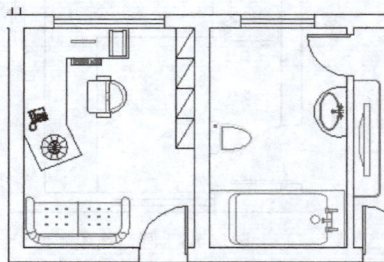

18 执行【偏移(O)】命令，设置偏移距离为600，然后将主卧室下方的内墙线向上偏移一次，如图14-94所示。

19 执行【直线(L)】命令，在偏移得到的矩形中绘制两条对角线，效果如图14-95所示。

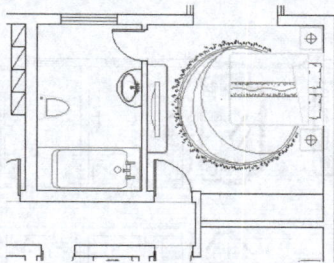

图14-94　偏移线段　　　　　　　　　　图14-95　绘制对角线

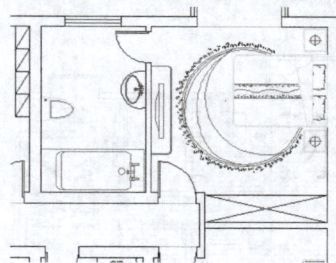

20 执行【偏移(O)】命令，将次卧室上方的内墙线向下偏移600，如图14-96所示。

21 执行【直线(L)】命令，绘制两条对角线，完成衣柜平面图的绘制，效果如图14-97所示。

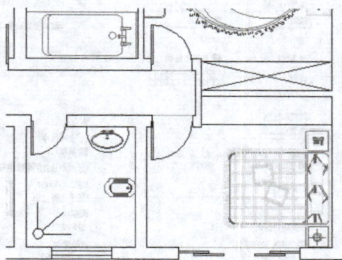

图14-96　偏移线段　　　　　　　　　　图14-97　绘制对角线

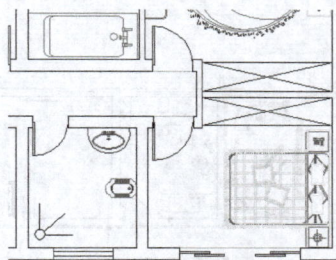

> **提示**
>
> 常见的家具模型中，鞋柜、酒柜和书柜的厚度通常为300，衣柜的厚度通常为600，设计人员也可以根据房间的大小适当增减柜体的厚度，而各种家具的长度和宽度可以根据室内空间的大小进行合理设计。

14.2.5　填充地面材质

01 将【填充】图层设为当前图层。

02 执行【多段线(PL)】命令，沿客厅、餐厅边缘绘制一条多段线，如图14-98所示。

03 重复执行【多段线(PL)】命令，通过绘制3个封闭的多段线图形，框选电视柜、沙发和餐桌对象，如图14-99所示。

04 选择【绘图】|【面域】命令，然后选择创建的多段线并确定，将多段线转换为面域。

05 执行【差集(SU)】命令，将3个小面域从大面域中减去，效果如图14-100所示。

06 执行【图案填充(H)】命令，输入T并确定，打开【图案填充和渐变色】对话框，在该对话框的【图案填充】选项卡中选择【用户定义】类型选项，选中【角度和比例】选项组中的【双向】复选框，设置间距为600，然后单击【添加：选择对象】按钮，如图14-101所示。

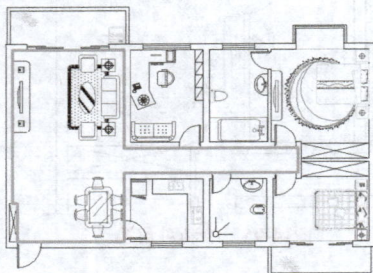
图14-98　绘制多段线

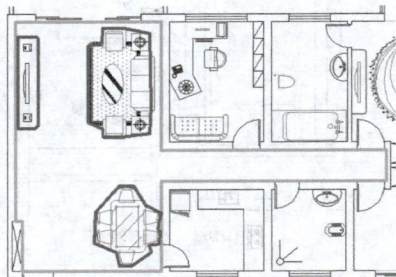
图14-99　绘制多段线

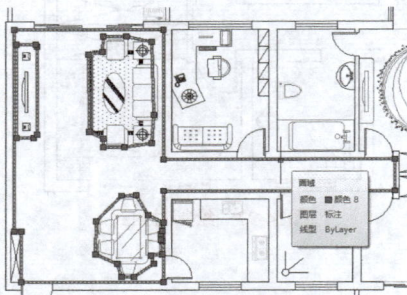
图14-100　创建面域

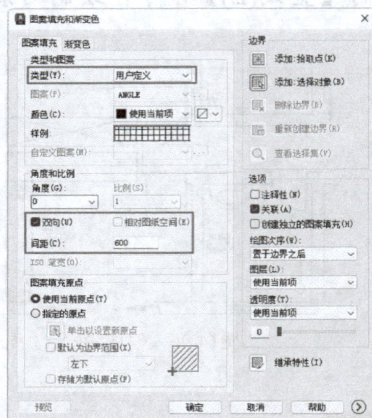
图14-101　设置填充参数

07 选择创建的面域对象并确定，返回【图案填充和渐变色】对话框，单击【确定】按钮，填充效果如图14-102所示。

08 执行【删除(E)】命令，将面域对象删除。

09 执行【直线(L)】命令，在各个门洞处绘制一条线段，效果如图14-103所示。

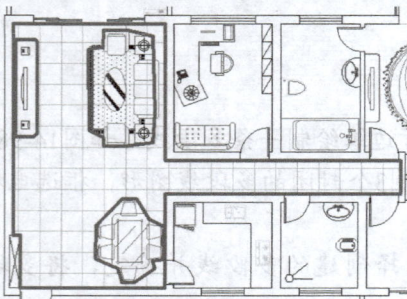
图14-102　填充效果

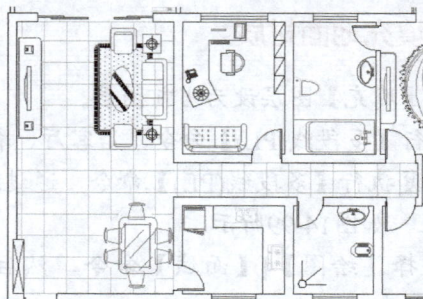
图14-103　连接门洞

10 使用同样的方法，对卧室和书房地面进行图案填充，选择DOLMIT图案，设置图案比例为800。填充效果如图14-104所示。

11 继续对卫生间、厨房和阳台地面进行图案填充，选择ANGLE图案，设置图案比例为1200。填充效果如图14-105所示。

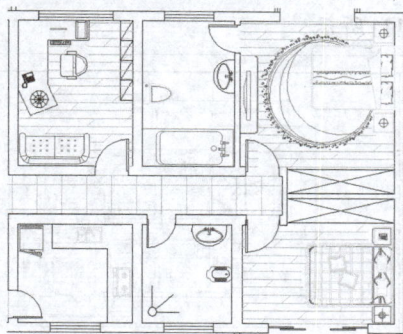

图14-104 填充卧室和书房地面

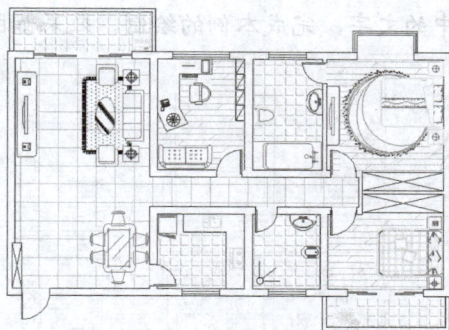

图14-105 填充卫生间、厨房和阳台地面

14.2.6 标注图形

01 设置【标注】图层为当前层。然后打开【中轴线】图层显示中轴线，如图14-106所示。

02 执行【线性(DLI)】命令，在图形上方创建线性标注，如图14-107所示。

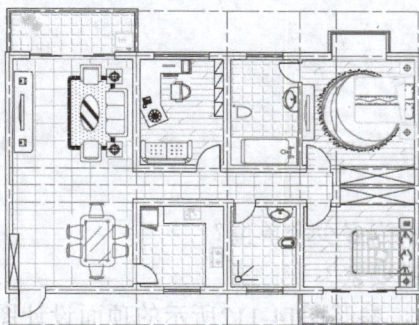

图14-106 显示中轴线图形

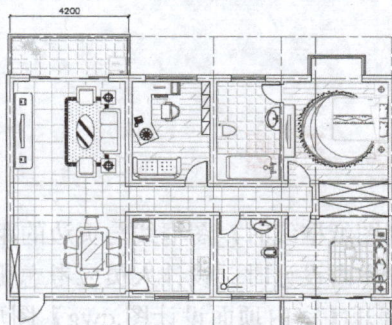

图14-107 创建线性标注

03 执行【连续标注(DCO)】命令，对图形上方尺寸进行连续标注，如图14-108所示。

04 使用同样的方法创建其他尺寸标注，然后隐藏【中轴线】图层，效果如图14-109所示。

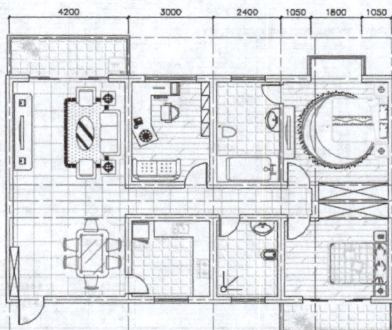

图14-108 连续标注尺寸

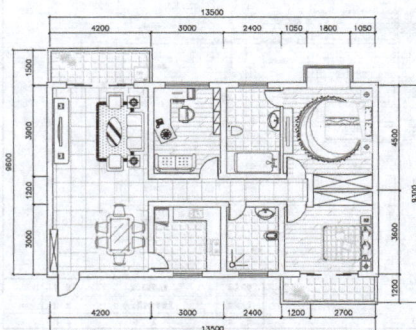

图14-109 尺寸标注效果

05 打开【内视符号.dwg】图形，将该符号复制到当前图形中，如图14-110所示。

06 执行【缩放(SC)】命令，将图框放大100倍，然后将绘制的平面图移到图框内，并完善标题栏中的文字，完成本例的绘制，效果如图14-111所示。

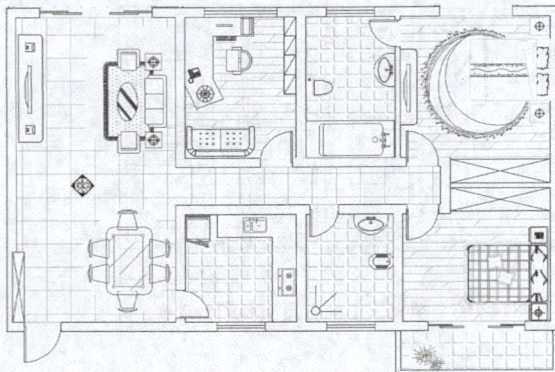

图14-110　复制内视符号

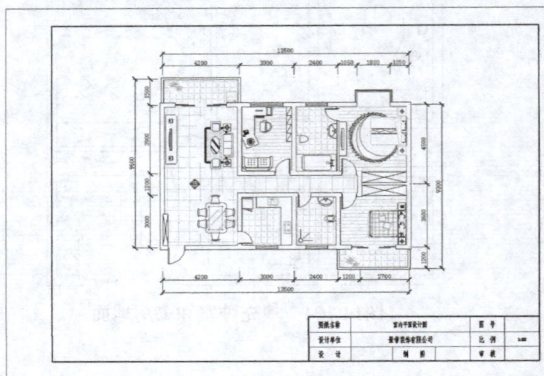

图14-111　将平面图移到图框内

> **提示**
>
> 设计人员进行室内设计时，应考虑室内色彩、照明设计、人体工程学、材质安排等关键要素。

14.3　习题

1. 绘制图纸框线时，图框线与页边的距离通常为多少个单位？

2. 进行室内设计时，设计人员应考虑哪些关键要素？

3. 请打开【室内顶面设计图.dwg】图形文件，参照图14-112所示的顶面设计图的尺寸和效果，绘制室内顶面设计图，并对图形进行尺寸标注和文字注释。

4. 请打开【室内立面设计图.dwg】图形文件，参照图14-113所示的立面设计图的尺寸和效果，绘制室内立面设计图，并对图形进行尺寸标注和文字注释。

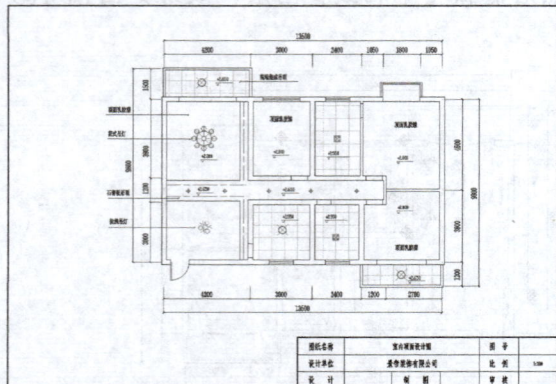

图14-112　绘制室内顶面设计图

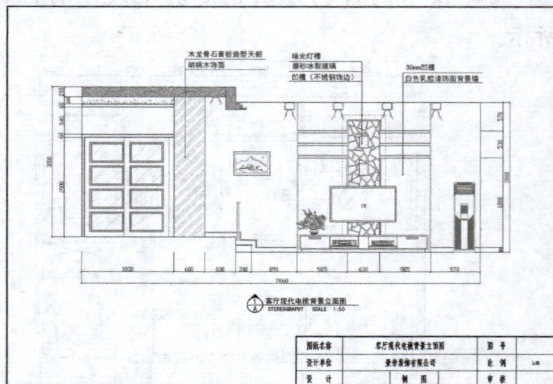

图14-113　绘制室内立面设计图